37

# MATHE MATIK ·10

## GYMNASIUM

**Lehrbuch** Herausgegeben von
Wolfgang Schulz
und Werner Stoye

## VOLK UND WISSEN VERLAG

Dieses Lehrbuch gehört zur Reihe MATHEMATIK des Verlages Volk und Wissen, die von *Prof. Dr. Wolfgang Schulz und Prof. Dr. Werner Stoye* herausgegeben wird.

Zu diesem Lehrbuch wird das **Arbeitsheft Mathematik 10, Gymnasium** (ISBN 3-06-001011-0) als Ergänzung empfohlen.

Die Autoren dieses Bandes sind: *Prof. Dr. Marianne Grassmann, Dr. Karin Kimel, Dr. Ingmar Lehmann, Dr. Günter Lorenz, Prof. Dr. Günter Pietzsch, Prof. Dr. Wolfgang Schulz, Prof. Dr. Werner Stoye und Dr. Elke Warmuth.*

Redaktion: *Karlheinz Martin und Ursula Schwabe*

Dieses Werk folgt der reformierten Rechtschreibung und Zeichensetzung.

Währungsangaben erfolgen in Euro.

ISBN 3-06-001014-5

1. Auflage
5 4 3 2 1 / 04 03 02 01 00
Alle Drucke dieser Auflage sind unverändert und im Unterricht parallel nutzbar. Die letzte Zahl bedeutet das Jahr dieses Druckes.
© Volk und Wissen Verlag GmbH & Co., Berlin 2000
Printed in Germany
Satz und Repro:
Universitätsdruckerei H. Stürtz AG, Würzburg
Druck und Binden: Druckerei Parzeller, Fulda
Einband und Typografie:
Karl-Heinz Bergmann
Illustrationen: Klaus Vonderwerth
Zeichnungen: Karin Mall

## HINWEISE ZUM AUFBAU DES BUCHES

Das Lehrbuch gliedert sich in die Kapitel A bis I und weiter in die Lerneinheiten 1, 2, 3,...

Aufgaben, die durch einen Stern neben der Aufgabennummer gekennzeichnet sind, enthalten höhere Anforderungen.

↑ bedeutet: Beachte blauen Aufgabentext weiter oben!

Ⓛ Ein blaues L verweist auf Angaben im Lösungsteil.

↗ Ein schräg gestellter Pfeil bedeutet: Vergleiche mit!

Ein roter Rahmen mit dem Dreieck signalisiert Merkstoff.

Ein grüner Rahmen mit dem Quadrat signalisiert Beispiele.

# Inhaltsverzeichnis

# A Potenzen

## 1 Potenzen mit natürlichen und ganzzahligen Exponenten

Mit der Potenz $a^b$ steht eine Schreibweise zur Verfügung, die es ermöglicht, große Zahlen mit weitaus weniger Ziffern auszudrücken, als bei der Darstellung im dekadischen Positionssystem notwendig wären.

Als Beispiel sei auf die im Jahre 1986 entdeckte (bis zu diesem Zeitpunkt größte bekannte) Primzahl verwiesen: $2^{216\,091}-1$. Zur Darstellung dieser Primzahl im dekadischen Positionssystem wären 65 000 Ziffern erforderlich. Zahlwörter für derartig große Zahlen fehlen; man könnte diese Zahl auch nicht „lesen".

Potenzen sind auch hilfreich bei der Darstellung von Näherungswerten von Zahlen mithilfe abgetrennter Zehnerpotenzen.

Beispiele: Masse der Erde $m_E = 5{,}975 \cdot 10^{24}$ kg
(5 975 000 000 000 000 000 000 000 kg)

Ruhmasse des Elektrons $m_{0,e} = 9{,}1095 \cdot 10^{-28}$ g
(0,000 000 000 000 000 000 000 000 000 910 95 g)

Historisch entstand die Potenzschreibweise im Zusammenhang mit geometrischen Berechnungen (man denke an das Quadrat). Bereits die Babylonier (um 1600 v.Chr.) verwendeten Tabellen für Quadratzahlen und andere Potenzen. Die jetzt gebräuchliche Schreibweise für Potenzen führte der bekannte französische Mathematiker RENÉ DESCARTES (1596–1650) ein, auf den übrigens auch die Darstellung im „Kartesischen Koordinatensystem" zurückgeht (Descartes – latinisiert: Kartesius).

◀ Bild A 1
RENÉ DESCARTES

Bild A 2 ▶
Titelblatt eines
bedeutenden Werkes von
DESCARTES

**1.** **a)** Schreiben Sie alle Zahlen auf, die mit drei Ziffern 9 dargestellt werden können. (Klammern können stehen.)
**b)** Ordnen Sie die Zahlen nach ihrer Größe. Nutzen Sie hierfür den Taschenrechner. Drücken Sie die Zahlen mithilfe abgetrennter Zehnerpotenzen aus.

## Zahlen mit Pfiff

**2.** Prüfen Sie nach.
$1+3=2^2$
$1+3+5=3^2$
$1+3+5+7=4^2$
$1+3+5+7+9=5^2$
Setzen Sie die Folge von Gleichungen fort und überprüfen Sie wiederum.

**3.** Richtig oder falsch?
$63=6^2+6\cdot3+3^2$
$75=7^2+7\cdot5+5^2$
$91=9^2+9\cdot1+1^2$
Lassen sich weitere Gleichungen auf diese Weise bilden?

**4.** Überprüfen Sie die Richtigkeit.
**a)** $133=(1+3+3)\cdot(1^2+3^2+3^2)$
**b)** $243=(2+4+3)\cdot(2^2+4^2+3^2)$
**c)** $315=(3+1+5)\cdot(3^2+1^2+5^2)$
**d)** $803=(8+0+3)\cdot(8^2+0^2+3^2)$
**e)** $917=(9+1+7)\cdot(9^2+1^2+7^2)$

**5.** Überprüfen Sie die folgenden Gleichungen.
**a)** $153=1^3+5^3+3^3$
**b)** $370=3^3+7^3+0^3$
**c)** $247=2^3+4^3+7^3$
**d)** $481=4^3+8^3+1^3$
**e)** $371=3^3+7^3+1^3$
**f)** $1634=1^4+6^4+3^4+4^4$

**6.** Berechnen Sie im Kopf.
**a)** $1^{10}$ **b)** $(-1)^9$ **c)** $10^4$ **d)** $(-2)^4$ **e)** $2^6$ **f)** $(-3)^3$
**g)** $4^3$ **h)** $3^4$ **i)** $(-5)^3$ **j)** $7^1$ **k)** $(-8)^1$ **l)** $6^0$
**m)** $(-4)^0$ **n)** $\left(\frac{2}{3}\right)^2$ **o)** $3427^1$ **p)** $(-123)^0$ **q)** $\left(\frac{3}{5}\right)^2$ **r)** $\left(\frac{3}{4}\right)^3$

**7.** Ermitteln Sie für die folgenden Potenzen jeweils die letzte Ziffer.
**a)** $27^3$ **b)** $9^6$ **c)** $43^3$ **d)** $97\,241^{37}$ **e)** $104^{24}$ **f)** $315^6$
**g)** $315^{102}$ **h)** $276^3$ **i)** $276^{180}$ **j)** $123\,456^0$ **k)** $724\,539^1$

**8.** Entscheiden Sie, ob das Ergebnis positiv oder negativ ist.
**a)** $\left(\frac{3}{2}\right)^3$ **b)** $\left(\frac{7}{9}\right)^{23}$ **c)** $(-12)^4$ **d)** $(-1,2)^3$ **e)** $(-1)^{39}$ **f)** $\left(-\frac{7}{9}\right)^{23}$
**g)** $(-3)^9$ **h)** $(-0,98)^{16}$ **i)** $(-0,0064)^{101}$ **j)** $(-9724)^{47}$ **k)** $(-2,345)^0$

Vereinfachen Sie die nachstehenden Terme.

**9.** ↑ ⓛ **a)** $3^2\cdot3^4$ **b)** $\frac{7^5\cdot2^6}{4^2\cdot7^6}$ **c)** $(-5)^6\cdot2^4\cdot(-5)^3$ **d)** $8^2\cdot2^5$
**e)** $2^2\cdot8^5$ **f)** $(-3)^3\cdot3^4$ **g)** $\frac{(-2)^6\cdot6^4}{(-3)^4\cdot4^4}$ **h)** $\frac{9^3\cdot(-7)^5}{7\cdot21^4}$

**10.** ↑ **a)** $a^4\cdot a^5$ **b)** $x^2\cdot y\cdot5x^2$ **c)** $p^2\cdot q^2\cdot p\cdot q^4\cdot p^2$ **d)** $\frac{7}{12}a^2\cdot b^3\cdot a^3$

**11.** Vereinfachen Sie die nachstehenden Terme. (Nenner jeweils ungleich null)

**a)** $x^2 \cdot 3y \cdot x^3 \cdot 2y^4 \cdot x$     **b)** $3x^3 \cdot y^3$     **c)** $3x^3 \cdot \dfrac{5}{6}\, y^3$     **d)** $\dfrac{2x^3 \cdot y}{3x \cdot y^2}$

**e)** $\dfrac{7x^2 \cdot z^3 \cdot x}{14y^2 \cdot x \cdot z^2}$     **f)\*** $\dfrac{2x^2 \cdot (x - y^2)}{3x^2 \cdot (-2y^2)}$     **g)\*** $\dfrac{(a+b)^2}{a+b}$

**h)** $\dfrac{7}{15}\, a^2 \cdot b \cdot \dfrac{3}{14}\, c^2 \cdot b^3$     **i)** $(-x)^5 \cdot y^2 \cdot (-x)^6 \cdot \dfrac{y}{2}$     **j)\*** $\dfrac{a^2 - b^2}{a+b}$

**12.** Deuten Sie $a^{-n}$ $(a \neq 0)$ und berechnen Sie:
Ⓛ   **a)** $2^{-3}$,     **b)** $4^2 \cdot 2^{-4}$,     **c)** $5^{-5} \cdot 15^4$,     **d)** $6^2 \cdot 3^{-2} \cdot 2^{-2}$,

    **e)** $2^{-8} \cdot 3^4 \cdot 4^2$,     **f)** $27^{-1} \cdot 3^4 \cdot 2^{-3}$,     **g)** $3^{-5} \cdot 9^2 \cdot 5^2$,     **h)** $12^0 \cdot 3^5 \cdot 2^1$.

**13.** Schreiben Sie die Terme so, dass nur natürliche Zahlen als Exponenten stehen.
    **a)** $100 \cdot 25^{-3} \cdot 4^{-2}$     **b)** $10^{-2}$     **c)** $10^{-5}$     **d)** $34 \cdot 10^{-3}$
    **e)** $2^{-8} \cdot 3^4 \cdot 4^2$     **f)** $2^{-1}$     **g)** $3^6 \cdot 2^{-7} \cdot 3^{-7} \cdot 2^6$

**14.** Schreiben Sie die folgenden Terme ohne Bruchstrich.
Ⓛ   **a)** $\dfrac{11}{1000}$     **b)** $\dfrac{54}{10^5}$     **c)** $\dfrac{2^4 \cdot 3^6}{6^5}$     **d)** $\dfrac{45}{5^2 \cdot 9^3}$     **e)** $\left(\dfrac{4}{7}\right)^4$

    **f)** $\left(\dfrac{3}{8}\right)^3 \cdot \left(\dfrac{8}{9}\right)^2$     **g)** $\left(\dfrac{12}{7}\right)^2 \cdot \left(\dfrac{14}{3}\right)^3$     **h)** $\left(-\dfrac{2}{9}\right)^4 \cdot \left(\dfrac{3}{4}\right)^2$

---

▶ **DEFINITIONEN:**
Es sei $a \in \mathbb{R}$ und $n \in \mathbb{N}$ mit $n > 1$; dann gilt:
- $a^n = \underbrace{a \cdot a \cdot a \cdot \ldots \cdot a}_{(n \text{ Faktoren } a)}.$

Ferner gelten:
- $a^1 = a$
- $a^0 = 1$ $(a \neq 0)$         • $a^{-n} = \dfrac{1}{a^n}$ $(a \neq 0;\ n \in \mathbb{Z})$

$a^n$ ←Exponent   ←Basis   Potenz

---

Die Potenz $a^m$ ist also für eine beliebige ganze Zahl $m$ erklärt.
Für das Rechnen mit Potenzen gelten einige **Potenzgesetze,** mit deren Hilfe Terme, in denen Potenzen auftreten, vereinfacht werden können.

---

▶ **SATZ:**
Für $a, b \in \mathbb{R}$ und $m, n \in \mathbb{Z}$ sowie $a \neq 0$, $b \neq 0$ gelten:

- $a^m \cdot a^n = a^{m+n}$      • $a^m \cdot b^m = (a \cdot b)^m$      • $(a^m)^n = a^{m \cdot n}$

- $\dfrac{a^m}{a^n} = a^{m-n}$      • $\dfrac{a^m}{b^m} = \left(\dfrac{a}{b}\right)^m$

---

**15.**   **a)** Erläutern Sie die Potenzgesetze an Beispielen; Exponenten natürliche Zahlen.
      **b)** Zeigen Sie, dass die Potenzgesetze auch für negative Exponenten gelten, wenn die Gültigkeit für natürliche Exponenten vorausgesetzt wird.

Vereinfachen Sie die Terme. Berechnen Sie dann die vereinfachten Terme, wenn dies möglich ist.

**16.** ↑ 
**a)** $3^5 \cdot 3^4$ 
**b)** $10^6 : 10^4$ 
**c)** $3^5 : 3^4$ 
**d)** $3^5 : 3^{-4}$
**e)** $(-2)^6 \cdot (-2)^{-8}$ 
**f)** $(-2)^{-6} \cdot (-2)^8$ 
**g)** $(-3)^5 : (-3)^3$ 
**h)** $(-3)^{-4} : 3^5$
**i)** $3^{-4} : (-3)^5$ 
**j)** $1,2^3 : 1,2^2$ 
**k)** $1,3^{-3} \cdot 1,3^5$ 
**l)** $0,2^{-3} : 0,2^{-1}$

**m)** $6,2^{-1} \cdot 6,2^{-1}$ 
**n)** $\left(\dfrac{3}{2}\right)^{-2} : \left(\dfrac{3}{2}\right)^{-2}$ 
**o)** $\left(\dfrac{4}{9}\right)^0 \cdot \left(\dfrac{9}{4}\right)^0$

**17.** ↑ Ⓛ
**a)** $(-2)^3 \cdot (-2)^2$ 
**b)** $-\left(\dfrac{3}{4}\right)^{-2} \cdot (-0,75)^2$ 
**c)** $(-0,3)^3 : (-0,3)^2$

**d)** $(-2,5)^3 : (-2,5)^5$ 
**e)** $\left(\sqrt{2}\right)^3 \cdot \left(\sqrt{2}\right)^2$ 
**f)** $\left(\sqrt{5}\right)^2 : \left(\sqrt{5}\right)^{-2}$

**g)** $x^4 \cdot x^3$ 
**h)** $a^m \cdot a^{-m}$ 
**i)** $4b^5 + 3b^5$

**j)** $6^2 - \dfrac{5}{2} \cdot 6^2$ 
**k)** $1,2b^{-3} + \dfrac{4}{5} b^{-3}$ 
**l)** $-2 \cdot 10^{-4} - 9 \cdot 10^{-4}$

**18.** ↑
**a)** $z^{n+1} \cdot z^{-n}$ 
**b)** $a^n : a^{n-1}$ 
**c)** $b^z : b^{z+1}$

**d)** $z^{2n} \cdot z^{1-n}$ 
**e)** $\dfrac{b^{2n}}{b^n}$ 
**f)** $\dfrac{b^{-3}}{b^{-2}}$

**g)** $\dfrac{a^{1-n}}{a^{n-1}}$ 
**h)** $\dfrac{0,6 \cdot 10^3}{3 \cdot 10^{-2}}$ 
**i)** $\dfrac{1,2\,x^4}{3,6\,x^2}$

**j)** $(8^5 : 4^5) \cdot 2^{-5}$ 
**k)** $b^7 : b^{-3}$ 
**l)** $a^n : a^7$

**19.** ↑
**a)** $3^4 \cdot 2^4$ 
**b)** $12^5 : 3^5$ 
**c)** $\left(\dfrac{2}{3}\right)^3 \cdot \left(\dfrac{3}{4}\right)^3$

**d)** $\left(\dfrac{3}{2}\right)^{-3} \cdot 8^{-3}$ 
**e)** $2^{-4} : 10^{-4}$ 
**f)** $(-0,4)^{-4} : 5^{-4}$

**g)** $\left(\dfrac{4}{5}\right)^4 : 0,8^4$ 
**h)** $0,8^{-3} : 4^{-3}$ 
**i)** $10^{-4} : \left(\dfrac{1}{5}\right)^{-4}$

**20.** ↑ 
**a)** $(2^5)^2$ 
**b)** $(2^2)^5$ 
**c)** $(0,5^2)^3$ 
**d)** $(a^3)^{-1}$ 
**e)** $(b^3)^5$
**f)** $(c^{-2})^3$ 
**g)** $(x^6)^2$ 
**h)** $(a^{n+1})^2$ 
**i)** $(a^2)^{n-1}$

**21.** Schreiben Sie die Terme so, dass nur Potenzen mit gleichen Exponenten auftreten. Berechnen Sie dann diese Terme.

**a)** $5^{-3} \cdot 10^3$ 
**b)** $12^5 \cdot 4^{-5}$ 
**c)** $\left(\dfrac{3}{5}\right)^4 \cdot 0,6^{-4}$

**d)** $\left(\dfrac{2}{3}\right)^{-3} : \left(\dfrac{1}{3}\right)^3$ 
**e)** $5^{-g} : 10^g$ 
**f)** $4^{n-1} : 8^{1-n}$

**22.** Schreiben Sie die Terme als Potenzen mit möglichst kleiner Basis.
**a)** $36^2$ 
**b)** $8^6$ 
**c)** $10\,000^3$ 
**d)** $27^4$ 
**e)** $256^{-5}$
**f)** $49^{-7}$ 
**g)** $144^3$ 
**h)** $625^{n+1}$ 
**i)** $64^{-12}$ 
**j)** $125^m$

**23.** Vergleichen Sie jeweils die Potenzen miteinander.
Ⓛ 
**a)** $4^3$ und $3^4$ 
**b)** $(-2)^3$ und $2^{-3}$ 
**c)** $(-5)^4$ und $(-5)^5$
**d)** $12^3$ und $144^2$ 
**e)** $(2^2)^3$ und $2^{2+3}$ 
**f)** $9^6$ und $3^{12}$

---

**Taschenrechner-Einmaleins: Potenzieren**

Potenzen kann man auf verschiedene Art mit dem Taschenrechner berechnen.
Wir betrachten zunächst nur Potenzen mit natürlichen Exponenten. Dann gehen wir
auf Potenzen mit ganzzahligen Exponenten ein.

■ $2{,}335^2 + (-4{,}98)^2$     Wir benutzen die Quadrattaste $\boxed{x^2}$:

2,335 $\boxed{x^2}$ $\boxed{+}$ 4,98 $\boxed{+/-}$ $\boxed{x^2}$ $\boxed{=}$ [30.252625]

(Da wir wissen, dass das Quadrat einer negativen Zahl stets positiv ist, hätten
wir uns die Vorzeichenwechseltaste sparen können.)

■ $2{,}335^3 + (-4{,}98)^3$     Wir benutzen die Potenztaste $\boxed{x^y}$:

2,335 $\boxed{x^y}$ 3 $\boxed{+}$ 4,98 $\boxed{+/-}$ $\boxed{x^y}$ 3 $\boxed{=}$ [−110.7750466]

(Bei dieser Aufgabe, in der eine negative Zahl in die dritte Potenz genommen
wird, kann man sich die Vorzeichenwechseltaste nicht sparen, es sei denn,
man führt statt der Operation + die Operation − aus.)

**24.** Geben Sie den Rechenablaufplan für den in der letzten Klammerbemerkung angedeuteten Ersatzrechenweg an.

■ $2{,}335^5 - 5{,}1^{-3}$     Im Falle negativer Exponenten wird die Potenztaste genutzt und nach dem Eingeben des Exponenten die Vorzeichenwechseltaste betätigt.

2,335 $\boxed{x^y}$ 5 $\boxed{-}$ 5,1 $\boxed{x^y}$ 3 $\boxed{+/-}$ $\boxed{=}$ [69.40444007]

---

**25.** Berechnen Sie die folgenden Potenzen mit dem Taschenrechner.
- **a)** $12^5$
- **b)** $2^{14}$
- **c)** $5^{10}$
- **d)** $17^6$
- **e)** $35^6$
- **f)** $15^6$
- **g)** $52^{12}$
- **h)** $915^5$
- **i)** $3{,}9^4$
- **j)** $12{,}05^9$
- **k)** $(-2{,}5)^6$
- **l)** $(-3{,}9)^7$
- **m)** $2^{-8}$
- **n)** $(-0{,}34)^4$
- **o)** $0{,}25^{-10}$
- **p)** $2{,}45^3 + 78{,}1^2$
- **q)** $3{,}11^4 - 2{,}99^2$
- **r)** $12{,}5^{-2} + 3{,}99^5$
- **s)** $5{,}23^4 \cdot 5{,}28^2$
- **t)** $\dfrac{2{,}938^2}{1{,}008^3}$
- **u)** $\dfrac{0{,}829^4}{0{,}995^3}$

**26.** Überprüfen Sie die folgenden Gleichungen.
- **a)** $8202 = 8^4 + 2^4 + 0^4 + 2^4$
- **b)** $92\,727 = 9^5 + 2^5 + 7^5 + 2^5 + 7^5$
- **c)** $7304 = 7^4 + 3^4 + 0^4 + 4^4$
- **d)** $93\,023 = 9^5 + 3^5 + 0^5 + 2^5 + 3^5$
- **e)** $9474 = 9^4 + 4^4 + 7^4 + 4^4$
- **f)** $93\,084 = 9^5 + 3^5 + 0^5 + 8^5 + 4^5$

**27.** Schreiben Sie jeweils als Potenz mit der Basis 10.
- **a)** 100
- **b)** 1
- **c)** 1000
- **d)** 10
- **e)** 0,001
- **f)** $\dfrac{1}{100\,000}$
- **g)** 1000 000
- **h)** 0,000 000 01
- **i)** 1 Milliarde

**28.** Jana hat beim Notieren eines Rechenablaufplans für die Kästchen eine Schablone
benutzt, dann aber dreimal vergessen das Tastenbild einzutragen. Welche Auf-
schriften fehlen?

2,3 $\boxed{\phantom{x}}$ $\boxed{+}$ 2,5 $\boxed{x^y}$ 3 $\boxed{\phantom{x}}$ 1,5 $\boxed{x^y}$ 6 $\boxed{\phantom{x}}$ [9.524375]

9

A ▼ Potenzen

**Zehnerpotenzen,** also Potenzen der Form $10^n$ ($n \in \mathbb{Z}$), charakterisieren das **dekadische Stellenwertsystem**. Rückschauend soll das dekadische Positionssystem noch einmal beschrieben werden:

| **Dekadisches Positionssystem** |
|---|
| • Zur Darstellung von Zahlen im dekadischen Positionssystem stehen zehn verschiedene Ziffern (0, 1, 2, 3, ..., 9) zur Verfügung. |
| • Die Basis des dekadischen Positionssystems ist die 10. |
| • Der Wert, den jede Ziffer darstellt, hängt von der Position ab, den eine Ziffer in der Zahldarstellung einnimmt. |

■  48 721                     12,084
$$8 \cdot 1000 = 8 \cdot 10^3 \qquad 8 \cdot \frac{1}{100} = 8 \cdot 10^{-2}$$

**29.** Erklären Sie, was die Ziffer 7 in den einzelnen Zahldarstellungen bedeutet.
**a)** 7384   **b)** 43 872   **c)** 27,4621   **d)** 2,0781   **e)** 23,4872   **f)** 49,990 374

• Unter Einbeziehung der Zehnerpotenzen in die Darstellung lassen sich die unter ■ angeführten Zahlen als **Summen von Vielfachen von Zehnerpotenzen** folgendermaßen schreiben:

■ $48\,721 = 4 \cdot 10^4 + 8 \cdot 10^3 + 7 \cdot 10^2 + 2 \cdot 10^1 + 1 \cdot 10^0$
$12,084 = 1 \cdot 10^1 + 2 \cdot 10^0 + 0 \cdot 10^{-1} + 8 \cdot 10^{-2} + 4 \cdot 10^{-3}$

**30.** **a)** Stellen Sie 5639; 7008; 80,09 und 0,008 als Summe von Vielfachen von Zehnerpotenzen dar.
**b)** Schreiben Sie die nachstehenden Summen von Vielfachen von Zehnerpotenzen kürzer auf.
$2 \cdot 10^7 + 3 \cdot 10^6 + 0 \cdot 10^5 + 4 \cdot 10^4 + 6 \cdot 10^3 + 7 \cdot 10^2 + 2 \cdot 10^1 + 9 \cdot 10^0$
$3 \cdot 10^2 + 4 \cdot 10^1 + 5 \cdot 10^0 + 6 \cdot 10^{-1} + 7 \cdot 10^{-2} + 8 \cdot 10^{-3}$
$4 \cdot 10^{-4} + 9 \cdot 10^{-5} + 0 \cdot 10^{-6} + 3 \cdot 10^{-7}$

Die 10 Ziffern für die Darstellung der Zahlen im dekadischen Stellenwertsystem haben im Lauf der Geschichte ihr Aussehen verändert. Die **arabischen Ziffern,** die ihren Ursprung in Indien hatten, gelangten durch die Araber nach Europa.

Spanische Handschrift aus dem Jahre 976; darunter englische Handschrift aus dem Jahre 1442 und zuletzt gedruckte Ziffern in einem Buch von WIDMANN, erschienen in Leipzig im Jahre 1489.

▲ Bild A 3

Auch andere Basen wurden zur Darstellung der Zahlen herangezogen und in Stellenwertsystemen angewendet:
Das Fünfersystem (abgeleitet von den 5 Fingern einer Hand), das Zwölfersystem und auch das Zwanzigersystem sind hier zu nennen.
Im Zweistromland Babylonien, einem alten Kulturland auf dem Gebiet des heutigen Staates Irak, spielte das Hexagesimalsystem mit der Basis 60 eine Rolle. (Man denke an die Einheiten der Zeit: 1 Stunde = 60 Minuten.)
Im Computer wird mit dem **Dualsystem** (Basis ist die Zahl 2) gearbeitet.
Die uns bekannten römischen Zahlzeichen wurden dagegen in ganz anderer Weise angewendet, nämlich zur Zahldarstellung in einem **Additionssystem.**

| I–1; V–5; X–Zehn; L–Fünfzig; C–Einhundert (lat. centum); D–Fünfhundert; M–Eintausend (lat. mille) | ■ MDCCXXVI bedeutet 1726, denn 1000 + 500 + 100 + 100 + 10 + 10 + 5 + 1 |
| --- | --- |

Römische Zahlzeichen findet man häufig an Bauwerken, wo mit ihnen die Jahreszahl der Fertigstellung festgehalten ist.

**31.** Zerlegen Sie folgende Zahlen in Summen von Vielfachen von Fünferpotenzen.
**a)** 320    **b)** 669    **c)** 3126    **d)** 2999    **e)** 0,2    **f)** 2,848
**g)** 0,024    **h)*** 2,024    **i)*** 16,16    **j)*** 7,776    **k)*** 27,216

**32.** Zerlegen Sie folgende Zahlen in Summen von Vielfachen von Zwölferpotenzen.
**a)** 144    **b)** 379    **c)** 2000    **d)** 3457    **e)** 30 736    **f)** 18 851

Im Fünfersystem benötigen wir fünf verschiedene Ziffern, um alle Zahlen darstellen zu können. Wir können dies mit den Ziffern 0, 1, 2, 3 und 4 tun, d.h. also mit denselben Zeichen, die auch im dezimalen Zahlensystem verwendet werden, wenn nur kenntlich gemacht wird, dass es sich bei den einzelnen Stellen um Vielfache von Fünferpotenzen handelt.

■ Für die Zahl 145 im Dezimalsystem ergibt sich bei der Darstellung im Fünfersystem:
$$145 = \underbrace{1 \cdot 5^3}_{125} + \underbrace{0 \cdot 5^2}_{0} + \underbrace{4 \cdot 5^1}_{20} + \underbrace{0 \cdot 5^0}_{0} = [1040]_5.$$

■ Für die Zahl $[231]_5$ im Fünfersystem ergibt sich bei der Darstellung im Zehnersystem:
$[231]_5$, also $2 \cdot 5^2 + 3 \cdot 5^1 + 1 \cdot 5^0 = 50 + 15 + 1 = 66$.

■ Für die Zahl $[24, 23]_5$ im Fünfersystem ergibt sich bei der Darstellung im Zehnersystem:
$[24, 23]_5$, also $2 \cdot 5^1 + 4 \cdot 5^0 + 2 \cdot 5^{-1} + 3 \cdot 5^{-2}$;
das ergibt: $10 + 4 + 0,4 + 0,12 = 14,52$.

**33.** Geben Sie die folgenden Zahlen im Zehnersystem an.
**a)** $[404]_5$    **b)** $[12,402]_5$    **c)** $[342\,410]_5$    **d)** $[44,44]_5$    **e)** $[0,444]_5$
**f)** $[211]_{12}$    **g)** $[35E]_{12}$ (E bedeutet 11)    **h)** $[2715]_8$

**34.** Stellen Sie die nachstehenden Zahlen im Fünfersystem dar.

**a)** 225     **b)** 793     **c)** 0,786     **d)** 8,8     **e)** 92,816     **f)** 404,42

**35.** Stellen Sie folgende Zahlen zunächst im Dreiersystem und dann im Vierersystem
Ⓛ dar. Wie viele verschiedene Ziffern werden jeweils benötigt?

**a)** 27     **b)** 2043     **c)** 9284     **d)** 217     **e)** 8065     **f)** 5555

**36.\*** Tobias hat eine Additionsaufgabe in einem anderen Positionssystem codiert (↗ Bild A 4).
Nach einigem Überlegen sagt Lydia: „Schreibt man die Aufgabe im dekadischen Positionssystem, so folgt daraus $5 + 5 = 10$.“ Welches Positionssystem hat Tobias gewählt?

$$\begin{array}{r} \alpha\beta \\ + \ \alpha\beta \\ \hline \alpha\gamma\alpha \end{array} \qquad \begin{array}{r} 5 \\ + \ 5 \\ \hline 10 \end{array}$$

▲ Bild A 4

**37.** Auch in anderen Positionssystemen können Rechnungen dargestellt werden. Grundaufgaben der Addition im Fünfersystem sind zum Beispiel:

$$[0]_5 + [1]_5 = [1]_5$$
$$[1]_5 + [1]_5 = [2]_5$$
$$[3]_5 + [3]_5 = [11]_5$$

$$[1]_5 + [4]_5 = [10]_5$$
$$[4]_5 + [4]_5 = [13]_5$$
$$[1]_5 + [3]_5 = [4]_5$$

Übertragen Sie die folgende Additionstabelle für das Fünfersystem in Ihr Heft und füllen Sie diese aus.

| + | $[0]_5$ | $[1]_5$ | $[2]_5$ | $[3]_5$ | $[4]_5$ |
|---|---|---|---|---|---|
| $[0]_5$ | | | | | |
| $[1]_5$ | | | | | |
| $[2]_5$ | | | | | |
| $[3]_5$ | | | | | |
| $[4]_5$ | | | | | |

**38.** Fertigen Sie eine Tabelle mit den Grundaufgaben der Multiplikation im Fünfersystem an.

**39.** Berechnen Sie die Summe, die Differenz und das Produkt folgender im Fünfersystem gegebener Zahlen. Überprüfen Sie Ihre Rechenergebnisse, indem Sie die entsprechenden Aufgaben im dekadischen Positionssystem lösen.

**a)** $[412]_5$ und $[34]_5$     **b)** $[34\,032]_5$ und $[404]_5$     **c)** $[3333]_5$ und $[222]_5$

**d)** $[234]_5$ und $[10]_5$     **e)** $[4234]_5$ und $[100]_5$     **f)** $[3421]_5$ und $[4204]_5$

**40.** Vergleichen Sie miteinander.

**a)** $0{,}0002;\ 2 \cdot \dfrac{1}{10\,000};\ 2 \cdot 10^{-4}$     **b)** $23\,749;\ 2{,}3749 \cdot 10^4;\ 2{,}3749 \cdot \dfrac{1}{10\,000}$

**c)** $23\,459 \cdot 10^{-2};\ 23\,459 \cdot \dfrac{1}{1000};\ 23\,459 \cdot \dfrac{1}{10^4}$

**d)** $1{,}5 \cdot 10^{-1};\ 1{,}5 \cdot 10^2;\ 1{,}5 \cdot 10^0;\ 1500 \cdot \dfrac{1}{10^3}$

**41.** Mit zwei unterschiedlichen Taschenrechnern wurde $17^{-3}$ berechnet. Als Ergebnis erhielt man: [0.00020354] bzw. [2.0354 −04]. Erklären Sie die Darstellung.

---

Wie erinnern uns:

**Jede reelle Zahl $a$ kann als $a_0 \cdot 10^g$ dargestellt werden, wobei $1 \leq |a_0| < 10$ und $g \in \mathbb{Z}$ gilt.**

Diese Schreibweise findet man häufig in Tafelwerken zur Astronomie und Physik.

| Entfernung einiger Planeten zur Sonne: | Merkur | $5{,}8 \cdot 10^7$ km | Venus | $1{,}1 \cdot 10^8$ km |
| --- | --- | --- | --- | --- |
| | Pluto | $5{,}9 \cdot 10^9$ km | Mars | $2{,}3 \cdot 10^8$ km |

---

**42.** Geben Sie folgende Entfernungen einiger Planeten zur Sonne mit abgetrennten Zehnerpotenzen an.

| Erde | 150 000 000 km | Neptun | 4 500 000 000 km |
| --- | --- | --- | --- |
| Saturn | 1 400 000 000 km | Uranus | 2 900 000 000 km |

**43.** Geben Sie die Masse der folgenden Planeten in Tonnen an.

| Merkur | $3{,}3 \cdot 10^{23}$ kg |
| --- | --- |
| Jupiter | 1 900 000 000 000 000 000 000 000 000 kg |
| Pluto | 13 000 000 000 000 000 000 000 kg |
| Erde | $6 \cdot 10^{24}$ kg |

**44.** Schreiben Sie die Zahlen mit abgetrennten Zehnerpotenzen.
   **a)** Die Geschichte der Erde begann vor ca. 4 500 000 000 Jahren.
   **b)** Die ältesten auf der Erdoberfläche gefundenen Steine sind etwa 3 500 000 000 Jahre alt.
   **c)** Vor etwa 500 Millionen Jahren besiedelten die ersten fischartigen Lebewesen die Meere.
   **d)** Der Urvogel Archäopteryx lebte vor 140 000 000 Jahren.

---

Der Andromedanebel (✒ Bild A 5) ist ein Sternsystem, das von unserem Milchstraßensystem eine Entfernung von rund 690 000 pc aufweist.
[1 pc, gelesen Parsec, ist eine astronomische Längeneinheit, die zur Angabe großer Entfernungen geeignet ist.
1 pc = $3{,}086 \cdot 10^{13}$ km
Eine weitere astronomische Einheit ist das Lichtjahr (ly): 1 ly = 0,3067 pc.]
Der Andromedanebel ist schon mit bloßem Auge als Nebelfleck im Sternbild Andromeda sichtbar. Er ist in Größe und Gestalt mit unserem Milchstraßensystem vergleichbar.

▲ Bild A 5

**45.** Geben Sie die Entfernung des Andromedanebels vom Milchstraßensystem in Lichtjahren und in Kilometern an. Verfahren Sie dann genauso mit dem Durchmesser des Andromedanebels (ca. 50 000 pc).

**46.** Suchen Sie fehlende Angaben im Lexikon und schreiben Sie die Zahlenangaben mit abgetrennten Zehnerpotenzen.
  **a)** Die ersten Lebewesen auf dem Festland gab es vor … Jahren.
  **b)** Die Epoche der Dinosaurier begann vor … Jahren.
  **c)** Die ersten Säugetierarten gab es vor … Jahren.

> Auch ganz kleine Zahlen gibt man mithilfe abgetrennter Zehnerpotenzen an.
> **BEISPIEL:** Ein $H_2O$-Molekül hat eine Masse von
> $0,000\,000\,000\,000\,000\,000\,000\,029$ g $= 2,9 \cdot 10^{-23}$ g.

**47.** Schreiben Sie mit abgetrennten Zehnerpotenzen:
  **a)** elektrische Elementarladung: $0,000\,000\,000\,000\,000\,000\,160\,2$ C,
  **b)** Moleküle in 22,4 l Sauerstoff: $602\,400\,000\,000\,000\,000\,000\,000$,
  **c)** Hühnereieraufkommen weltweit: $390\,000\,000\,000$ pro Jahr,
  **d)** Ruhemasse des Protons: $0,000\,000\,000\,000\,000\,000\,000\,001\,672$ g.

**48.** Wie die Sage berichtet, hatte der Erfinder des Schachspiels bei einem indischen Fürsten einen Wunsch frei. Er wünschte sich für das erste Feld des Schachspiels ein Weizenkorn, für das zweite Feld zwei Weizenkörner, für das dritte 4, für das vierte Feld 8 und für jedes weitere der 64 Felder stets das Doppelte der Anzahl der Weizenkörner des vorangegangenen Feldes.
Wie viele Weizenkörner wären das?
Wie viel Tonnen ergeben sich, wenn man mit 45 g je 1000 Körner rechnen kann?

▼ Bild A 6

> ■ Beim Rechnen mit abgetrennten Zehnerpotenzen wendet man die Potenzgesetze an.
> $1,76 \cdot 10^4 \cdot 2,4 \cdot 10^{-6} = 1,76 \cdot 2,4 \cdot \mathbf{10^4 \cdot 10^{-6}} \approx 4,22 \ \mathbf{10^{4-6}} = 4,22 \cdot 10^{-2}$

**49.** Berechnen Sie. Vereinfachen Sie die Terme, bevor Sie den Rechner einsetzen.
Ⓛ  **a)** $9,02 \cdot 10^5 \cdot 1,7 \cdot 10^{-10}$    **b)** $8,675 \cdot 10^5 : (6,245 \cdot 10^3)$
  **c)** $6,25 \cdot 10^{-12} \cdot 1,25 \cdot 10^{20}$    **d)** $-7,575 \cdot 10^4 \cdot (-3,21 \cdot 10^{-6})$
  **e)** $2,984 \cdot 10^{-9} : (9,84 \cdot 10^{-8})$    **f)** $-7,5 \cdot 10^{-12} : (-2,5 \cdot 10^3)$
  **g)** $(-1,539 \cdot 10^{12}) \cdot 2,2 \cdot 10^{-2}$    **h)** $4,38 \cdot 10^{-25} \cdot 7,804 \cdot 10^{-14}$
  **i)** $6,59 \cdot 10^{-11} : (-6,59 \cdot 10^{13})$    **j)** $3,03 \cdot 10^{-23} : (1,056 \cdot 10^{-23})$
  **k)** $4,82 \cdot 10^6 + 2,41 \cdot 10^6$    **l)** $-9,36 \cdot 10^{-5} + 3,12 \cdot 10^{-5}$
  **m)** $-7,07 \cdot 10^8 + (-1,01 \cdot 10^8)$    **n)** $-4,48 \cdot 10^{-9} - 8,92 \cdot 10^{-9}$

## 2 Potenzen mit rationalen Exponenten; Wurzeln

**1.** Berechnen Sie folgende Terme. Nutzen Sie auch den Taschenrechner.

a) $\sqrt{4}$  b) $4^{\frac{1}{2}}$  c) $\sqrt{9}$  d) $9^{\frac{1}{2}}$  e) $\sqrt{15}$  f) $\sqrt{16}^{3}$  g) $\left(25^{\frac{1}{2}}\right)^{3}$

h) $\sqrt[3]{8}$  i) $8^{\frac{1}{3}}$  j) $125^{\frac{1}{3}}$  k) $81^{\frac{1}{4}}$  l) $\sqrt[4]{81}$  m) $\left(16^{\frac{1}{2}}\right)^{4}$

---

▶ **DEFINITIONEN:**
Es sei $a \in \mathbb{R}$ und $a \geq 0$, ferner $n \in \mathbb{N}$ und $n > 0$; dann gilt:

- $\sqrt[n]{a}$ **Die $n$-te Wurzel aus $a$ ist diejenige positive Zahl $x$, für die $x^n = a$ gilt.**

Ferner gelten:

- $\sqrt[n]{0} = 0$   • $a^{\frac{1}{n}} = \sqrt[n]{a}$

Wurzel-
exponent

$\sqrt[n]{a}$ ←Radikand

Wurzel

---

**Taschenrechner-Einmaleins: Radizieren**

**Quadratwurzeln** werden mithilfe der Taste $\boxed{\sqrt{\ }}$ ermittelt. Bei den meisten Rechnern erscheint das Ergebnis unmittelbar nach dem Betätigen der Taste.

■ $\sqrt{52{,}7}$     Ablaufplan: 52.7 $\boxed{\sqrt{\ }}$ [7.2594 765]

---

**Wurzeln mit anderen Wurzelexponenten als 2** werden je nach Rechnertyp
① mithilfe von $\boxed{\sqrt[x]{y}}$ (manchmal als Zweitbelegung von $\boxed{x^y}$) ermittelt oder
② mithilfe der Taste $\boxed{x^y}$ unter Anwendung der Definition $\sqrt[n]{a} = a^{\frac{1}{n}}$.

■ Zu ①: $\sqrt[5]{325{,}8}$     325.8 $\boxed{\sqrt[x]{y}}$ 5 $\boxed{=}$ [3.181194]
    Zu ②: $\sqrt[5]{325{,}8}$     325.8 $\boxed{x^y}$ 5 $\boxed{1/x}$ $\boxed{=}$ [3.181194]

---

Beim Berechnen einer **Potenz mit rationalem Exponenten** nutzt man die Taste $\boxed{x^y}$ folgendermaßen:

■ (a) $2{,}87^{1,2}$     2.87 $\boxed{x^y}$ 1.2 $\boxed{=}$ [3.543711]

(b) $2{,}87^{\frac{1}{3}}$     2.87 $\boxed{x^y}$ 3 $\boxed{1/x}$ $\boxed{=}$ [1.421109]

(c) $2{,}87^{\frac{2}{3}}$     2.87 $\boxed{x^y}$ $\boxed{(}$ 2 $\boxed{÷}$ 3 $\boxed{)}$ $\boxed{=}$ [2.01955]

Bemerkung: Der Exponent muss in einen Dezimalbruch umgewandelt werden. Dazu ist es nötig, den Vorrang des Potenzierens gegenüber dem Dividieren 2 : 3 durch Klammern aufzuheben.
Eine weitere Möglichkeit wäre   2 $\boxed{÷}$ 3 $\boxed{=}$ $\boxed{MS}$ 2.87 $\boxed{y^x}$ $\boxed{MR}$ $\boxed{=}$

---

**2.** Berechnen Sie.

a) $\sqrt[3]{64}$   b) $\sqrt[6]{1000000}$   c) $0{,}008^{\frac{1}{3}}$   d) $\sqrt[12]{0}$   e) $\sqrt[1]{27}$

# A ▼ Potenzen

Berechnen Sie.

**3.** ↑  **a)** $\sqrt[4]{256}$  **b)** $\sqrt[5]{248832}$  **c)** $4096^{\frac{1}{12}}$  **d)** $\sqrt[7]{1}$  **e)** $\sqrt[1]{7}$

**f)** $\sqrt[10]{1024}$  **g)** $27000^{\frac{1}{3}}$  **h)** $\sqrt[4]{0,00020736}$  **i)** $0,01679616^{\frac{1}{8}}$

**4.** ↑  **a)** $\left(\sqrt{26}\right)^2$  **b)** $\left(9^{\frac{1}{2}}\right)^2$  **c)** $\left(125^{\frac{1}{3}}\right)^2$  **d)** $\left(10^{-6}\right)^{\frac{1}{3}}$

**e)** $\left(\sqrt{25}\right)^5$  **f)** $\left(2^4\right)^{\frac{1}{2}}$  **g)** $\left(25^{\frac{1}{2}}\right)^3$  **h)** $\left(2^8\right)^{\frac{1}{3}}$

Für positive Zahlen kann das Radizieren als eine Umkehrung des Potenzierens gelten.

> ▶  Potenzen mit rationalen Exponenten $\dfrac{m}{n}$ ($m \in \mathbb{Z}$; $n \in \mathbb{N}$ und $n \geq 2$) werden für positive reelle Basen $a$ folgendermaßen erklärt:
>
> $$a^{\frac{m}{n}} = \left(\sqrt[n]{a}\right)^m = \sqrt[n]{a^m}$$

**5.**  Schreiben Sie als Potenz mit rationalem Exponenten. Hinweis: $\left(\sqrt[n]{a}\right)^m = \sqrt[n]{a^m}$.

**a)** $\sqrt[4]{3^5}$  **b)** $\sqrt[6]{7^4}$  **c)** $\sqrt[4]{7^6}$  **d)** $\sqrt[9]{3}$  **e)** $\sqrt[3]{9}$  **f)** $\sqrt[5]{17}$

**g)** $\sqrt{\left(\dfrac{5}{4}\right)^3}$  **h)** $\sqrt[3]{\left(\dfrac{2}{3}\right)^{-4}}$  **i)** $\sqrt[4]{\left(-\dfrac{3}{8}\right)^8}$  **k)** $\sqrt[3]{\left(\dfrac{-2}{5}\right)^5}$

**6.**  Schreiben Sie als Wurzel.

**a)** $6^{\frac{3}{2}}$  **b)** $\left(\dfrac{2}{3}\right)^{\frac{4}{3}}$  **c)** $6^{-\frac{7}{8}}$  **d)** $a^{\frac{2}{5}}$  **e)** $\left(-\dfrac{4}{9}\right)^{\frac{4}{6}}$  **f)** $\left(\dfrac{7}{2}\right)^{-\frac{3}{4}}$  **g)** $\left(\dfrac{225}{29}\right)^{-\frac{3}{2}}$

Berechnen Sie.

**7.** ↑  **a)** $\sqrt[8]{9^{12}}$  **b)** $4^{\frac{3}{2}}$  **c)** $18^{\frac{2}{3}}$  **d)** $7^{\frac{6}{4}}$  **e)** $8^{\frac{1}{16}}$  **f)** $100^{\frac{1}{4}}$

**g)** $3^{-\frac{10}{5}}$  **h)** $(-2)^{\frac{9}{2}}$  **i)** $\sqrt[8]{4^{16}}$  **j)** $\sqrt[16]{4^8}$  **k)** $\dfrac{1}{\sqrt[3]{3^4}}$  **l)** $\dfrac{1}{\sqrt[9]{2^{10}}}$

**8.** ↑  **a)** $8^{\frac{3}{4}}$  **b)** $8^{-\frac{3}{4}}$  **c)** $\sqrt[4]{3^6}$  **d)** $\sqrt{\left(\dfrac{5}{3}\right)^3}$  **e)** $\sqrt[4]{\left(-\dfrac{1}{2}\right)^2}$  **f)** $\sqrt[3]{4^{-5}}$

Ⓛ **g)** $\sqrt[4]{\left(-\dfrac{2}{3}\right)^6}$  **h)** $5^{\frac{2}{7}}$  **i)** $\left(\dfrac{3}{8}\right)^{\frac{4}{3}}$  **j)** $3^{\frac{4}{5}}$  **k)** $6^{\frac{5}{2}}$  **l)** $49^{\frac{3}{6}}$

**9.*** Unter welchen Voraussetzungen existieren die folgenden Wurzeln?

Ⓛ **a)** $\sqrt{x}$  **b)** $\sqrt{x-y}$  **c)** $\sqrt[4]{a+b}$  **d)** $\sqrt[n]{a-1}$  **e)** $\sqrt[m]{1-a}$  **f)** $\sqrt[3]{\dfrac{1}{b}}$

**10.** Rechnen Sie aus und vergleichen Sie miteinander.

**a)** $125^{\frac{1}{2}} \cdot 125^{\frac{1}{3}}$ und $125^{\frac{5}{6}}$  **b)** $\sqrt[3]{4} \cdot \sqrt[3]{2}$ und $\sqrt[3]{8}$  **c)** $\left(2^{\frac{1}{2}}\right)^{\frac{1}{3}}$ und $2^{\frac{1}{3}}$

**d)** $\sqrt[3]{5} : \sqrt{5}$ und $\sqrt[6]{5}$  **e)** $\sqrt[3]{10} : \sqrt[3]{5}$ und $\sqrt[3]{2}$  **f)** $12^{-\frac{1}{4}} \cdot 4^{-\frac{1}{4}}$ und $48^{-\frac{1}{4}}$

**11.** **a)** Formulieren Sie die Potenzgesetze (↗ S. 7) für Potenzen mit rationalen Exponenten.
**b)** Erläutern Sie die Gültigkeit der Potenzgesetze für Potenzen mit rationalen Exponenten an Beispielen.

**12.** Vereinfachen Sie die folgenden Terme. (Schreiben Sie die Wurzeln zunächst als Potenzen.)

**a)** $\sqrt[3]{4} \cdot \sqrt[4]{4}$　　**b)** $\sqrt[5]{3} : \sqrt[12]{3}$　　**c)** $\sqrt[4]{2^9} \cdot \sqrt{2^9}$　　**d)** $\sqrt[3]{\dfrac{2}{3}} : \sqrt{\dfrac{2}{3}}$　　**e)** $\sqrt{\sqrt[3]{8}}$

**f)** $\sqrt[4]{10} : \sqrt[4]{2}$　　**g)** $\sqrt[5]{\dfrac{1}{4}} \cdot \sqrt[5]{0,8}$　　**h)** $\sqrt{\dfrac{1}{\sqrt{4}}}$　　**i)** $\sqrt[3]{2a} : \sqrt[3]{a}$　　**j)** $\sqrt{b} \cdot \sqrt{4b}$

Die Potenzgesetze werden für Potenzen mit rationalen Exponenten häufig folgendermaßen formuliert und dann als **Wurzelgesetze** bezeichnet:

> ▶ **SATZ:** Es seien $a, b \in \mathbb{R}$ und $a > 0$; $b > 0$; ferner seien $m, p \in \mathbb{Z}$ sowie $n, q, c \in \mathbb{N}$, jedoch ungleich 0. Dann gelten:
>
> - $\sqrt[n]{a^m} = \sqrt[m \cdot c]{a^{m \cdot c}}$ 　　　・ $\sqrt[n]{a} \cdot \sqrt[n]{b} = \sqrt[n]{a \cdot b}$ 　　　・ $\sqrt[n]{a} : \sqrt[n]{b} = \sqrt[n]{\dfrac{a}{b}}$
> - $\sqrt[q]{\sqrt[n]{a}} = \sqrt[n]{\sqrt[q]{a}} = \sqrt[n \cdot q]{a}$ 　　　・ $\left(\sqrt[n]{a}\right)^p = \sqrt[n]{a^p}$
> - $\sqrt[n]{a^m} \cdot \sqrt[q]{a^p} = \sqrt[n \cdot q]{a^{mq+np}}$

**13.** Geben Sie für jedes der Wurzelgesetze das zugehörige Potenzgesetz an.

*Vereinfachen Sie die Terme nach Möglichkeit und berechnen Sie diese dann.*

**14.** ↑ **a)** $\sqrt[3]{\sqrt{8}}$　　　　**b)** $\sqrt[3]{\sqrt{27}}$　　　　**c)** $\sqrt[3]{2\sqrt{2}}$　　　　**d)** $\sqrt[3]{4} : \sqrt[3]{16}$

Ⓛ　　**e)** $\sqrt[4]{32} : \sqrt[4]{2}$　　**f)** $\sqrt{3} \cdot \sqrt{27}$　　**g)** $\sqrt[4]{\sqrt[5]{4^4}}$　　**h)** $\sqrt[5]{3^{-2}} : \sqrt[5]{3^{-2}}$

　　　**i)** $\sqrt{\dfrac{1}{10}\sqrt[3]{1000}}$　　**j)** $\dfrac{\sqrt{27}}{3}$　　**k)** $\sqrt{18} : \sqrt{2}$　　**l)** $\sqrt{\dfrac{15}{24}} : \sqrt{\dfrac{9}{25}}$

**15.** ↑ **a)** $\sqrt[4]{\dfrac{8}{27}} \cdot \sqrt{\dfrac{8}{27}}$　　**b)** $\sqrt[4]{8} : \sqrt[3]{8}$　　**c)** $\sqrt{2} : \sqrt[3]{2}$　　**d)** $\sqrt{\sqrt[4]{9}}$

　　　**e)** $\left(\sqrt[4]{16}\right)^3$　　**f)** $\left(\sqrt[3]{3}\right)^6$　　**g)** $\sqrt[6]{(-3)^{-12}}$　　**h)** $\left(\sqrt[9]{6^{-4}}\right)^6$

　　　**i)** $\left(\sqrt[4]{25}\right)^2$　　**j)** $\left(\sqrt{\left(-\dfrac{2}{3}\right)^5}\right)^3$　　**k)** $\sqrt[3]{2 \cdot \sqrt{16}}$　　**l)** $\sqrt[4]{\sqrt[3]{64}}$

**16.** *↑ **a)** $\sqrt[3]{0,5^4}$　　　　**b)** $\sqrt[3]{\left(\dfrac{2}{3}\right)^5}$　　**c)** $\sqrt[3]{24} \cdot \sqrt[9]{4,2}$　　**d)** $(5,4)^{\frac{3}{4}} : 0,9^{\frac{3}{4}}$

　　　**e)** $\left(\left(\dfrac{1}{3}\right)^{-\frac{2}{3}}\right)^{-\frac{3}{2}}$　　**f)** $\left(\left(\dfrac{9,27}{2,75}\right)^0\right)^{-\frac{11}{23}}$　　**g)** $10^{-3} \cdot 10^2 \cdot 10^{\frac{3}{2}}$

　　　**h)** $0,001^{\frac{4}{5}} \cdot 0,001^{-\frac{6}{5}}$　　**i)** $0,3^{\frac{1}{4}} \cdot 0,3^{\frac{3}{2}} \cdot 0,3^{\frac{3}{8}}$　　**j)** $\left(\sqrt{6} + \sqrt{5}\right) \cdot \left(\sqrt{6} - \sqrt{5}\right)$

# A ▼ Potenzen

Vereinfachen Sie die Terme. Nutzen Sie die Potenz- und Wurzelgesetze.

**17.** ↑ **a)** $x^{\frac{2}{4}} \cdot x$      **b)** $z^{\frac{1}{2}} : z$      **c)** $\sqrt{y} \cdot \sqrt{y}$      **d)** $t^{-\frac{1}{n}} \cdot t^{-\frac{1}{n}}$      **e)** $a^{2n} : \sqrt[n]{x}$

     **f)** $x : x^n$      **g)** $4x^3 : x^3$      **h)** $x : x^{-n}$      **i)** $x^{-n} : \sqrt[n]{x}$      **j)** $a^n : a^{2n}$

     **k)** $a^n : a^{-n}$      **l)** $6a^{-3} : (3a^{-2})$

**18.** ↑ **a)** $\left(\sqrt{x} + \sqrt{y}\right) \cdot \left(\sqrt{x} - \sqrt{y}\right)$      **b)** $\left(\sqrt{ax} - \sqrt{bx}\right) : \sqrt{x}$

     **c)** $\sqrt{x} \cdot \sqrt[3]{x^2} \cdot \sqrt[4]{x^3}$      **d)** $\sqrt[3]{\sqrt{x}}$      **e)** $\sqrt[3]{x^3}$      **f)** $\left(x^{\frac{2}{3}}\right)^{\frac{1}{2}}$

     **g)** $(x - y) : \left(\sqrt{x} - \sqrt{y}\right)$      **h)** $\left(x \cdot \sqrt[3]{y} + y \cdot \sqrt[3]{x}\right) : \sqrt[3]{xy}$      **i)** $\dfrac{4x^2}{3 \cdot \sqrt{2x}}$

**19.** Berechnen Sie Näherungswerte für die folgenden Quotienten. Wählen Sie dazu nacheinander für die Wurzeln im Nenner einen Näherungswert mit 3, 4, 5 Stellen nach dem Komma. Was stellen Sie fest?

     **a)** $\dfrac{1}{\sqrt{3}}$      **b)** $\dfrac{1}{\sqrt{6}}$      **c)** $\dfrac{1}{\sqrt{8}}$

Um mit dem Taschenrechner derartige Quotienten zu berechnen, nutzt man zweckmäßigerweise die Taste $\boxed{^1/_x}$. So liefert die Tastenfolge 2 $\boxed{\sqrt{x}}$ $\boxed{^1/_x}$ einen Näherungswert für den Term $\dfrac{1}{\sqrt{2}}$.

Häufig ist es aber günstig, wenn Quotienten so erweitert werden, dass im Nenner keine Wurzeln mehr auftreten: Der **Nenner wird rational gemacht.**

---

■ **a)** $\dfrac{3}{\sqrt{2}}$ wird mit $\sqrt{2}$ erweitert: $\dfrac{3}{\sqrt{2}} = \dfrac{3 \cdot \sqrt{2}}{\sqrt{2} \cdot \sqrt{2}} = \dfrac{3}{2} \cdot \sqrt{2}$.

    **b)** $\dfrac{1}{\sqrt[3]{2}}$ wird mit $\sqrt[3]{2^2}$ erweitert: $\dfrac{1}{\sqrt[3]{2}} = \dfrac{\sqrt[3]{2^2}}{\sqrt[3]{2} \cdot \sqrt[3]{2^2}} = \dfrac{\sqrt[3]{4}}{\sqrt[3]{2^3}} = \dfrac{1}{2} \cdot \sqrt[3]{4}$.

    **c)** $\dfrac{5}{\sqrt{2} + \sqrt{5}}$ wird mit $\sqrt{2} - \sqrt{5}$ erweitert (man denke an $(a + b)(a - b) = a^2 - b^2$).

$$\dfrac{5}{\sqrt{2} + \sqrt{5}} = \dfrac{5\left(\sqrt{2} - \sqrt{5}\right)}{\left(\sqrt{2} + \sqrt{5}\right)\left(\sqrt{2} - \sqrt{5}\right)} = \dfrac{5 \cdot \sqrt{2} - 5 \cdot \sqrt{5}}{2 - 5} = \dfrac{5 \cdot \sqrt{5} - 5 \cdot \sqrt{2}}{3}$$

---

Machen Sie den Nenner in den folgenden Termen rational.

**20.** ↑ **a)** $\dfrac{1}{\sqrt{7}}$    **b)** $\dfrac{1}{3 \cdot \sqrt{27}}$    **c)** $\dfrac{1}{4 \cdot \sqrt{5}}$    **d)** $\dfrac{1}{2 \cdot \sqrt{8}}$    **e)** $\dfrac{1}{7 \cdot \sqrt{18}}$    **f)** $\sqrt{\dfrac{3}{2}}$

     **g)** $\sqrt{\dfrac{9}{10}}$    **h)*** $\dfrac{1}{3 - \sqrt{2}}$    **i)*** $\dfrac{2}{2 + \sqrt{6}}$

**21.** ↑ **a)** $\dfrac{1}{\sqrt[3]{12}}$    **b)** $\dfrac{1}{\sqrt[4]{2}}$    **c)** $\left(\sqrt[5]{2}\right)^{-10}$    **d)** $\sqrt[3]{\dfrac{2}{3}}$    **e)** $\sqrt[3]{\dfrac{4}{3}}$

Ⓛ    **f)** $\sqrt[4]{\dfrac{12}{3}}$    **g)** $\dfrac{5}{3 \cdot \sqrt{5}}$    **h)*** $\dfrac{10}{8 + \sqrt{10}}$    **i)*** $\dfrac{3}{\sqrt{4} + \sqrt{3}}$

## 3 Eine weitere Umkehrung des Potenzierens

**1.** Für welche $x$ entsteht eine wahre Aussage?

**a)** $2^x = 8$  **b)** $10^x = 1000$  **c)** $9^x = 3$  **d)** $10^x = \dfrac{1}{1000}$

**e)** $5^x = 1$  **f)** $10^x = 7$

Die Gleichung $10^x = 7$ können wir nicht so leicht lösen wie die anderen Gleichungen in der Aufgabe 1. Wir versuchen einen Näherungswert zu finden.

Wenn es eine rationale Zahl $\dfrac{p}{q}$ mit $10^{\frac{p}{q}} = 7$ gäbe, so müsste gelten:

$$10^p = 7^q.$$

Unter den Zehnerpotenzen finden wir u.a. die Zahl $100\,000 = 10^5$ und unter den Potenzen der 7 die Zahl $117\,649 = 7^6$. Also ist $\dfrac{5}{6}$ ein (grober) Näherungswert für $x$.

Man kann zeigen, dass es keine rationale Zahl $x$ mit $10^x = 7$ gibt.

Lässt man auch irrationale Zahlen als Exponenten zu, so kann bewiesen werden, dass es genau eine reelle Zahl $x$ mit $10^x = 7$ gibt. Die Zahl $x$ wird **Logarithmus** von 7 zur Basis 10 genannt. Man schreibt

$$x = \log_{10} 7.$$

**2.** Welche Zahl ist für $x$ einzusetzen? Schreiben Sie das Ergebnis jeweils als Logarithmus. Überlegen Sie zuerst, welche Zahl die Basis des Logarithmus ist.

**a)** $2^x = 16$  **b)** $10^x = 100\,000$  **c)** $10^x = \dfrac{1}{100}$  **d)** $5^x = 25$  **e)** $13^x = 1$

▶ **DEFINITION:**
Es seien $a$, $b$ und $c$ reelle Zahlen und es gelte $a > 0$ und $a \neq 1$ sowie $b > 0$.
**Dann ist $c = \log_a b$ diejenige reelle Zahl, für die $a^c = b$ gilt.** (Gelesen: Logarithmus von $b$ zur Basis $a$)

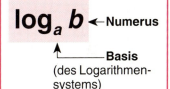

Wir betrachten die Gleichung $a^c = b$ ($a$, $b$ und $c$ reelle Zahlen).
Dann sind folgende Aufgabenstellungen möglich:

| | | |
|---|---|---|
| $a^c = \mathbf{b}$ | $a$ und $c$ sind gegeben, $b$ ist gesucht: | **Potenzieren** |
| $\mathbf{a}^c = b$ | $b$ und $c$ sind gegeben, $a$ ist gesucht: $a = \sqrt[c]{b}$ | **Radizieren** |
| $a^c = b$ | $a$ und $b$ sind gegeben, $c$ ist gesucht: $c = \log_a b$ | **Logarithmieren** |

Welche Bedingungen für $a$, $b$ und $c$ müssen in jedem einzelnen Fall erfüllt sein?

# A ▼ Potenzen

**Wir wollen nun Logarithmen ermitteln.** In einigen Fällen kommt man zum Ziel, indem man die jeweils zugrunde liegende Potenz herausfindet.

---

■ Gesucht ist $\log_7 2401$

$\log_7 2401$ zu ermitteln bedeutet, eine Zahl $x$ zu finden, für die gilt: $7^x = 2401$.
**2** kommt nicht in Betracht, da $7^2 = 49$.
**3** kommt auch nicht infrage, denn $7^3 = 343$.
**4** ist die gesuchte Zahl: $7^4 = 2401$.    Also: $\log_7 2401 = 4$.

---

**3.**  Ermitteln Sie die folgenden Logarithmen.

**a)** $\log_2 128$  **b)** $\log_3 27$  **c)** $\log_{27} 3$  **d)** $\log_3 \left( \dfrac{1}{81} \right)$  **e)** $\log_{10} 1000$

**f)** $\log_{10} 0,0001$  **g)** $\log_2 0,0625$  **h)** $\log_4 1024$  **i)** $\log_5 3125$
**j)** $\log_3 1$  **k)** $\log_{10} 1$  **l)** $\log_{12} 1$  **m)** $\log_{10} 2$

Die Aufgabe 3 m) zeigt, dass diese Methode nicht immer zum Ziel führt. Mithilfe des Taschenrechners kann man alle Aufgaben, in denen Logarithmen zur Basis 10 gesucht werden, schnell lösen. Man nennt diese Logarithmen **dekadische Logarithmen** und schreibt für $\log_{10} b$ kürzer lg $b$.

---

■ Gesucht ist lg 2.

Tastenfolge: 2 [log] [0.30103].
Der dekadische Logarithmus von 2 ist eine irrationale Zahl, die hier auf 5 Dezimalen gerundet wurde. Es gilt: $10^{0,30103} \approx 2$.

---

**4.**  Ermitteln Sie  **a)** lg 34,  **b)** lg 1296,  **c)** lg 0,667,  **d)** lg 0,098,  **e)** lg 10.

**5.**  Lösen Sie die folgenden Gleichungen. Was stellen Sie fest?

Ⓛ  **a)** $10^x = 100$  **b)** $10^x = 1$  **c)** $10^x = \dfrac{1}{1000}$  **d)** $10^x = 0,125$

**e)** $10^x = 4245$  **f)** $10^x = 1,25$  **g)** $10^x = 4$  **h)** $10^x = 400$
**i)** $10^x = 0,4$  **j)** $10^x = 0,004$  **k)** $10^x = 40$  **l)** $10^x = 40\,000$

Bevor es Taschenrechner gab, wurden Logarithmen aus Logarithmentafeln entnommen. HENRY BRIGGS (1561–1630), ein englischer Mathematiker, veröffentlichte im Jahre 1620 eine Tafel mit dekadischen Logarithmen. Mithilfe der Logarithmen war es möglich, komplizierte und rechenaufwendige astronomische Berechnungen zu vereinfachen. Das Bild A 7 auf der Seite 21 zeigt das Faksimile einer solchen Tafel. Auch „Das große Tafelwerk" enthält eine Logarithmentafel.

**6.**  Lesen Sie aus dem Tafelausschnitt (↗ S. 21) die folgenden Logarithmen ab.
**a)** lg 9  **b)** lg 19  **c)** lg 12  **d)** lg 74  **e)** lg 99  **f)** lg 10

**7.**  Gesucht ist jeweils der Numerus, der zu den angegebenen Logarithmen gehört. Benutzen Sie, soweit es geht, die Tafel, sonst den Taschenrechner.
**a)** 0,84510  **b)** 1,84510  **c)** 1,72428  **d)** 1,54407  **e)** 1,77910  **f)** 0,17791
**g)** 2,78540  **h)** 0,07896  **i)** −2,53221  **j)** −0,88978  **k)** 1,99881  **l)** 1,77777

Hubert sitzt vor dem Ausschnitt der Logarithmentafel und wundert sich. Er hat beim Vergleichen verschiedener Logarithmen und der zugehörigen Numeri eine Entdeckung gemacht, die er sich nicht erklären kann.

| | |
|---|---|
| Hubert liest ab: | $\lg 2 = 0,3010$   $\lg 4 = 0,6021$. |
| Er berechnet und | $\lg 2 + \lg 4 = 0,9031,$ |
| stellt fest: | $0,9031 = \lg 8$ |
| | $= \lg (2 \cdot 4).$ |
| Er probiert weiter: | $\lg 7 = 0,8451$ |
| | $+ \lg 10 = 1,0000$ |
| | $\lg 7 + \lg 10 = 1,8451 = \lg(7 \cdot 10) = \lg 70.$ |

8.    **a)** Überprüfen Sie Huberts Entdeckung an weiteren Beispielen. Nutzen Sie dabei sowohl die untenstehende Tabelle als auch den Taschenrechner.

**b)** Berechnen Sie für einige Beispiele $\lg a - \lg b$ und $\lg(a : b)$ und vergleichen Sie jeweils die Ergebnisse. Welche Bedingungen gelten für $a$ und $b$?

Die Beispiele lassen vermuten, dass sich mithilfe der Logarithmen Multiplikations- und Divisionsaufgaben auf Additions- bzw. Subtraktionsaufgaben zurückführen lassen. Die sich daraus ergebenden Erleichterungen beim Rechnen nutzte man bis zur Mitte des 20. Jahrhunderts aus. Erst mit der Einführung der elektronischen Rechner wurde das Rechnen mithilfe von Logarithmen verdrängt.

▼ Bild A 7

| N. | Log. | N. | Log. | N. | Log. | N. | Log. | N. | Log. |
|---|---|---|---|---|---|---|---|---|---|
| **0** | $- \infty$ | **20** | 1. 3010 | **40** | 1. 6021 | **60** | 1. 7782 | **80** | 1. 9031 |
| 1 | 0. 0000 | 21 | 1. 3222 | 41 | 1. 6128 | 61 | 1. 7853 | 81 | 1. 9085 |
| 2 | 0. 3010 | 22 | 1. 3424 | 42 | 1. 6232 | 62 | 1. 7924 | 82 | 1. 9138 |
| 3 | 0. 4771 | 23 | 1. 3617 | 43 | 1. 6335 | 63 | 1. 7993 | 83 | 1. 9191 |
| 4 | 0. 6021 | 24 | 1. 3802 | 44 | 1. 6435 | 64 | 1. 8062 | 84 | 1. 9243 |
| 5 | 0. 6990 | 25 | 1. 3979 | 45 | 1. 6532 | 65 | 1. 8129 | 85 | 1. 9294 |
| 6 | 0. 7782 | 26 | 1. 4150 | 46 | 1. 6628 | 66 | 1. 8195 | 86 | 1. 9345 |
| 7 | 0. 8451 | 27 | 1. 4314 | 47 | 1. 6721 | 67 | 1. 8261 | 87 | 1. 9395 |
| 8 | 0. 9031 | 28 | 1. 4472 | 48 | 1. 6812 | 68 | 1. 8325 | 88 | 1. 9445 |
| 9 | 0. 9542 | 29 | 1. 4624 | 49 | 1. 6902 | 69 | 1. 8388 | 89 | 1. 9494 |
| **10** | 1. 0000 | **30** | 1. 4771 | **50** | 1. 6990 | **70** | 1. 8451 | **90** | 1. 9542 |
| 11 | 1. 0414 | 31 | 1. 4914 | 51 | 1. 7076 | 71 | 1. 8513 | 91 | 1. 9590 |
| 12 | 1. 0792 | 32 | 1. 5051 | 52 | 1. 7160 | 72 | 1. 8573 | 92 | 1. 9638 |
| 13 | 1. 1139 | 33 | 1. 5185 | 53 | 1. 7243 | 73 | 1. 8633 | 93 | 1. 9685 |
| 14 | 1. 1461 | 34 | 1. 5315 | 54 | 1. 7324 | 74 | 1. 8692 | 94 | 1. 9731 |
| 15 | 1. 1761 | 35 | 1. 5441 | 55 | 1. 7404 | 75 | 1. 8751 | 95 | 1. 9777 |
| 16 | 1. 2041 | 36 | 1. 5563 | 56 | 1. 7482 | 76 | 1. 8808 | 96 | 1. 9823 |
| 17 | 1. 2304 | 37 | 1. 5682 | 57 | 1. 7559 | 77 | 1. 8865 | 97 | 1. 9868 |
| 18 | 1. 2553 | 38 | 1. 5798 | 58 | 1. 7634 | 78 | 1. 8921 | 98 | 1. 9912 |
| 19 | 1. 2788 | 39 | 1. 5911 | 59 | 1. 7709 | 79 | 1. 8976 | 99 | 1. 9956 |
| **20** | 1. 3010 | **40** | 1. 6021 | **60** | 1. 7782 | **80** | 1. 9031 | **100** | 2. 0000 |

# A ▼ Potenzen

Die auf der vorherigen Seite formulierten Vermutungen führen auf die **Logarithmengesetze,** die aus den Potenzgesetzen (↗ S. 7) abgeleitet werden können.

▶ **SÄTZE:** Es seien $a$, $b$, $c$ positive reelle Zahlen, $a \neq 1$ und $r \in \mathbb{R}$. Es gilt:

- $\log_a 1 = 0$
- $\log_a (b \cdot c) = \log_a b + \log_a c$
- $\log_a b^r = r \cdot \log_a b$
- $\log_a \left( \dfrac{b}{c} \right) = \log_a b - \log_a c$
- $\log_a \sqrt[n]{b} = \dfrac{1}{n} \cdot \log_a b$

**9.** Berechnen Sie mithilfe der Logarithmentafel.
   **a)** $4 \cdot 12$  **b)** $17 \cdot 5$  **c)** $99 : 11$  **d)** $13 \cdot 7$  **e)** $91 : 3$  **f)** $3^4$  **g)** $2^6$
   **h)** $3 \cdot 4 \cdot 7$  **i)** $95 : 9$  **j)** $7 \cdot 14$  **k)** $13 \cdot 4$  **l)** $75 : 25$  **m)** $\sqrt[3]{64}$  **n)** $\sqrt[4]{81}$

**10.** Berechnen Sie $x$.
   **a)** $\lg x = \lg 4 + \lg 25$  **b)** $\lg x = \lg 3 + \lg 2 + \lg 4$  **c)** $\lg x = 3 \cdot \lg 2$
   **d)** $\lg x = \lg 80 - \lg 20$  **e)** $\lg x = \lg 150 - \lg 15$  **f)** $\lg x = 0{,}5 \cdot \lg 9$

**11.** Vereinfachen Sie mithilfe der Logarithmengesetze.
Ⓛ **a)** $\lg 3 - \lg x$  **b)** $\lg x^4 - 2 \cdot \lg x$  **c)** $\lg (a^2 \cdot b) - \lg (a \cdot b)$
   **d)** $\lg \dfrac{1}{x} - \lg \dfrac{2}{x}$  **e)** $\lg a + \lg \dfrac{1}{a}$  **f)** $\lg \sqrt{a} - \lg \sqrt{4a} + \lg 4$

## Zusammenfassung

| **Potenzieren** $a^c = b$ $0^0$ nicht definiert | $a \in \mathbb{R};$ $c = 1$ $a^1 = a$ | $a^m \cdot b^m = (a \cdot b)^m$ | $a^m \cdot a^n = a^{m+n}$ |
|---|---|---|---|
| | $a \in \mathbb{R};$ $a \neq 0$ $a^0 = 1$ | | |
| | $a = 0;$ $c \neq 0$ $0^c = 0$ | $\dfrac{a^m}{b^m} = \left( \dfrac{a}{b} \right)^m$ | $\dfrac{a^m}{a^n} = a^{m-n}$ |
| | $a \in \mathbb{R};$ $a \neq 0$ | | |
| | $c \in \mathbb{Z};$ $c \neq 0$ $a^{-c} = \dfrac{1}{a^c}$ | $(a^m)^n = a^{m \cdot n}$ | |
| **Radizieren** $a = \sqrt[c]{b}$ $b \in \mathbb{R},$ $b \geq 0$ $c \in \mathbb{N}$ $c > 0$ | $\sqrt[0]{b}$ nicht definiert | $\sqrt[n]{a} \cdot \sqrt[n]{b} = \sqrt[n]{a \cdot b}$ | |
| | $c = 1$ $\sqrt[1]{b} = b$ | $\sqrt[n]{a} : \sqrt[n]{b} = \sqrt[n]{\dfrac{a}{b}}$ | $\left( \sqrt[n]{a} \right)^p = \sqrt[n]{a^p}$ |
| | $b = 0$ $\sqrt[c]{0} = 0$ | $\sqrt[q]{\sqrt[n]{a}} = \sqrt[n]{\sqrt[q]{a}} = \sqrt[nq]{a}$ | |
| | | $\sqrt[n]{a^m} \cdot \sqrt[q]{a^p} = \sqrt[n \cdot q]{a^{mq+np}}$ | |
| **Logarithmieren** $c = \log_a b$ $a, b \in \mathbb{R}$ $a > 0;\ a \neq 1$ $b \geq 0$ | $\log_1 a$ nicht definiert | $\log_a (b \cdot c) = \log_a b + \log_a c$ | |
| | $b = 1$ $\log_a 1 = 0$ | | |
| | $b = 0$ $\log_a 0$ nicht definiert | $\log_a \left( \dfrac{b}{c} \right) = \log_a b - \log_a c$ | |
| | $b = a$ $\log_a a = 1$ | | |
| | | $\log_a b^r = r \cdot \log_a b$ | |
| | | $\log_a \sqrt[n]{b} = \dfrac{1}{n} \cdot \log_a b$ | |

# B Potenzfunktionen

## 1 Zur Wiederholung

Die Bewegungen der Planeten um die Sonne verlaufen nach den drei KEPLERSCHEN Gesetzen (die im Astronomieunterricht näher behandelt werden). Während der Astronom KOPERNIKUS (1473–1543) noch glaubte, dass sich die Planeten in Kreisbahnen um die Sonne bewegen, fand KEPLER (1571–1630) heraus, dass dies Ellipsenbahnen sein müssen. Das dritte KEPLERSche Gesetz verbindet Bahngröße $a$ und Umlaufzeit $T$ in Form einer **Potenzfunktion** miteinander: $T = \sqrt{c} \cdot a^{\frac{3}{2}}$ (↗ Seite 40).

▲ Bild B 1: Der Planet Saturn    ▼ Bild B 2

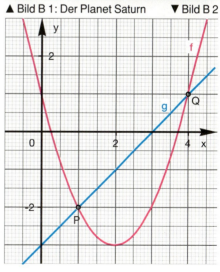

**1.** Im Bild B 2 sind die Funktion $f$ mit $f(x) = x^2 - 4x + 1$ und eine lineare Funktion $g$ ($x \in \mathbb{R}$) dargestellt.

a) Geben Sie den Wertebereich von $f$ und $g$ an.

b) Lesen Sie die Koordinaten der Schnittpunkte von $f$ und $g$ mit den Koordinatenachsen ab. Geben Sie die Nullstellen von $f$ und $g$ an.

c) Geben Sie die Intervalle an, in denen die Funktionen $f$ und $g$ wachsen (bzw. fallen). Geben Sie den Scheitelpunkt der Parabel an.

d) Geben Sie eine Funktionsgleichung für die Gerade an. Ermitteln Sie die Koordinaten der Schnittpunkte $P$ und $Q$ im Bild und rechnerisch.

e) Geben Sie die Diskriminante der quadratischen Funktion $f$ an.

**2.** Welche der folgenden Funktionen mit $x \in \mathbb{R}$ sind linear, welche quadratisch?

a) $y = 2x$
b) $y = -3x + 2$
c) $y = x^2$
d) $y = (x + 0,5)^2$
e) $y = 2$
f) $y = |x| - 1$
g) $y = -x^2 + 2x$
h) $y = (x - 3)^2 + 1$
i) $y = \dfrac{3}{x}$ ($x \neq 0$)
k) $y = \dfrac{1}{x^2}$ ($x \neq 0$)
l) $y = |x|^2$
m) $y = \dfrac{1}{2}x^2 - 2x + 5$

**3.** Stellen Sie die Funktionen, die durch die Gleichungen in der Aufgabe 2 gegeben sind, grafisch dar. Ermitteln Sie jeweils den Wertebereich, die Nullstellen, die Schnittpunkte mit den Koordinatenachsen und den größten (kleinsten) Funktionswert. Geben Sie dann die Intervalle an, in denen die Funktion monoton wächst (fällt) und nennen Sie die Quadranten des Koordinatensystems, durch die der Graph verläuft. Machen Sie gegebenenfalls Aussagen zum Symmetrieverhalten des Graphen.

**4.** Verfahren Sie wie in der Aufgabe 3 mit den folgenden Funktionen.
**a)** $y = \sqrt{x}$ $(x \in \mathbb{N})$   **b)** $y = x^3$ $(x \in \mathbb{Z})$   **c)** $y = 2^x$ $(x = 0, 1, 2, 3, 4)$

**5.** Geben Sie Gleichungen für die in den Bildern B 3 und B 4 dargestellten linearen Funktionen $f$ und $g$ sowie für die quadratischen Funktionen $h$ und $k$ an. Bestimmen Sie jeweils die Nullstellen, die Schnittpunkte mit den Achsen, für $f$ und $g$ den Anstieg und für $h$ und $k$ den Scheitelpunkt.

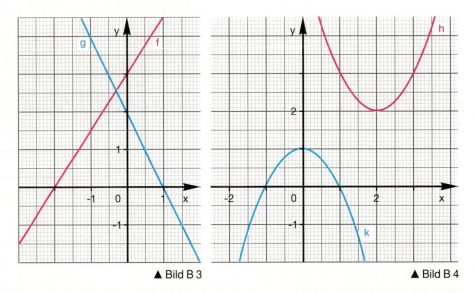

▲ Bild B 3                                   ▲ Bild B 4

**6.** Übertragen Sie die Tabelle in Ihr Heft und ergänzen Sie diese. Beachten Sie, dass manche Taschenrechner bei Benutzung der Taste $\boxed{y^x}$ nur positive Basen akzeptieren.

| $x$ | 2 | 1 | 0,5 | 0 | −0,5 | −1 | −2 |
|-----|---|---|-----|---|------|----|----|
| $x^2$ | | | | | | | |
| $x^3$ | | | | | | | |
| $x^4$ | | | | | | | |

**7.** Ein Würfel habe die Kantenlänge $a = 6$ cm. Wie verändern sich der Umfang $u$ und der Flächeninhalt $A$ einer Seitenfläche, wenn man die Kantenlänge **a)** verdoppelt, **b)** halbiert, **c)** verdreifacht, **d)** drittelt?
Stellen Sie die entsprechenden Überlegungen für das Volumen $V$ an.

## 2 Potenzfunktionen mit natürlichen Exponenten

Das Volumen $V$ eines Würfels ist eine Funktion $f$ der Kantenlänge $a$ des Würfels. Mit Wertetabelle, Graph oder Funktionsgleichung kann man die Abhängigkeit des Würfelvolumens von der Kantenlänge zum Ausdruck bringen (↗ Bild B 5).

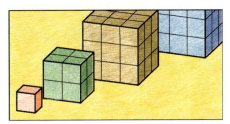

▲ Bild B 5

1. Stellen Sie den oben beschriebenen Sachverhalt auf die angegebenen Weisen dar, wenn $a$ die Werte zwischen $a = 1$ cm und $a = 10$ cm (Schrittweite 0,5 cm) annimmt.

2. Ⓛ a) Erstellen Sie mithilfe eines Taschenrechners für die Funktion $f$ mit $f(x) = x^3$ eine Wertetabelle folgender Art:

| $x$ | −3 | −2,5 | −2 | −1,5 | −1 | −0,5 | 0 | 0,5 | 1 | 1,5 | 2 | 2,5 | 3 |
|---|---|---|---|---|---|---|---|---|---|---|---|---|---|
| $f(x)$ | | | | | | | | | | | | | |

(Für die Funktion schreibt man auch kürzer: $y = x^3$.)

b) Stellen Sie die Funktion grafisch dar.
Betrachten Sie das Intervall $0,5 \le x \le 1$, verkleinern Sie die Schrittweite von 0,5 auf 0,1 und ergänzen Sie den Graphen durch diese Werte. Runden Sie, falls erforderlich, auf zwei Nachkommastellen.

c) Welches ist der größtmögliche Definitionsbereich der Funktion $f$?

d) Ermitteln Sie die Nullstellen von $f$. Welche Aussagen können Sie zum Wertebereich von $f$ treffen?

e) Vergleichen Sie die Funktionswerte $f(3)$ und $f(-3)$, allgemein $f(x)$ und $f(-x)$, miteinander. Was stellen Sie fest?

f) Geben Sie Intervalle an, in denen die Funktion monoton wächst (fällt). Gibt es einen größten (kleinsten) Funktionswert?

Im Bild B 6 ist der Graph der Funktion $f$ mit

$$f(x) = x^3 \quad (x \in \mathbb{R})$$

dargestellt. Der Graph dieser Funktion wird als **kubische Parabel** bezeichnet.
Im Unterschied zur Normalparabel der quadratischen Funktion $y = x^2$ ist die kubische Parabel nicht axialsymmetrisch. Statt dessen ist sie *zentralsymmetrisch* bezüglich des Koordinatenursprungs, d.h. bei einer Drehung um den Koordinatenursprung $O$ (0; 0) mit dem Drehwinkel 180° wird die kubische Parabel auf sich selbst abgebildet.
(Statt *zentralsymmetrisch* sagt man mitunter auch *punktsymmetrisch*.)

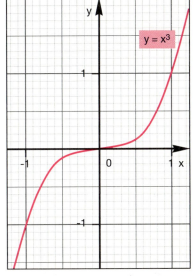

$y = x^3$

▲ Bild B 6

**3.** Vergleichen Sie die Funktionen $y = x^1$, $y = x^2$ und $y = x^3$ ($x \in \mathbb{R}$) in Bezug auf **a)** den Wertebereich, **b)** das Monotonieverhalten, **c)** das Symmetrieverhalten der zugehörigen Graphen.

**4.** Für welche der in Aufgabe 3 genannten Funktionen gilt für alle $x \in \mathbb{R}$
**a)** $f(-x) = f(x)$, **b)** $f(-x) = -f(x)$?

---

► **Eine Funktion $f$ mit einer Gleichung $f(x) = x^n$ ($n \in \mathbb{N}$; $n$ eine feste Zahl) heißt Potenzfunktion.**

Der Graph von $f$ heißt **Parabel $n$-ter Ordnung.**
Der Exponent $n$ heißt **Grad der Potenzfunktion.**

---

Verabredung: Der Definitionsbereich einer Potenzfunktion soll, falls nichts anderes vereinbart wird, immer aus allen reellen Zahlen bestehen.
Da $0^0$ nicht definiert ist, hat $f(x) = x^n$ für $n = 0$ den Definitionsbereich $\mathbb{R}^* = \mathbb{R} \backslash \{0\}$ (d.h. den Bereich der reellen Zahlen vermindert um 0).
Der Graph der Funktion $y = x^0$ ($x \neq 0$) hat also an der Stelle $x = 0$ eine Lücke. (Vergleiche mit dem Bild B 9 auf der Seite 27!)

---

Bei festem Exponenten $n$, zum Beispiel im Fall $n = 4$, wird jeder reellen Zahl $x$ (als Basis) genau ein Funktionswert $y$ (nämlich der Potenzwert $x^4$) zugeordnet. Es gilt: $y = x^4$.
Im Bild B 7 wurden die Graphen der Potenzfunktionen $y = x^3$ und $y = x^4$ gemeinsam im Intervall $-1{,}2 \leq x \leq 1{,}2$ dargestellt.

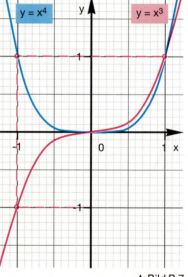

**5.** Welche der folgenden Funktionen sind Potenzfunktionen, welche keine?

$y = x^2$ ($x \in \mathbb{R}$); $\quad y = x^3$ ($x \in \mathbb{Q}$);
$y = |x|$ ($x \in \mathbb{R}$); $\quad y = x$ ($x \in \mathbb{R}$);
$y = 2^x$ ($x \in \mathbb{N}$); $\quad y = 1$ ($x \in \mathbb{R}$);
$y = x^5$ ($x \in \mathbb{N}$); $\quad y = 2 \cdot x^4$ ($x \in \mathbb{R}$).

**6.** Ermitteln Sie für die Funktion $f$ mit $f(x) = x^4$
**a)** die Menge aller $x$ mit $f(x) = 81$; **b)** ein Argument $x$ mit $x > 0$, für das $f(x) > 81$ gilt; **c)** ein Argument $x$ mit $x < 0$, für das $f(x) > 81$ gilt.

▲ Bild B 7

**7. a)** Stellen Sie die Funktionen $y = x^n$ ($n = 0, 1, 2, ..., 5$) grafisch dar. Benutzen Sie für jeden Graphen ein eigenes Koordinatensystem.
**b)** Geben Sie den Wertebereich jeder Funktion an, ferner die Intervalle, in denen die Funktionen wachsen bzw. fallen. Welche der sechs Funktionen besitzen einen kleinsten, welche einen größten Funktionswert?
**c)** Geben Sie gegebenenfalls die Nullstellen an. Welche Graphen der Funktionen sind achsensymmetrisch, welche zentralsymmetrisch?
**d)** Fassen Sie die Ergebnisse unter der Rubrik *Ungerade – Gerade Exponenten* zusammen.

26

**8.** Welche der folgenden Punkte liegen auf dem Graphen der Funktion $f(x) = x^3$?
$P_1 (0,5; 0,125)$,   $P_2 (0,3; 0,27)$,   $P_3 (1,2; 1,728)$,   $P_4 (-2,5; -15,25)$

**9.** Ergänzen Sie die Wertepaare so, dass $P$ auf dem Graphen der Funktion $f(x) = x^4$ liegt:   $P_1 (0,2; *)$,   $P_2 (*; 2,0736)$,   $P_3 (-5; *)$,   $P_4 (*; 1000)$.

**10.** **a)** Übertragen Sie die Tabelle in Ihr Heft. Ergänzen Sie fehlende Werte.
**b)*** Beschreiben Sie die Änderungen von Argument und Funktionswert mit Worten.

| $x$ | $x_0$ | $2\,x_0$ | $3\,x_0$ | $4\,x_0$ | $10\,x_0$ | $\dfrac{x_0}{2}$ | $\dfrac{x_0}{3}$ | $\dfrac{x_0}{10}$ |
|---|---|---|---|---|---|---|---|---|
| $f(x) = x^3$ | $x_0^3$ | $8\,x_0^3$ | | | | | | |
| $f(x) = x^n$ | $x_0^n$ | $2^n \cdot x_0^n$ | | | | | | |

**11.** Begründen Sie die folgenden Aussagen für Funktionen $y = x^n$ ($n \in \mathbb{N}$; $n$ fest).
**a)** Der Graph geht im Fall $n > 0$ durch den Koordinatenursprung.
**b)** Wenn $n$ gerade (ungerade) ist, so ist der Graph axialsymmetrisch (zentralsymmetrisch).
**c)** Wenn $n$ gerade ist ($n > 0$), so ist $O(0; 0)$ der tiefste Punkt des Graphen.
**d)** Wenn $n$ ungerade ist, so gibt es weder einen kleinsten noch einen größten Funktionswert.

In den Aufgaben 7 und 11 wurden Eigenschaften der Potenzfunktionen mit natürlichen Exponenten erkundet: Definitionsbereich, Wertebereich, Nullstellen; Symmetrieeigenschaften der Graphen, Monotonieeigenschaften, Vorhandensein eines größten, eines kleinsten Funktionswertes oder Fehlen eines solchen Wertes.

**12.** Ordnen Sie den Bildern B 8 und 9 Eigenschaften der Potenzfunktionen als Tabelle zu.

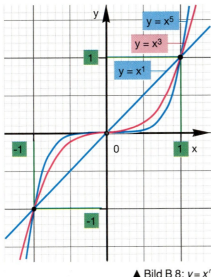

▲ Bild B 8: $y = x^n$
($n \in \mathbb{N}$, $n$ ungerade)

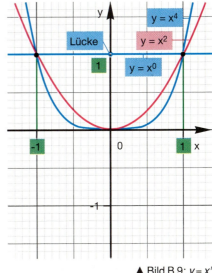

▲ Bild B 9: $y = x^n$
($n \in \mathbb{N}$, $n$ gerade)

27

**13.** Ⓛ Auf welche Mengen bildet die Funktion $f$ mit $f(x) = x^n$ ($n = 0, 1, 2, 3$) die folgenden Intervalle ab? Man beachte, dass für $n = 0$ der Graph von $f$ eine Lücke besitzt:
**a)** $1 \le x \le 2$, **b)** $0 \le x \le 1$, **c)** $-2 \le x \le -1$.

**14.** Überprüfen Sie die nachstehenden Ungleichungen.
**a)** $2,25^0 < 2,25^1 < 2,25^2 < 2,25^3 < 2,25^4 < 2,25^5$
**b)** $0,7^0 < 0,7^1 < 0,7^2 < 0,7^3 < 0,7^4 < 0,7^5$
**c)** $(-1,3)^0 < (-1,3)^1 < (-1,3)^2 < (-1,3)^3 < (-1,3)^4 < (-1,3)^5$
**d)** $\left(-\dfrac{1}{3}\right)^0 > \left(-\dfrac{1}{3}\right)^2 > \left(-\dfrac{1}{3}\right)^4 > \left(-\dfrac{1}{3}\right)^6$
**e)** $\left(-\dfrac{3}{4}\right)^1 < \left(-\dfrac{3}{4}\right)^3 < \left(-\dfrac{3}{4}\right)^5 < \left(-\dfrac{3}{4}\right)^7$
**f)** $0,5^0 > 0,5^1 > 0,5^2 > 0,5^3 > 0,5^4 > 0,5^5$

**15.*** Ⓛ Zeichnen Sie die Graphen der Funktionen $f$, $g$ und $h$ mit
$f(x) = x^1$, $g(x) = x^2$, $h(x) = x^3$ (jeweils $x \in \mathbb{R}$)
in ein gemeinsames Koordinatensystem.
Ermitteln Sie zunächst grafisch, dann rechnerisch die Lösungsmengen der folgenden Ungleichungen.
**a)** $x < x^2$      **b)** $x > x^2$      **c)** $x^2 < x^3$      **d)** $x^3 < x^2$
**e)** $x < x^3$      **f)** $x^3 < x$      **g)** $x < x^2 < x^3$      **h)** $x > x^2 > x^3$

**16.*** Ⓛ Beweisen Sie oder widerlegen Sie die folgenden Aussagen, für die jeweils $m, n \in \mathbb{N}$; $m < n$; $x \in \mathbb{R}$ gelten soll:
**a)** Wenn $x > 1$, so ist $x^m < x^n$.      **b)** Wenn $x < 0$, so ist $x^m < x^n$.
**c)** Wenn $0 < x < 1$, so ist $x^m > x^n$.

**17.** Es seien $m$ und $n$ gerade natürliche Zahlen mit $m < n$; $x \in \mathbb{R}$. Beweisen Sie:
**a)** Wenn $|x| < 1$ und $x \ne 0$, so ist $x^m > x^n$.
**b)** Wenn $|x| > 1$, so ist $x^m < x^n$.

**18.** Überprüfen Sie, ob die Aussagen in den Aufgaben 17 a) und b) auch dann gelten, wenn die natürlichen Zahlen $m$ und $n$ beide ungerade sind.

**19.** Beweisen Sie folgende Eigenschaften der Potenzfunktionen $y = x^n$ ($n \in \mathbb{N}$).
**a)** Für alle $x \in \mathbb{R}$ gilt: Wenn $n$ gerade, so ist $f(-x) = f(x)$.
**b)** Für alle $x \in \mathbb{R}$ gilt: Wenn $n$ ungerade, so ist $f(-x) = -f(x)$.

**20.*** Nutzen Sie das Bild B 6 auf der Seite 25, in dem der Graph der Funktion $f$ mit $f(x) = x^3$ ($x \in \mathbb{R}$) im Intervall $-1,2 \le x \le 1,2$ dargestellt ist, um den Graphen der Funktion $g$ mit $g(x) = |x^3|$ ($x \in \mathbb{R}$) zu gewinnen.

**21.*** Vergleichen Sie die Graphen der Funktionen $f$ und $g$ miteinander:
**a)** $f(x) = x$ und $g(x) = |x|$,
**b)** $f(x) = x^2$ und $g(x) = |x^2|$,
**c)** $f(x) = x^3$ und $g(x) = |x^3|$.

**22.*** Nutzen Sie die Aufgabe 7 (↗ Seite 26), um die Graphen der Funktionen $g$ mit $g(x) = |x^n|$ ($n = 0, 1, 2, ..., 5$) zu gewinnen.

**23.** Die gebrochene Zahl $\dfrac{2}{3}$ ist eine Lösung der Gleichung $x^3 = \dfrac{8}{27}$. Begründen Sie dies und darüber hinaus auch, dass $\dfrac{2}{3}$ die einzige Lösung der gegebenen Gleichung ist.

Hinweis: Nutzen Sie die Monotonie von $f$ mit $f(x) = x^3$ aus.

**24.** Ermitteln Sie alle Lösungen der Gleichung $x^4 = \dfrac{81}{625}$.

**25.** $a$ sei eine fest vorgegebene reelle Zahl, $n$ eine fest vorgegebene natürliche Zahl mit $n > 0$. Wie viele Lösungen kann die Gleichung $x^n = a$ höchstens haben,
**a)** wenn $n$ ungerade, **b)** wenn $n$ gerade ist?

**26.** Warum haben die Gleichungen $x^2 = -4$, $x^4 = -1$ und $x^6 = -2$ keine Lösung? Ⓛ

---

■ Die Gleichung $x^3 - 5x^2 = 2x - 24$ mit $x \in \mathbb{Z}$ und $-5 \leq x \leq 5$ ist zu lösen.

Da der Definitionsbereich nur aus 11 Argumenten besteht, bietet sich das Aufstellen einer Wertetabelle an:

| $x$ | $-5$ | $-4$ | $-3$ | $-2$ | $-1$ | $0$ | $1$ | $2$ | $3$ | $4$ | $5$ |
|---|---|---|---|---|---|---|---|---|---|---|---|
| $x^3 - 5x^2$ | $-250$ | $-144$ | $-72$ | $-28$ | $-6$ | $0$ | $-4$ | $-12$ | $-18$ | $-16$ | $0$ |
| $2x - 24$ | $-34$ | $-32$ | $-30$ | $-28$ | $-26$ | $-24$ | $-22$ | $-20$ | $-18$ | $-16$ | $-14$ |

Die Wertetabelle macht deutlich, dass bei $x = -2$, bei $x = 3$ und bei $x = 4$ Übereinstimmung in den Zeilen der Terme $x^3 - 5x^2$ und $2x - 24$ herrscht.

Ergebnis: $L = \{-2; 3; 4\}$.

---

**27.** Lösen Sie die folgenden Gleichungen mittels vollständiger Durchmusterung des
Ⓛ Definitionsbereiches.
**a)** $x^3 - 9x^2 = -26x + 24$ $(x \in \mathbb{N}; x \leq 5)$
**b)** $x^3 + 2x^2 - 5x - 6 = 0$ $(x \in \mathbb{Z}; -4 \leq x \leq 4)$

**28.** Lösen Sie die Gleichungen, indem Sie zuerst den Faktor $x$ ausklammern.
**a)** $x^3 + 5x^2 + 4x = 0$ **b)** $0{,}1x^3 - 0{,}15x^2 - 1{,}8x = 0$

---

■ Die Gleichung $x^3 - x^2 - 8x + 8 = 0$ $(x \in \mathbb{R})$ ist zu lösen.
Ausklammern von $x$ führt hier nicht weiter. Da der Definitionsbereich nicht endlich ist, fällt eine vollständige Durchmusterung ebenfalls aus. Man betrachtet stattdessen die Funktion $f$ mit $f(x) = x^3 - x^2 - 8x + 8$ und sucht deren Nullstellen.

**1. Schritt: Wertetabelle anlegen**

| $x$ | $-3$ | $-2$ | $-1$ | $0$ | $1$ | $2$ | $3$ | $4$ |
|---|---|---|---|---|---|---|---|---|
| $f(x)$ | $-4$ | $12$ | $14$ | $8$ | $0$ | $-4$ | $2$ | $24$ |

Für $x = 1$ ist $f(x) = 0$; $x = 1$ ist Nullstelle.
Eine zweite Nullstelle liegt zwischen $-3$ und $-2$, da $f(-3) < 0$, aber $f(-2) > 0$.
Eine dritte Nullstelle muss entsprechend zwischen $2$ und $3$ liegen.

*(Fortsetzung Seite 30 beachten)*

*(Fortsetzung von Seite 29)*

**2. Schritt: Den Graphen zeichnen** (↗ Bild B 10)

**3. Schritt: Nullstellen ablesen**

$x_1 = 1$; $x_2 \approx -2,8$; $x_3 \approx 2,8$.
(Die genauen Lösungen obiger Gleichung sind $1$; $2 \cdot \sqrt{2}$ und $-2 \cdot \sqrt{2}$.
Das grafische Lösen liefert i. Allg. nur Näherungswerte für die Lösungen.)

**4. Schritt: Probe**

$f(x_1) = 1^3 - 1^2 - 8 \cdot 1 + 8 = 0$
$f(x_2) = (-2,8)^3 - (-2,8)^2 - 8 \cdot (-2,8) + 8 = 0,608 \approx 0$
$f(x_3) = 2,8^3 - 2,8^2 - 8 \cdot 2,8 + 8 = -0,288 \approx 0$
($-2,8$ und $2,8$ sind relativ grobe Näherungen für $-2 \cdot \sqrt{2}$ bzw. $2 \cdot \sqrt{2}$).

◀ Bild B 10

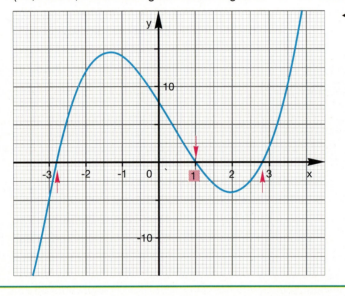

**29.** Lösen Sie die folgenden Gleichungen grafisch. Führen Sie eine Probe durch.

**a)** $-\dfrac{1}{3} x^3 + x^2 - 1 = 0$ **b)** $0,2x^3 - 0,2x^2 - 1,2x + 1 = 0$ **c)*** $\dfrac{x^2 - 4}{x} = 0$

**30.** Wie viele Nullstellen kann eine Funktion $f$ mit $f(x) = ax^3 + bx^2 + cx + d$ ($a, b, c, d$ sind feste reelle Zahlen; $a \neq 0$) höchstens haben?

**31.*** Wie verhalten sich die Kantenlängen zweier Würfel, deren Rauminhalte (deren
Ⓛ Oberflächen) sich wie **a)** $1:2$, **b)** $1:3$, **c)** $1:4$, **d)** $2:3$ verhalten?

**32.*** **a)** Beweisen Sie: Wenn $f$ eine lineare Funktion der Form $f(x) = mx$ ($m \in \mathbb{R}$; $m \neq 0$)
ist, so gilt $f(x_1 + x_2) = f(x_1) + f(x_2)$ für alle $x_1, x_2 \in \mathbb{R}$.
Ⓛ **b)** Beweisen Sie: Wenn $f$ eine Potenzfunktion ist, so gilt
$f(x_1 \cdot x_2) = f(x_1) \cdot f(x_2)$ für alle $x_1, x_2 \in \mathbb{R}$.
**c)** Welche Rechengesetze verbergen sich hinter den Gleichungen in a) und b)?

# 3 Potenzfunktionen mit ganzzahligen Exponenten

**1.** **a)** Berechnen Sie: $2^{-1}$; $\left(-\dfrac{1}{4}\right)^{-1}$; $3^{-2}$; $\left(-\dfrac{1}{2}\right)^{-2}$; $(-1,3)^{-3}$; $0,2^{-3}$.

**b)** Wie sind die Potenzen $a^{-1}$; $a^{-2}$; ...; $a^{-n}$ ($a \in \mathbb{R}$; $a \neq 0$; $n \in \mathbb{N}$ und $n > 0$) definiert? (Hinweis: Nutzen Sie die Zusammenfassung von Seite 22.)

**2.** Ⓛ **a)** Erstellen Sie für die Funktion $f$ mit $f(x) = x^{-1}$ eine Wertetabelle nach folgendem Muster. Stellen Sie dann die Funktion grafisch dar.

| $x$ | $-3$ | $-2,5$ | $-2$ | $-1,5$ | $-1$ | $-0,5$ | $0$ | $0,5$ | $1$ | $1,5$ | $2$ | $2,5$ | $3$ |
|---|---|---|---|---|---|---|---|---|---|---|---|---|---|
| $f(x)$ | | | | | | | | | | | | | |

**b)** Betrachten Sie das Intervall $0,5 \leq x \leq 1$. Verkleinern Sie die Schrittweite von $0,5$ auf $0,1$ und verfeinern Sie den Graphen gegebenenfalls. Runden Sie, falls erforderlich, auf zwei Nachkommastellen.

**c)** Welches ist der größtmögliche Definitionsbereich von $f$? Besitzt die Funktion Nullstellen? Treffen Sie Aussagen zum Wertebereich der Funktion $f$.

**d)** Vergleichen Sie die Funktionswerte $f(3)$ und $f(-3)$, allgemein $f(x)$ und $f(-x)$, miteinander. Was stellen Sie fest?

**e)** Geben Sie die Intervalle an, in denen die Funktion monoton wächst (fällt).

**f)** Gibt es einen größten (kleinsten) Funktionswert?

**g)** Besitzt der Graph von $f$ eine Symmetrieachse?

**h)** Inwiefern ist $f$ ein Spezialfall der indirekten Proportionalität?

Die Bilder B 11 und 12 zeigen die Graphen der Funktionen $f$, $g$, $h$ und $k$ mit $f(x) = x^{-1}$, $g(x) = x^{-2}$, $h(x) = x^{-3}$ und $k(x) = x^{-4}$ ($x \in \mathbb{R}$; $x \neq 0$).

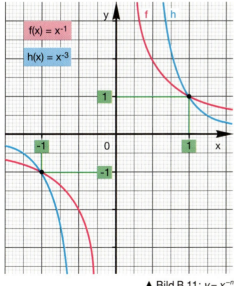

▲ Bild B 11: $y = x^{-n}$
($n \in \mathbb{N}$; $n$ ungerade)

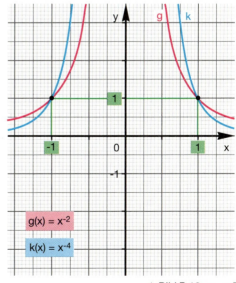

▲ Bild B 12: $y = x^{-n}$
($n \in \mathbb{N}$; $n$ gerade)

Die Graphen dieser Funktionen $y = x^{-n}$ ($n \in \mathbb{N}$; $n > 0$; $x \neq 0$) werden als **Hyperbeln**[1] **$n$-ter Ordnung** bezeichnet. Jede Hyperbel besteht aus zwei **Hyperbelästen.**
Für Argumente von hinreichend großem Betrag werden die Funktionswerte dem Betrag nach beliebig klein. Der Graph kommt für solche $x$-Werte der $x$-Achse beliebig nahe, ohne sie jedoch zu berühren. Man sagt, die $x$-Achse ist eine **Asymptote**[2] des Graphen.

> ■ Im Falle der Funktion $f$ mit $f(x) = x^{-1}$ (↗ Bild B 11) erhält man für $x_1 = 10\,000$ den
> Funktionswert $f(x_1) = \dfrac{1}{10\,000} = 0{,}0001$.
>
> Für $x_2 = -10\,000$ erhält man auf entsprechende Weise den Funktionswert
> $f(x_2) = \dfrac{1}{-10\,000} = -0{,}0001$.
>
> Also: Wenn $|x|$ sehr groß ist, wird $|f(x)|$ sehr klein.

Die DEFINITION von Seite 26 wird nunmehr erweitert zu:

> ▶ **Eine Funktion $f$ mit einer Gleichung $f(x) = x^g$ ($g \in \mathbb{Z}$; $g$ eine feste Zahl) heißt Potenzfunktion.**
>
> Die Graphen von $f$ heißen im Falle $g > 0$ **Parabeln** und im Falle $g < 0$ **Hyperbeln.**
>
> Im Fall $g \leq 0$ muss $x \neq 0$ vorausgesetzt werden, denn $0^0$ wie auch $0^g$ (mit $g < 0$) sind nicht definiert. Der größtmögliche Definitionsbereich von $f$ ist in diesem Fall $\mathbb{R}^* = \mathbb{R} \backslash \{0\}$, d.h. die Menge $\mathbb{R}$ ohne 0.

**3.** Geben Sie zwei Potenzfunktionen an, die mit der ursprünglichen Definition von Seite 26 nicht erfasst werden.

**4.** Welche der folgenden Punkte liegen auf dem Graphen der Potenzfunktion $f$ mit $f(x) = x^{-2}$?
$P_1\,(0{,}5; 4)$, $\quad P_2\,(-2; 0{,}25)$, $\quad P_3\,(2{,}25; 0{,}25)$, $\quad P_4\,(5; 0{,}04)$

**5.** Ermitteln Sie jeweils die fehlende Koordinate des Punktes $P$, sodass $P$ auf dem Graphen der Funktion $y = x^{-1}$ liegt.
$P_1\,(10; *)$, $\quad P_2\,(5; *)$, $\quad P_3\,(-2; *)$, $\quad P_4\,(*; -8)$, $\quad P_5\,(*; -1)$

**6.** Übertragen Sie die Tabelle in Ihr Heft und ergänzen Sie die fehlenden Funktionswerte. Beschreiben Sie dann die Änderungen von Argument und Funktionswert!

| $x$ | $x_0$ | $2\,x_0$ | $3\,x_0$ | $4\,x_0$ | $10\,x_0$ | $\dfrac{x_0}{2}$ | $\dfrac{x_0}{3}$ | $\dfrac{x_0}{10}$ |
|---|---|---|---|---|---|---|---|---|
| $f(x) = x^{-1}$ | $x_0^{-1}$ | $0{,}5\,x_0^{-1}$ | | | | | | |
| $f(x) = x^{-2}$ | $x_0^{-2}$ | $0{,}25\,x_0^{-2}$ | | | | | | |

---

[1] Hyperbel geht auf das griechische Wort „hyperballein" – *übertreffen* zurück.
[2] Asymptote entspringt dem griechischen Wort „sympiptein" – *zusammenfallen*.

**Zusammenfassung**

**Eigenschaften der Potenzfunktionen $y = x^g$ ($g \in \mathbb{Z}$)**

| Definitionsbereich | $g > 0$: $-\infty < x < \infty$ | | $g \leq 0$: $-\infty < x < 0; 0 < x < \infty$ |
|---|---|---|---|
| **Wertebereich** | | $g$ gerade | $g$ ungerade |
| | $g > 0$ <br> $g < 0$ <br> $g = 0$ | $0 \leq y < \infty$ <br> $0 < y < \infty$ <br> $y = 1$ | $-\infty < y < \infty$ <br> $-\infty < y < 0; 0 < y < \infty$ |
| **Nullstellen** | $g > 0$: $x = 0$ | | $g \leq 0$: existieren nicht |
| **Symmetrie-verhalten** | $g$ **gerade:** Der Graph ist axialsymmetrisch bez. der $y$-Achse. <br> $g$ **ungerade:** Der Graph ist zentralsymmetrisch bez. $O(0; 0)$. | | |
| **kleinster Funktionswert** | Es existiert im Fall $g > 0$ nur für geradzahliges $g$ ein kleinster Funktionswert: $y = 0$. <br> Im Fall $g < 0$ existiert kein kleinster Funktionswert. | | |
| **größter Funktionswert** | Es existiert kein größter Funktionswert für $g \neq 0$. <br> Im Fall $g = 0$ ist $y = 1$ der einzige Funktionswert, <br> der zugleich auch kleinster und größter Funktionswert ist. | | |
| **Monotonie** | | $g$ gerade | $g$ ungerade |
| | $g > 0$ <br><br> $g < 0$ | steigend in $0 \leq x < \infty$ <br> fallend in $-\infty < x \leq 0$ <br> steigend in $-\infty < x < 0$ <br> fallend in $0 < x < \infty$ | steigend in $-\infty < x < \infty$ <br><br> fallend in $-\infty < x < 0$ und <br> in $0 < x < \infty$ |

▲ Bild B 13

▲ Bild B 14

# B ▼ Potenzfunktionen

*Nutzen Sie zur Lösung der folgenden Aufgaben die Zusammenfassung auf Seite 33.*

**7.** Welche gemeinsamen Eigenschaften besitzen die Potenzfunktionen $f$ und $g$ mit
  **a)** $f(x) = x^1$ und $g(x) = x^{-1}$, **b)** $f(x) = x^2$ und $g(x) = x^{-2}$,
  **c)** $f(x) = x^3$ und $g(x) = x^{-5}$, **d)** $f(x) = x^2$ und $g(x) = x^3$?

**8.\*** Welche gemeinsamen Eigenschaften besitzen die Potenzfunktionen $f$ und $g$ mit
  **a)** $f(x) = x^m$ und $g(x) = x^{-n}$ ($m, n$ feste natürliche Zahlen),
  **b)** $f(x) = x^{2k}$ und $g(x) = x^{2l+1}$ ($k, l$ feste ganze Zahlen)?

**9.** Stellen Sie die fünf Funktionen $y = x^g$ ($g = -2; -1; 0; 1; 2$) grafisch dar.
  Benutzen Sie für jeden Graph ein eigenes Koordinatensystem.
  Beantworten Sie für jede der Funktionen die Fragen, die in der Aufgabe 2 unter c),
  e), f) und g) gestellt wurden. Untersuchen Sie dann auch die Funktionen daraufhin,
  ob die Graphen die $y$-Achse schneiden, ob die Graphen Asymptoten besitzen und
  welche Graphen achsensymmetrisch bzw. zentralsymmetrisch sind.

**10.\*** Stellen Sie anhand der Aufg. 9 Gemeinsamkeiten und Unterschiede der Potenzfunktionen zusammen. Nutzen Sie Ihre Lösung zur Aufg. 7, S. 26.

**11.** Untersuchen Sie, welche der Aussagen in Aufg. 11, S. 27, gültig bleiben, wenn Sie
  dort von $n \in \mathbb{N}$ zu $g \in \mathbb{Z}$ übergehen wollen.

**12.\*** Stellen Sie fest, ob für die Potenzfunktionen $f$ und $g$ mit
  **a)** $f(x) = x^2$ und $g(x) = x^{-2}$, **b)** $f(x) = x^3$ und $g(x) = x^{-3}$
  die folgenden Aussagen wahr sind:
  (1) Wenn $f$ monoton wächst, so fällt $g$ monoton.
  (2) Wenn $f$ monoton fällt, so wächst $g$ monoton.

**13.** Betrachten Sie die Funktion $f$ mit $f(x) = x^{-3}$. Warum ist die Aussage „$f$ ist in
  $-\infty < x < 0; 0 < x < \infty$ monoton fallend" falsch?

**14.\*** Lesen Sie aus den Graphen der zugehörigen Potenzfunktionen die Lösungsmengen der folgenden Ungleichungen ab.
  **a)** $x < x^{-1}$ **b)** $x^{-1} < x$ **c)** $x^2 < x^{-2}$ **d)** $x^{-2} < x^2$ **e)** $x^3 < x^{-1} < x < x^{-3}$

**15.\*** Welche der folgenden Aussagen sind wahr? (Nutzen Sie das Bild B 11, S. 31.)
  Für alle $x_1, x_2 \in \mathbb{R}$ ($x_1 \neq 0$, $x_2 \neq 0$) gilt:

  **a)** Wenn $x_1 < x_2$, so $\dfrac{1}{x_1} < \dfrac{1}{x_2}$. **b)** Wenn $0 < x_1 < x_2$, so $\dfrac{1}{x_1} > \dfrac{1}{x_2}$.

**16.** Zeigen Sie, dass die Aussagen in Aufgabe 19, S. 28, gültig bleiben, wenn Sie dort
  die natürliche Zahl $n$ durch eine beliebige ganze Zahl $g$ ersetzen.

**17.\*** Stellen Sie die Funktionen $f$ und $g$ mit
  **a)** $f(x) = x^{-1}$ und $g(x) = |x^{-1}|$, **b)** $f(x) = x^{-2}$ und $g(x) = |x^{-2}|$
  grafisch dar. Vergleichen Sie die Graphen miteinander.

**18.** Ermitteln Sie alle Lösungen der folgenden Gleichungen.
  **a)** $x^{-1} = 0{,}5$ **b)** $x^{-2} = 0{,}16$ **c)** $x^{-2} = -25$ **d)** $x^{-3} = -1000$

# 4 Potenzfunktionen mit rationalen Exponenten

**1.** **a)** Berechnen Sie die nachstehenden Potenzen:

$2^5$; $4{,}2^3$; $100^{0{,}5}$; $20{,}25^{\frac{1}{2}}$; $0{,}125^{\frac{1}{3}}$; $216^{\frac{1}{3}}$; $4^{\frac{2}{3}}$.

**b)** Wie wird die Potenz $x^r$ $(x \in \mathbb{R}; x \neq 0; r \in \mathbb{Q})$ für $r \leq 0$ definiert?
Hinweis: Nutzen Sie die Erläuterungen auf der Seite 16.

**c)** Berechnen Sie die folgenden Potenzen mit negativen Exponenten:

$3^{-2}$; $3^{-3}$; $4{,}2^{-3}$; $9^{-\frac{1}{3}}$; $4^{-\frac{2}{3}}$; $4^{-\frac{3}{2}}$; $5^{-2}$; $5^{-3}$; $5^{-4}$; $2{,}5^{-\frac{1}{2}}$; $2{,}5^{-\frac{1}{3}}$; $2{,}5^{-\frac{1}{4}}$.

**2.** Welche Potenzen sind definiert, welche nicht? Berechnen Sie die definierten Terme.

**a)** $2{,}1^3$; $(-2{,}1)^3$; $2{,}1^0$; $0^3$; $4{,}2^{-3}$; $(-4{,}2)^{-3}$; $(-4{,}2)^0$; $0^{-3}$

**b)** $30^{0{,}5}$; $(-30)^{0{,}5}$; $0^{0{,}5}$; $30^{-0{,}5}$; $0^{-0{,}5}$; $(3\sqrt{2})^3$; $(-3\pi)^{-2}$

**c)** $\sqrt{3}^{2{,}1}$; $3\pi^{-2{,}1}$; $3{,}4^{\pi}$; $(-2\sqrt{5})^{-2{,}1}$; $(\pi^{-0{,}5})^3$

**d)** $5{,}4^{\frac{2}{3}}$; $(-5{,}4)^{\frac{2}{3}}$; $5{,}4^{-\frac{2}{3}}$; $0^{\frac{2}{3}}$; $0^{-\frac{2}{3}}$; $\sqrt{8}^{\frac{1}{3}}$

Wegen $x^{\frac{1}{2}} = \sqrt{x}$ und $x^{\frac{2}{3}} = \sqrt[3]{x^2}$, allgemein $x^{\frac{p}{q}} = \sqrt[q]{x^p}$ $(p, q \in \mathbb{Z}$ mit $q > 0)$, kann man die Funktionsgleichungen $y = x^{\frac{1}{2}}$, $y = x^{\frac{2}{3}}$ bzw. $y = x^{\frac{p}{q}}$ auch in der Form $y = \sqrt{x}$, $y = \sqrt[3]{x^2}$ bzw. $y = \sqrt[q]{x^p}$ schreiben.

Wegen $x^{\frac{1}{1}} = \sqrt[1]{x^1}$ gilt $\sqrt[1]{x} = x$.

Für $x = 0$ wird unter der Voraussetzung $p > 0$, $q > 0$ definiert: $0^{\frac{p}{q}} = 0$. Dagegen ist z.B. für $x = -2$ der Term $(-2)^{\frac{1}{2}}$ bzw. $\sqrt{-2}$ nicht definiert.

---

Die DEFINITION von Seite 32 wird nunmehr erweitert zu:

▶ **Eine Funktion $f$ mit einer Gleichung $f(x) = x^r$ $(r \in \mathbb{Q}$; $r$ eine feste Zahl) heißt Potenzfunktion.**

Größtmöglicher Definitionsbereich:

|  | $r$ ganzzahlig | $r$ keine ganze Zahl |
|---|---|---|
| $r > 0$ | $-\infty < x < \infty$ | $0 \leq x < \infty$ |
| $r \leq 0$ | $-\infty < x < 0; 0 < x < \infty$ | $0 < x < \infty$ |

Achtung! $(-8)^{\frac{1}{3}}$ bzw. $\sqrt[3]{-8}$ ist nicht definiert.

Wegen $(-2)^3 = -8$ könnte man zunächst annehmen, es sei $\sqrt[3]{-8} = -2$.
Dann käme man aber in folgende „Zwickmühle":

$-2 = \sqrt[3]{-8} = (-8)^{\frac{1}{3}} = (-8)^{\frac{2}{6}} = [(-8)^2]^{\frac{1}{6}} = (8^2)^{\frac{1}{6}} = 8^{\frac{2}{6}} = 8^{\frac{1}{3}} = \sqrt[3]{8} = 2.$

**3.**   **a)** Berechnen Sie mithilfe eines Taschenrechners eine Wertetabelle für die Funktion $f$ mit $f(x) = x^{\frac{1}{2}} = \sqrt{x}$.

**b)** Stellen Sie die Funktion grafisch dar. (Wählen Sie als Einheit 2 cm.)

**c)** Betrachten Sie nun das Intervall $0{,}2 \leq x \leq 0{,}6$. Wählen Sie als Schrittweite 0,05 und ergänzen Sie den Graphen durch diese Werte.
Runden Sie, falls erforderlich, auf zwei Nachkommastellen.

**d)** Welches ist der größtmögliche Definitionsbereich der Funktion $f$?

**e)** Besitzt die Funktion Nullstellen?

**f)** Welche Aussagen können Sie zum Wertebereich der Funktion $f$ machen?

**g)** Gibt es Zahlen, die nicht im Definitionsbereich (Wertebereich) von $f$ liegen? Wenn ja, geben Sie eine solche Zahl an.

**h)** Geben Sie die Intervalle an, in denen $f$ monoton wächst (fällt).

**i)** Ist der Graph von $f$ axialsymmetrisch oder zentralsymmetrisch?

**j)** Gibt es einen größten (einen kleinsten) Funktionswert?

**k)** Spiegeln Sie den Graphen an der $x$-Achse. Drehen Sie die Kurve, die Sie erhalten, um den Ursprung $O$ um 90°. Welche Vermutung drängt sich auf?

**4.**   Überprüfen Sie, welche der folgenden Punkte $P$ auf dem Graphen der Potenzfunktion $y = x^{0{,}5}$ liegen.

$P_1(8; 2\sqrt{2})$, $P_2(16; 4)$, $P_3(16; -4)$, $P_4(8; 2)$, $P_5(9; 3)$

**5.**   Ergänzen Sie die Wertepaare so, dass der Punkt $P$ auf dem Graphen der Funktion $y = x^{\frac{1}{3}}$ liegt:
$P_1(27; *)$, $P_2(0{,}125; *)$, $P_3(*; 4)$, $P_4(*; 0{,}1)$, $P_5(-1; *)$.

Das Bild B 15 zeigt die Graphen der Funktionen $f$, $g$ und $h$ mit

$f(x) = x^{\frac{1}{1}}$, $g(x) = x^{\frac{1}{2}}$ und $h(x) = x^{\frac{1}{3}}$ ($x \in \mathbb{R}$; $x \geq 0$).

Der Graph von

$g(x) = x^{\frac{1}{2}} = \sqrt{x}$

ist ein Ast einer quadratischen Parabel mit dem Koordinatenursprung als Scheitel (und der positiven $x$-Achse als Symmetrieachse). Der Graph von

$h(x) = x^{\frac{1}{3}} = \sqrt[3]{x}$

ist ein Ast einer kubischen Parabel.

Definitionsbereich: $0 \leq x < \infty$
Wertebereich: $0 \leq y < \infty$
kleinster Funktionswert: $y = 0$
größter Funktionswert existiert nicht
Nullstellen: $x = 0$
Monotonie: steigend im Intervall
$\qquad 0 \leq x < \infty$

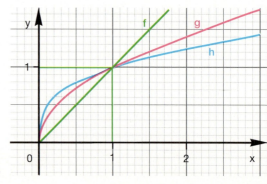

Bild B 15 ▶

**6.** Welche gemeinsamen Eigenschaften besitzen die Potenzfunktionen $y = x^{\frac{1}{2}}$ und $y = x^{\frac{1}{3}}$? Ziehen Sie zur Beantwortung der Frage das Bild B 15 hinzu.

**7.** Lösen Sie die Aufgabe 3 für die Funktion $f$ mit $f(x) = x^{0,75} = \sqrt[4]{x^3}$ .

**8.** Setzen Sie das richtige Relationszeichen (<, >).

a) $0,2^{\frac{1}{2}}$ ▨ $0,2^{\frac{1}{3}}$ 　　b) $\left(\dfrac{4}{5}\right)^{\frac{1}{2}}$ ▨ $\left(\dfrac{4}{5}\right)^{\frac{1}{3}}$ 　　c) $3,1^{\frac{1}{2}}$ ▨ $3,1^{\frac{1}{3}}$

**9.** ⓛ Lesen Sie aus den Graphen der zugehörigen Potenzfunktionen die Lösungsmengen der folgenden Ungleichungen ab.

a) $\sqrt{x} < \sqrt[3]{x}$ 　　b) $\sqrt{x} > \sqrt[3]{x}$ 　　c) $x^{\frac{1}{1}} \le x^{\frac{1}{2}} \le x^{\frac{1}{3}}$ 　　d) $x^{\frac{1}{1}} \ge x^{\frac{1}{2}} \ge x^{\frac{1}{3}}$

**10.** Für welche $x$ ($x \in \mathbb{R}; x \ge 0$) gilt: **a)** $x = \sqrt{x}$, **b)** $x = \sqrt[3]{x}$, **c)** $\sqrt{x} = \sqrt[3]{x}$ ?

Lösen Sie die Gleichungen.

**11.**↑ a) $x^{\frac{1}{2}} = 0,2$ 　b) $x^{\frac{1}{2}} = 1,2$ 　c) $x^{\frac{1}{2}} = 1$ 　d) $x^{\frac{1}{3}} = 0,2$ 　e) $x^{\frac{1}{3}} = 1,2$

　ⓛ f) $x^{\frac{1}{3}} = 0$ 　g) $x^{\frac{1}{3}} = 1,5$ 　h) $x^{\frac{2}{3}} = 0,5$ 　i) $x^{\frac{2}{3}} = 1$ 　j) $x^{\frac{2}{3}} = -0,5$

**12.**↑ a) $x^3 = 27$ 　　b) $x^{-3} = 27$ 　　c) $x^3 = -27$ 　　d) $x^{-3} = -27$

　e) $x^{\frac{1}{3}} = 0,1$ 　f) $x^{-\frac{1}{3}} = 0,1$ 　g) $x^{\frac{1}{3}} = -0,1$ 　h) $x^{-\frac{1}{3}} = -0,1$

**13.**↑ a) $\sqrt{x} = 5$ 　　b) $\sqrt{x+1} = 5$ 　　c) $\sqrt{x-1} = 5$ 　　d) $\sqrt{x-3} = 2$

　ⓛ e) $\sqrt{x-3} = -2$ 　f) $\sqrt{x-3} = 0$ 　g) $\sqrt{x^2} = 4$ 　h) $\sqrt[3]{x} = 3$

**14.** Lösen Sie die Wurzelgleichungen, indem Sie die Gleichung zuerst quadrieren. Machen Sie die Probe. Wodurch unterscheiden sich die beiden Gleichungen?

a) $\sqrt{2x+9} = x+5$ ($x \in \mathbb{R}$) 　　b) $\sqrt{2x+5} = x+1$ ($x \in \mathbb{R}$)

---

■ Die Gleichung $\sqrt{2x+8} = x$ ($x \in \mathbb{R}$) ist zu lösen.
Unter der Annahme, dass es Lösungen gibt, gilt:

$\sqrt{2x+8}\ = x$ 　| Quadrieren 　　　　Probe:

$2x+8\quad = x^2$ 　$|-x^2; \cdot(-1)$ 　　　$\sqrt{2\cdot 4+8} = \sqrt{16} = 4$

$x^2 - 2x - 8 = 0$ 　　　　　　　　$\sqrt{2\cdot(-2)+8} = \sqrt{4} \ne -2$

$x_{1;2} = 1 \pm \sqrt{1+8}$, also $x_1 = 4; x_2 = -2$ 　　Ergebnis: $L = \{4\}$

Achtung: Quadrieren ist keine äquivalente Umformung! Eine Probe ist nötig.

**15.** Lösen Sie die Gleichungen in $\mathbb{R}$:

a) $\sqrt{4x+13} = x-2$, 　　　　b) $\sqrt{x+3} = -2$

c)* $4\sqrt{2x+6} = 3\sqrt{4x+10}$, 　　d)* $\sqrt{3-3x} = \sqrt{3x-9}$.

## 5 Potenzfunktionen mit Parametern; Umkehrfunktionen

**1.** Beantworten Sie die Fragen aus Aufgabe 2, Seite 25, für die Funktion $g$ mit
Ⓛ $g(x) = \dfrac{1}{2} x^3$. Nutzen Sie Ihr Wissen über die Funktion $f$ mit $f(x) = x^3$. Vergleichen Sie anschließend die Funktionen $f$ und $g$ miteinander.

Im Fall der Funktion $g$ in Aufgabe 1 tritt ein Faktor, ein Koeffizient von $x^3$ auf, der die Eigenschaften der Funktion im Vergleich zu denen der Funktion $f(x) = x^3$ beeinflusst. Auch im Fall des Weg-Zeit-Gesetzes der gleichmäßig beschleunigten Bewegung, das durch die Größengleichung $s = \dfrac{a}{2} t^2$ beschrieben wird, tritt ein Koeffizient auf. (Dabei bezeichnen $s$ den Weg, $t$ die Zeit und $a$ die Beschleunigung.) Ist eine der drei Größen konstant, so ergeben sich z.B. die folgenden Funktionen:

| $s = \dfrac{\color{red}{a}}{2} \cdot t^2$ | $s = \dfrac{\color{red}{t^2}}{2} \cdot a$ | $a = 2\,\color{red}{s} \cdot t^{-2}$ | $t = \sqrt{2\,\color{red}{s}} \cdot a^{-\frac{1}{2}}$ |
|---|---|---|---|
| $s = f(t)$ | $s = g(a)$ | $a = h(t)$ | $t = k(a)$ |
| $a$ konstant | $t$ konstant | $s$ konstant | $s$ konstant |

**2.** Ordnen Sie die Funktionen $f$, $g$, $h$ und $k$ mit $f(x) = -x^3$, $g(x) = 2 x^{\frac{1}{3}}$, $h(x) = -\dfrac{1}{2} x^{-2}$, $k(x) = 3x^{-1}$ dem jeweiligen Graphen in den Bildern B 16 bis 19 zu.

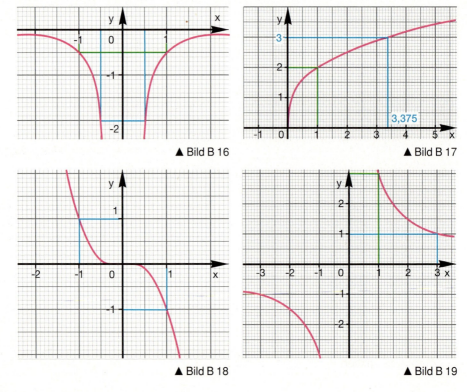

▲ Bild B 16

▲ Bild B 17

▲ Bild B 18

▲ Bild B 19

Die DEFINITION von Seite 35 wird nunmehr erweitert zu:

▶ **Eine Funktion $f$ mit einer Gleichung $f(x) = a \cdot x^r$ ($r \in \mathbb{Q}$; $a \in \mathbb{R}$; $a \neq 0$) heißt Potenzfunktion.**

Der Koeffizient $a$ in der Gleichung wird als **Parameter** bezeichnet.

**3.** Ⓛ
a) Geben Sie den Parameter $a$ der jeweiligen Potenzfunktion in Aufgabe 2 an.
b) Warum lassen sich Proportionalitäten und umgekehrte Proportionalitäten (auch Antiproportionalitäten genannt) als Potenzfunktionen auffassen?

■ In einem Kreiszylinder „verstecken" sich gleich mehrere Potenzfunktionen:

**Flächeninhalt $A$**  Grundfläche  $A_G = \pi r^2$  $[A_G = f_1(r)]$
Mantelfläche  $A_M = 2\pi r h$  $[A_M = f_2(r); A_M = f_3(h)]$
**Volumen $V$**  $V = \pi r^2 h$  $[V = f_4(r); V = f_5(h)]$

| Potenzfunktion | Argument | Exponent | Parameter/Konstante |
|---|---|---|---|
| $A_G = \pi r^2$ | $r$ | $2$ | $\pi$ |
| $r = \sqrt{\dfrac{A_G}{\pi}} = \dfrac{1}{\sqrt{\pi}} \cdot A_G^{\frac{1}{2}}$ | $A_G$ | $\dfrac{1}{2}$ | $\dfrac{1}{\sqrt{\pi}}$ |
| $r = \dfrac{A_M}{2\pi h} = \dfrac{A_M}{2\pi} \cdot h^{-1}$ | $h$ | $-1$ | $\dfrac{A_M}{2\pi}$ |
| $r = \sqrt{\dfrac{V}{\pi h}} = \sqrt{\dfrac{V}{\pi}} \cdot h^{-\frac{1}{2}}$ | $h$ | $-\dfrac{1}{2}$ | $\sqrt{\dfrac{V}{\pi}}$ |

**4.** Geben Sie anhand des Beispiels die folgenden Funktionen an.
a) $A_M = f_1(r)$  b) $r = f_2(A_M)$  c) $h = f_3(A_M)$  d) $h = f_4(r)$  e) $V = f_5(r)$

**5.** Stellen Sie analoge Übersichten über weitere Potenzfunktionen zur Thematik
a) Flächeninhalt eines gleichseitigen Dreiecks, b) Volumen eines Kegels, c) NEWTONsches Gravitationsgesetz, d) freier Fall zusammen.
(Als Hilfe kann das „Große Tafelwerk" empfohlen werden.)

**6.** Ein Balken habe einen quadratischen Querschnitt. Ermitteln Sie das Volumen in Abhängigkeit a) von der Länge $l$ des Balkens, b) von der Länge $a$ der Kante des Querschnitts. Stellen Sie die Funktionen grafisch dar. Wie verändert sich das Volumen $V$, wenn die Kantenlänge $a$ verdoppelt (verdreifacht) wird?

**7.** Ⓛ Bei einem Fußball wurde der Umfang zu 69 cm, bei einem Tischtennisball zu 11,5 cm gemessen.
Wie verhalten sich die beiden a) Durchmesser, b) Radien, c) Umfänge, d) Oberflächeninhalte, e) Rauminhalte zueinander?

**8.** Geben Sie einige Lösungen der Gleichung $xy = -4$ an und stellen Sie die zugehörige Funktion $y = f(x)$ grafisch dar.

Der berühmte Astronom JOHANNES KEPLER (1571–1630) erkannte als erster, dass sich die Planeten auf elliptischen Bahnen bewegen. Die Sonne steht in einem Brennpunkt der Ellipse. Kepler entdeckte auch den Zusammenhang zwischen der Umlaufzeit eines Planeten und dem Abstand des Planeten von der Sonne:

Die Quadrate der Umlaufzeiten $T$ der Planeten verhalten sich wie die dritten Potenzen der großen Halbachsen $a$ der Bahnellipsen:

$$\frac{T^2}{a^3} = c.$$ Setzt man $a$ in km und $T$ in s ein, so ist $c = 2{,}97 \cdot 10^{-10}\,\text{s}^{-2} \cdot \text{km}^3$. Gibt man $a$ in Astronomischen Einheiten an, wobei 1 AE gleich der Länge der großen Halbachse der Erdbahnellipse ist, und setzt man $T$ in Jahren ein, so hat $c$ den Zahlenwert 1.

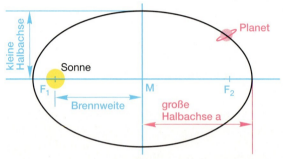

| Planet | $T$ (in J.) | $a$ (in AE) |
|---|---|---|
| Merkur | 0,2408 | |
| Venus | 0,6152 | |
| Erde | 1,0000 | 1,0000 |
| Mars | | 1,5237 |
| Jupiter | | 5,203 |
| Saturn | 29,457 | |
| Uranus | 84,015 | |
| Neptun | | 30,06 |
| Pluto | | 39,75 |

▲ Bild B 20

9.* a) Übertragen Sie die Tabelle in Ihr Heft und vervollständigen Sie diese.
b) Geben Sie die Umlaufzeit $T$ als Funktion der Halbachse $a$ an: $T = f(a)$.
c) Geben Sie die Halbachse $a$ als Funktion der Umlaufzeit $T$ an: $a = g(T)$.
d) Stellen Sie die Funktionen $f$ und $g$ grafisch dar (Definitionsbereich $x \geq 0$).
e) Berechnen Sie die große Halbachse der Bahnellipse eines Planetoiden, wenn dessen Umlaufzeit 5 Jahre beträgt.

Wir wissen, dass jeder Zahl $x$ des Definitionsbereichs einer Funktion $f$ genau eine Zahl $y$ des Wertebereichs zugeordnet wird. Man schreibt: $x \to y$ oder $f(x) = y$ oder $(x; y) \in f$. Die Funktion $y = 2x$ $(x \in \mathbb{R})$ hat darüber hinaus die Eigenschaft, dass umgekehrt jeder Zahl $y$ des Wertebereichs genau eine Zahl $x$ des Definitionsbereichs zugeordnet wird (↗ Bild B 21). Eine Funktion $f$ mit dieser Eigenschaft nennt man eine **eineindeutige Funktion**. Statt „eineindeutig" sagt man mitunter auch „eindeutig umkehrbar". Die Funktion $g$ mit $y = x^2$ $(x \in \mathbb{R})$ verfügt nicht über diese Eigenschaft (↗ Bild B 22).

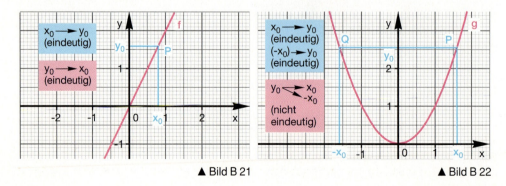

▲ Bild B 21                    ▲ Bild B 22

**10.** Geben Sie drei eineindeutige und drei nicht eineindeutige Potenzfunktionen an.

**11.** Welche der folgenden Funktionen sind eineindeutig, welche sind nicht eineindeutig? Der Definitionsbereich sei in jedem Fall die Menge $\mathbb{R}$.
**a)** $y = 0{,}5x$   **b)** $y = 3x - 4$   **c)** $y = 2x^3$   **d)** $y = 0{,}5x^2$   **e)** $y = -x^2 + 5$

Eine Funktion, die nicht eineindeutig ist, kann über einem eingeschränkten Bereich ihres Definitionsbereiches dennoch eineindeutig sein. So ist zum Beispiel die Funktion $g$ mit $g(x) = x^2$ im Intervall $[0; \infty)$ eineindeutig. Auch im Intervall $(-\infty; 0]$ ist die Funktion $g(x) = x^2$ eineindeutig ($\nearrow$ Bild B 22).

**12.** Geben Sie die größtmöglichen Intervalle in $\mathbb{R}$ an, in denen die folgenden Potenzfunktionen eineindeutig sind.
**a)** $y = x^1$   **b)** $y = x^2$   **c)** $y = x^3$   **d)** $y = x^{-1}$   **e)** $y = x^{-2}$   **f)** $y = x^{0{,}5}$

Vertauscht man bei einer eineindeutigen Funktion $f$ mit $y = f(x)$ die Komponenten $x$ und $y$, so erhält man die **Umkehrfunktion $f^{-1}$** von $f$:   $x = f^{-1}(y)$.

**13.** Vergleichen Sie jeweils den Definitionsbereich und den Wertebereich einer eineindeutigen Funktion $f$ mit dem Definitionsbereich und dem Wertebereich der Umkehrfunktion $f^{-1}$.
Ⓛ

---

■ Es sei $f$ die Funktion mit $y = 2x$ $(x \in \mathbb{R})$ und hierzu $f^{-1}$ die Umkehrfunktion mit $x = \dfrac{1}{2} y$ $(y \in \mathbb{R})$ ($\nearrow$ Bild B 23).

Um die Funktion $f^{-1}$ in der gewohnten Weise im (selben) Koordinatensystem darstellen zu können, vertauscht man die Variablen und erhält:

$f^{-1}$ mit $y = \dfrac{1}{2} x$ $(x \in \mathbb{R})$.

Allgemein gilt:
Die Graphen von $f$ und $f^{-1}$ liegen spiegelbildlich zur Winkelhalbierenden $y = x$ des 1. und 3. Quadranten.

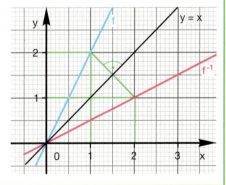

Bild B 23 ▶

---

Man muss nunmehr streng unterscheiden zwischen $f^{-1}$ und $[f(x)]^{-1}$:

---

$f^{-1}$ ist eine Funktion, also eine Menge geordneter Zahlenpaare.
$[f(x)]^{-1}$ ist eine Zahl, nämlich das Reziproke des Funktionswertes $f(x)$ an der Stelle $x$.

---

**14.** Begründen Sie, warum Sie zum Zeichnen des Graphen von $y = x^{\frac{1}{2}}$ die Schablone für die Normalparabel ($y = x^2$) und entsprechend zum Zeichnen des Graphen von $y = x^{\frac{1}{3}}$ die Schablone für die kubische Parabel ($y = x^3$) benutzen können.

■ Die Umkehrfunktion von $f$ mit

$y = x^2$ $(x \geq 0)$ ist $f^{-1}$ mit $y = x^{\frac{1}{2}}$ $(x \geq 0)$.
Wenn $f(a) = b$ $(a, b \geq 0)$, also
$(a; b) \in f$ gilt, so bedeutet das
$a^2 = b$. Das ist äquivalent zu

$a = \sqrt{b} = b^{\frac{1}{2}}$, d.h. äquivalent zu
$f^{-1}(b) = a$ oder $(b; a) \in f^{-1}$.

Allgemein gilt:
Wenn $(a; b) \in f$, so $(b; a) \in f^{-1}$ und umge-
kehrt. Für die Graphen heißt das: Der
Punkt $P(a; b)$ liegt auf dem Graphen von
$f$ genau dann, wenn $Q(b; a)$ auf dem
Graphen von $f^{-1}$ liegt.

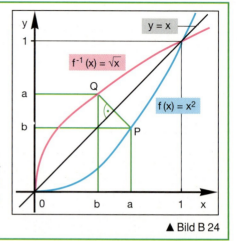

▲ Bild B 24

**15.*** Begründen Sie folgenden Satz: Wenn $f$ eine monoton wachsende (fallende) Funktion in $(a; b)$ mit $a, b \in \mathbb{R}$ ist, so ist $f$ eineindeutig (und besitzt folglich eine Umkehrfunktion $f^{-1}$).

**16.** Bilden Sie die Umkehrfunktion von $f$ mit

Ⓛ **a)** $f(x) = x^3$ $(x \geq 0)$, **b)** $f(x) = x^{\frac{1}{3}}$ $(x \geq 0)$, **c)** $f(x) = x^{\frac{1}{2}}$ $(x \geq 0)$,
**d)** $f(x) = x$ $(x \in \mathbb{R})$, **e)** $f(x) = x^{-1}$ $(x > 0)$, **f)*** $f(x) = x^2$ $(x \leq 0)$.
**g)** Geben Sie eine Funktion $f$ an, die mit ihrer Umkehrfunktion zusammenfällt.

Da die Funktion $f$ mit $f(x) = x^3$ in $\mathbb{R}$ monoton wachsend ist, ist sie eineindeutig (↗ Aufgabe 15). Man kann also die Umkehrfunktion $f^{-1}$ bilden. Dennoch ist es sinnvoll, die Funktion $f$ in zwei Teilfunktionen zu zerlegen.

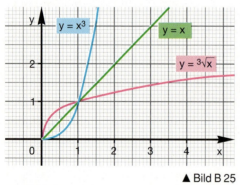

▲ Bild B 25

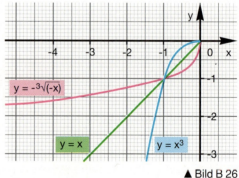

▲ Bild B 26

$\boxed{y = x^3 \ (x \geq 0):}$ $y = x^3 \leftrightarrow x = \sqrt[3]{y}$

*Variablenumbenennung:*

$y = \sqrt[3]{x}$ $(x \geq 0)$

$\boxed{y = x^3 \ (x \leq 0):}$ $y = x^3 \leftrightarrow x = -\sqrt[3]{-y}$

*Variablenumbenennung:*

$y = -\sqrt[3]{-x}$ $(x \leq 0)$

# C Exponential- und Logarithmusfunktionen

## 1 Weiteres über Potenzen

▲ Bild C 1

▲ Bild C 2

**1.** Im Jahr 1992 lebten in Afrika rund 682 Millionen Menschen. Man nimmt an, dass die Bevölkerung in Afrika jedes Jahr durchschnittlich um 3% wächst.

a) Berechnen Sie unter diesen Voraussetzungen die Anzahl der in Afrika lebenden Menschen für die Jahre 1993 bis 2000. Beschaffen Sie aktuelle Bevölkerungszahlen und vergleichen Sie.

b) Wie viele Menschen lebten in Afrika in den Jahren 1990 und 1985, wenn man das gleiche Wachstumsgesetz voraussetzt?

c) Wann wird sich voraussichtlich die Bevölkerung in Afrika gegenüber 1992 verdoppelt haben?
Ist das Rechenergebnis realistisch?

**2.** Ⓛ Die Funktion $f$ mit $f(t) = 50 \cdot 0,8^t$ beschreibt, wie sich Kaffee von einem Zeitpunkt $t = 0$ an in einer Thermoskanne weiter abkühlt. Dabei wird die Zeit in Stunden angegeben. $f(t)$ gibt die Temperatur des Kaffees in °C zum Zeitpunkt $t$ an.

a) Stellen Sie eine Wertetabelle auf, aus der die Funktionswerte für $t = 0$ h, $t = 1$ h, ..., $t = 5$ h abgelesen werden können.

b) Berechnen Sie $f(-1)$, $f(-2)$, $f(-3)$. Versuchen Sie auch diese Funktionswerte als Temperaturen zu erklären.

c) Geben Sie einen Definitionsbereich für $f(t)$ an, wenn Kaffee mit einer Temperatur von 95°C bei einer Außentemperatur von 10°C in die Kanne gefüllt wird.

▲ Bild C 3

43

**3.**   **a)** Untersuchen Sie mit Bezug auf den Prozess des Abkühlens von Kaffee in einer Thermoskanne (↗ Aufgabe 2), welche Temperatur nach 20 min, nach 30 min, nach 45 min, nach 1,5 h erreicht wird.

**b)** Tragen Sie alle Wertepaare in ein Koordinatensystem ein. Verbinden Sie die Punkte und begründen Sie, dass das Verbinden der Punkte sinnvoll ist.

**4.**   Die Funktion $g$ mit $g(t) = K \cdot 1{,}05^t$ beschreibt das Wachsen eines Kapitals $K$ bei 5% Ⓛ Zinsen im Jahr auf einem Konto in Abhängigkeit von der Zeit $t$ (in Jahren). Es wird vorausgesetzt, dass die Zinsen jährlich gutgeschrieben werden und dass sonst keine Bewegungen auf dem Konto stattfinden.

**a)** Berechnen Sie den Kontostand für $K = 1000$ € nach 1, 2, ..., 5 Jahren.

**b)** Wie viele Jahre müssen vergehen, bis sich das Kapital verdoppelt hat?

**c)** Stellen Sie die Kapitalentwicklung in einem Koordinatensystem dar.

**d)** Bezüglich der Darstellung im Koordinatensystem sind sich Martin und Andrea nicht einig. Martin meint, dass durch das Verbinden der Punkte der Eindruck entstehe, das Guthaben wachse während des ganzen Jahres. Tatsächlich werden aber die Zinsen jeweils am Ende des Jahres gutgeschrieben. Andrea stellt sich dagegen vor, dass das Guthaben doch während des ganzen Jahres wächst, wenn auch die Gutschrift der Zinsen erst am Ende des Jahres erfolgt. Das kommt auch dadurch zum Ausdruck, dass beim Auflösen des Kontos vor Ablauf des vollen Jahres anteilmäßig Zinsen gezahlt werden. Welche Meinung haben Sie?

**5.**   Paul wundert sich über die komplizierte Gleichung in der Aufgabe 4. Er überlegt: „Jedes Jahr 5% Zinsen von 1000 €, also 50 €. Das ergibt nach 5 Jahren 250 €. Der Kontostand ist dann 1250 €." Können Sie Paul helfen?

---

■   In Aufgabe 1 wurde die Bevölkerungsentwicklung in Afrika behandelt. Diese Aufgabe soll nun mithilfe einer Formel gelöst werden.

*Im Jahr 1992 lebten $K_0$ Millionen Menschen in Afrika. Das jährliche Wachstum beträgt p%.*

**1. Schritt:** Nach einem Jahr sind das $\quad K_1 = K_0 + \dfrac{p}{100} K_0 = K_0 \left(1 + \dfrac{p}{100}\right).$

**2. Schritt:** Im zweiten Jahr beträgt der Zuwachs $\quad K_0 \left(1 + \dfrac{p}{100}\right) \cdot \dfrac{p}{100}.$  Also:

$$K_2 = K_0 \left(1 + \frac{p}{100}\right) + K_0 \left(1 + \frac{p}{100}\right) \cdot \frac{p}{100} = K_0 \left[1 \left(1 + \frac{p}{100}\right) + \frac{p}{100}\left(1 + \frac{p}{100}\right)\right]$$

$$K_2 = K_0 \left[\left(1 + \frac{p}{100}\right)\left(1 + \frac{p}{100}\right)\right] = K_0 \left(1 + \frac{p}{100}\right)^2.$$

**3. Schritt:** Im dritten Jahr beträgt der Zuwachs $\quad K_0\left(1 + \dfrac{p}{100}\right)^2 \cdot \dfrac{p}{100}.$

Man addiert die Bevölkerung nach dem zweiten Jahr und den Zuwachs im dritten und erhält: $\qquad K_3 = K_0\left(1 + \dfrac{p}{100}\right)^3.$

Im **$n$-ten Schritt** ergibt sich dann für die Bevölkerung nach $n$ Jahren: $\qquad K_n = K_0 \left(1 + \dfrac{p}{100}\right)^n.$

**6.** Begründen Sie die einzelnen Schritte im Beispiel auf Seite 44. Kann man die Formel auch anwenden, wenn Bevölkerungszahlen vor 1992 gefragt sind?

**7.** Der Luftdruck $p$ nimmt mit wachsender Höhe $h$ über dem Meeresspiegel ab. Misst man den Luftdruck in Hektopascal (hPa) und die Höhe in km, so wird der Zusammenhang annähernd durch die Funktion $y = 1013 \cdot 0{,}88^x$ beschrieben, wobei $y$ den Zahlenwert des Luftdrucks und $x$ den Zahlenwert der Höhe angibt.
**a)** Geben Sie einen Rechenablaufplan zur Berechnung von $y$ bei gegebenem $x$ an.
**b)** Stellen Sie eine Wertetabelle für $0 \le x \le 5$ (Schrittweite 0,5) auf und stellen Sie die Funktion grafisch dar.
**c)** Lesen Sie den Luftdruck für eine Höhe von 300 m (1,7 km; 10 km) ab.

**8.** Beschäftigen Sie sich zur Rückbesinnung auf das Berechnen von Potenzen mit den folgenden Beispielen: $3^4$; $1{,}5^3$; $(-2{,}5)^4$; $3^{-4}$; $0{,}8^{-2}$; $(-1{,}5)^{-3}$; $2^{\frac{1}{3}}$; $3{,}5^{-0{,}25}$.
Versuchen Sie diese Potenzen ohne Hilfsmittel zu berechnen. Setzen Sie danach auch Hilfsmittel ein. Welche Möglichkeiten eröffnet das Tafelwerk? Welche Rechenwege bietet Ihnen Ihr Taschenrechner?

---

Allgemein gilt:

- **Potenzen mit ganzzahligen Exponenten $k$ sind für beliebige reelle Basen $a$, ausgenommen $a = 0$, erklärt.**

  $a^0 = 1\ (a \ne 0);\qquad a^{-k} = \dfrac{1}{a^k}\ (a \ne 0)$

- **Potenzen mit rationalen Exponenten $\dfrac{p}{q}$,**

  **wobei $p \in \mathbb{Z}$ und $q \in \mathbb{N}$ und $q \ne 0$, sind für positive reelle Basen $a$ erklärt.**

  $a^{\frac{p}{q}} = \left(a^p\right)^{\frac{1}{q}} = \sqrt[q]{a^p}\ (a > 0;\ q > 0)$

  Ferner gilt:   $0^k = 0\ (k \ne 0)$.

---

**9.** Welche der folgenden Terme sind definiert? Begründen Sie Ihre Entscheidung.
**a)** $\pi^2$   **b)** $(-0{,}7)^0$   **c)** $5^{0{,}4}$   **d)** $3{,}5^{-2{,}5}$   **e)** $6{,}1^0$   **f)** $0^0$   **g)** $(-2{,}5)^{0{,}5}$

**10.** Auf einem Sparkonto werden 1000 € jährlich mit 5% verzinst. Lesen Sie aus dem Graphen der Funktion $g(x) = 1000 \cdot 1{,}05^t$ (↗ Bild C 4) ab, wann jeweils das Kapital um 100 € zugenommen hat.
Wie viel Zeit vergeht, bis das Kapital jeweils um 100 € zugenommen hat?
Wie lässt sich der Teil der Kurve für negative Argumente interpretieren?

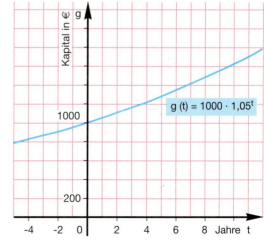

Bild C 4 ▶

Bei den Aufgaben 3, 4, 7 und 10 waren grafische Darstellungen anzufertigen (vgl. auch Bild C 4). Stellt man den Graphen als durchgezogene Linie dar, so geht man davon aus, dass zu jedem Argument aus einem Intervall genau ein Funktionswert gehört. Damit stoßen wir auf ein mathematisches Problem, denn wir haben bisher nur Potenzen mit **rationalen Exponenten** kennen gelernt. (Vgl. mit dem Text im roten Rahmen auf der Seite 45!) Was bedeutet es, wenn das Argument, also der Exponent einer Potenz, eine **irrationale Zahl** wie etwa $\sqrt{2}$ ist? Wir betrachten ein BEISPIEL:

■ Die Funktion $f$ mit $f(x) = 1{,}5^x$ soll im Intervall $0 \leq x \leq 2$ grafisch dargestellt werden.

Wir ermitteln einige Wertepaare:

**x = 0:** $\quad f(0) = 1{,}5^0 = \textbf{1}$

**x = 0,5:** $\; f(0{,}5) = 1{,}5^{\frac{1}{2}} = \sqrt{1{,}5} \approx \textbf{1,22}$

**x = 1:** $\quad f(1) = 1{,}5^1 = \textbf{1,5}$

**x = 1,5:** $\; f(1{,}5) = 1{,}5^{\frac{3}{2}} = \sqrt{1{,}5^3} \approx \textbf{1,84}$

**x = 2:** $\quad f(2) = 1{,}5^2 = \textbf{2,25}$

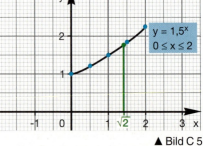

▲ Bild C 5

Man erkennt:
Werden die Argumente größer, so werden auch die Funktionswerte größer. Die Funktion ist monoton wachsend.
Im Intervall $1 \leq x \leq 2$ liegt die irrationale Zahl $\sqrt{2}$. Setzt man voraus, dass das Monotonieverhalten von $f$ auch für irrationale Argumente erhalten bleibt, so kann man Näherungswerte für $1{,}5^{\sqrt{2}}$ berechnen:

Es ist $1 < \sqrt{2} < 2$. Dann gilt: $f(1) < f(\sqrt{2}) < f(2)$, also $\qquad$ $1{,}5 < 1{,}5^{\sqrt{2}} < 2{,}25.$

Wir wissen, dass $\sqrt{2} \approx 1{,}41$
$\dots$ Also liegt $\sqrt{2}$ zwischen 1,4 und 1,5.

Es ist $1{,}4 < \sqrt{2} < 1{,}5$. Dann gilt: $f(1{,}4) < f(\sqrt{2}) < f(1{,}5)$ und

wegen $1{,}5^{1{,}4} \approx 1{,}76$ und $1{,}5^{1{,}5} \approx 1{,}84$ folgt $\qquad$ $1{,}76 < 1{,}5^{\sqrt{2}} < 1{,}84.$

Dieses Verfahren lässt sich fortsetzen. Im nächsten Schritt würde
$1{,}41 < \sqrt{2} < 1{,}42$ zu $1{,}5^{1{,}41} < 1{,}5^{\sqrt{2}} < 1{,}5^{1{,}42}$, mithin zu $\qquad$ $1{,}771 < 1{,}5^{\sqrt{2}} < 1{,}778$
führen.

Wir stellen fest: Bildet man rationale Näherungswerte von $\sqrt{2}$, so kann man Potenzen mit diesen rationalen Zahlen als Exponenten bilden. Man erhält Zahlen, die sich immer weniger voneinander unterscheiden. Setzt man diesen Prozess fort, so schachteln diese Zahlen eine Zahl ein. Das ist dann $1{,}5^{\sqrt{2}}$. Zahlen wie 1,771 und 1,778 sind rationale Näherungswerte von $1{,}5^{\sqrt{2}}$.

Mit dem Taschenrechner erhält man 1,5 $\boxed{y^x}$ 2 $\boxed{\sqrt{\;}}$ $\boxed{=}$ [1.7743147].

Auf die in diesem Beispiel demonstrierte Weise können wir für Potenzen mit irrationalen Exponenten rationale Näherungswerte berechnen. (Auf eine allgemeine Definition für Potenzen mit irrationalen Exponenten wird hier verzichtet.)

**11.*** Berechnen Sie entsprechend dem Vorgehen im obigen Beispiel die Potenz $1{,}5^{\sqrt{3}}$ auf zwei Stellen nach dem Komma.

## 2 Exponentialfunktionen

1. In einem Labor wurde eine Bakterienkultur unter gleich bleibenden Wachstumsbedingungen (z.B. konstante Temperatur, ausreichend Nährlösung) über längere Zeit beobachtet. Zu Beginn der Beobachtung betrug ihre Masse 2,0 mg. Die weiteren Ergebnisse sind in der unten stehenden Tabelle wiedergegeben:

   **a)** Geben Sie für die Funktion $f$ mit $m = f(t)$, die für die Kultur die Zuordnung Zeit $t \rightarrow$ Masse $m$ darstellt, einen Definitionsbereich an.
   **b)** Treffen Sie eine Aussage über das Monotonieverhalten der Funktion $f$.

   ▲ Bild C 6

   **c)** Entscheiden Sie, ob die Funktion eine direkte oder eine umgekehrte Proportionalität ist.
   **d)** Warum kann man die Funktion nicht mithilfe einer linearen oder einer quadratischen Funktion beschreiben?
   **e)** Welche Masse erwarten Sie nach 4 Tagen (nach 6, nach 10 Tagen)?

   | Zeit $t$ in Tagen | 0 | 0,5 | 1,0 | 1,5 | 2,0 | 2,5 | 3,0 |
   |---|---|---|---|---|---|---|---|
   | Masse $m$ in mg | 2,0 | 2,4 | 3,0 | 3,7 | 4,5 | 5,5 | 6,8 |

2. Das Wachsen der Bakterienkultur aus Aufgabe 1 soll genauer untersucht werden. Dazu nutzen wir Differenzen bzw. Quotienten von Funktionswerten.
   **a)** Stellen Sie fest, um wie viel Milligramm die Masse alle 12 Std. zunimmt.
   **b)** Stellen Sie fest, um wie viel Milligramm die Masse von Tag zu Tag zunimmt.

   **c)** Bilden Sie Quotienten $\dfrac{f(t_2)}{f(t_1)}$, wobei $t_2$ um 24 Std. später ist als $t_1$.
   Was stellen Sie fest?

   **d)** Bilden Sie Quotienten $\dfrac{f(t_2)}{f(t_1)}$, wobei $t_2$ um 12 Std. später ist als $t_1$.
   Was stellen Sie fest?

   **e)** Warum ist es gerechtfertigt, bei der Zahl $\dfrac{f(t_2)}{f(t_1)}$ von einem **Wachstumsfaktor** zu sprechen?

Der Wachstumsprozess aus den Aufgaben 1 und 2 vollzieht sich in einem gewissen Zeitintervall, dessen Länge nicht bekannt ist. Dort gibt es viele Zeitpunkte, für die keine Messwerte gegeben sind. Wir setzen voraus, dass sich das Wachstum immer auf die gleiche Weise vollzieht. Dann können die Ergebnisse aus Aufgabe 2 c) und 2 d) zu einem Wachstumsgesetz verallgemeinert werden.

▶ **Wachstumsgesetz:** Zu gleich langen Zeiträumen gehört immer der (nahezu) gleiche Wachstumsfaktor.

**3.** Der Wachstumsprozess aus Aufgabe 1 bietet unter der Bedingung des Wachs-
Ⓛ tumsgesetzes weitere interessante Aspekte. Hierfür betrachten wir erneut die
Beobachtungstabelle der vorherigen Seite:

| Zeit in Tagen | 0 | 0,5 | 1,0 | 1,5 | 2,0 | 2,5 | 3,0 |
|---|---|---|---|---|---|---|---|
| Masse in mg | 2,0 | 2,4 | 3,0 | 3,7 | 4,5 | 5,5 | 6,8 |

Wählen Sie ein $t_1$ und ein $t_2$ so, dass sich auch $t_1 + t_2$ in der Tabelle befindet.
  **a)** Vergleichen Sie die Länge der Intervalle $[0; t_1]$ und $[t_2; t_1 + t_2]$ miteinander. Bilden
  Sie die Wachstumsfaktoren, die zu den Intervallen gehören.
  **b)** Welche Gleichung gilt wegen des Wachstumsgesetzes? Formen Sie die ge-
  wonnene Gleichung so um, dass keine Brüche auftreten.
  Für welche Zahlen $t_1$ und $t_2$ gilt diese Gleichung?

Verallgemeinert man die in Aufgabe 3 b) gefundene Aussage zu

(*) Für alle reellen Zahlen $t_1$ und $t_2$ gilt $f(t_1 + t_2) \cdot f(0) = f(t_1) \cdot f(t_2)$,

so können für den Wachstumsprozess weitere Funktionswerte berechnet werden.

---

■ Zu ermitteln ist die Masse der Bakterienkultur nach 0,25 Tagen.
Man setzt in (*) für $t_1$ und $t_2$ jeweils 0,25 ein und erhält:
$f(0,25 + 0,25) \cdot f(0) = f(0,25) \cdot f(0,25)$, also $f(0,5) \cdot f(0) = [f(0,25)]^2$.
Unter Nutzung der Werte aus der Tabelle erhält man weiter:

| | |
|---|---|
| $2,4 \cdot 2,0 = [f(0,25)]^2$ <br> $[f(0,25)]^2 = 4,8$ <br> $f(0,25) = \sqrt{4,8} \approx 2,2$ | Da die beteiligten Ausgangszahlen nur eine Stelle nach dem Komma aufweisen, ist es sinnvoll, das Ergebnis auch mit dieser Genauigkeit anzugeben. |

---

**4.** **a)** Berechnen Sie gemäß dem Beispiel $f(0,75)$, $f(1,25)$, $f(1,75)$ und $f(2,25)$.
  **b)** Man kann auch Funktionswerte für Zeitpunkte außerhalb des Beobachtungsin-
  tervalls $[0; 3]$ berechnen. Lösen Sie erneut die Aufgabe 1e).
  **c)** Berechnen Sie $f(-1, 0)$, indem Sie $t_1 = 1,0$ und $t_2 = -1,0$ setzen. Wie lässt sich
  dieser Wert interpretieren?
  **d)** Berechnen Sie $f(-2,0)$, $f(-2,5)$, $f(7,0)$ und $f(8,5)$.
  **e)** $f(4)$ kann unter Verwendung der Gleichung (*) mithilfe von $t_1 = t_2 = 2,0$, aber auch
  mithilfe von $t_1 = 3,0$ und $t_2 = 1,0$ berechnet werden. Führen Sie beide Rechnungen aus und erklären Sie die voneinander abweichenden Ergebnisse.
  **f)** Fertigen Sie eine grafische Darstellung für das Wachstum der Bakterienkultur
  unter Nutzung aller gegebenen und zusätzlich berechneten Funktionswerte an.
  Begründen Sie, dass es sinnvoll ist, die Punkte zu verbinden.

Radioaktive Substanzen senden Strahlung aus; es handelt sich dabei um eine Umwandlung von Atomkernen, die sich gesetzmäßig in Abhängigkeit von der Zeit vollzieht. Man
spricht bei diesem Vorgang allgemein von einem „radioaktiven Zerfall". Die folgende Wertetabelle enthält Beobachtungswerte für den Zerfall des radioaktiven Cobaltisotops
Co-60. Zu verschiedenen Zeitpunkten $t$ (in d) wurde die noch vorhandene Masse $m$ (in g)
des Materials gemesssen.

| $t$ | 0 | 10 | 20 | 30 | 40 | 50 | 60 | 70 | 80 | 90 | 100 |
|---|---|---|---|---|---|---|---|---|---|---|---|
| $m$ | 1,000 | 0,964 | 0,930 | 0,896 | 0,864 | 0,833 | 0,803 | 0,774 | 0,746 | 0,719 | 0,693 |

**5.** Begründen Sie für den auf Seite 48 beschriebenen Zerfallsprozess von Co-60 die folgenden Aussagen:
   **a)** Der Zerfallsprozess lässt sich mithilfe einer Funktion $f$ beschreiben.
   **b)** Die Funktion $f$ ist monoton fallend.
   **c)** Für jeweils 10 Tage ergibt sich ungefähr der gleiche Zerfallsfaktor.
   **d)** Für die angegebenen Zeitpunkte $t_1$ und $t_2$ mit $t_1 + t_2 \leq 100$ ist
   $f(t_1 + t_2) \cdot f(0) = f(t_1) \cdot f(t_2)$.

Das Cobaltisotop Co-60 wird in der Medizin als Strahlungsquelle für die Behandlung von Krebsgeschwüren eingesetzt. Wirksamer Teil der Strahlung bei einer Krebsbehandlung ist die Gammastrahlung, die die Krebszellen zerstören soll. Mithilfe einer sogenannten Cobaltkanone wird die elektromagnetische Strahlung in pendelnder Bewegung auf den Krankheitsherd konzentriert.

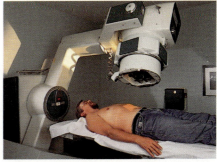

▲ Bild C 7

**6.\*** Von einer Funktion $f$ sei bekannt, dass
   – sie für alle reellen Zahlen definiert ist und nur positive Funktionswerte hat,
   – immer $f(x_1 + x_2) = f(x_1) \cdot f(x_2)$ ist.
   Ferner gilt $f(2) = 4$.
   **a)** Berechnen Sie die Funktionswerte $f(4)$, $f(8)$, $f(6)$, $f(1)$, $f(3)$, $f(5)$, $f(0)$, $f(-1)$, $f(-2)$, $f(0,5)$, $f(0,25)$.
   Ermitteln Sie auch weitere Funktionswerte.
   **b)** Versuchen Sie eine Vorschrift anzugeben, mit der man direkt für ein gegebenes Argument den Funktionswert berechnen kann.

**7.** Für die Funktion, die das Wachsen der Bakterienkultur beschreibt, wurden schon viele Funktionswerte berechnet. Bis jetzt ist noch nicht geklärt, ob man für die Funktion auch eine möglichst einfache Funktionsgleichung angeben kann. Wir betrachten dafür einige bekannte Werte:
   $f(0) = 2,0$
   $f(1) = 3,0 = 2,0 \cdot 1,5 = f(0) \cdot 1,5$
   $f(2) = 4,5 = 3,0 \cdot 1,5 = f(1) \cdot 1,5 = f(0) \cdot 1,5 \cdot 1,5 = f(0) \cdot 1,5^2$
   $f(3) = 6,8 \approx 4,5 \cdot 1,5 = f(2) \cdot 1,5 = f(0) \cdot 1,5^2 \cdot 1,5 = f(0) \cdot 1,5^3$
   **a)** Setzen Sie die Überlegungen fort und stellen Sie eine Funktionsgleichung für das Bakterienwachstum auf.
   **b)** Überprüfen Sie mit einem Taschenrechner, ob diese Gleichung auch die Funktionswerte für die Argumente 0,5; 1,5 und 2,5 richtig angibt.
   **c)** Berechnen Sie mithilfe der gefundenen Funktionsgleichung $f(50)$; $f(100)$ und $f(1000)$. Ergeben sich Zahlen, die das Bakterienwachstum gut beschreiben?

**8.\*** Versuchen Sie für die Funktion aus Aufgabe 5 (einschl. dem vorhergehenden Text) eine Funktionsgleichung zu finden. Hinweis: Ermitteln Sie zunächst $f(1)$. Setzen Sie diese Zahl in Beziehung zu den gegebenen Funktionswerten. Nutzen Sie Ihre Kenntnisse über das Rechnen mit Potenzen.

Die Situationen in den Aufgaben 1, 5 und 6 dieser Lerneinheit werden durch Funktionen des gleichen Typs beschrieben.

| **Aufgabe 1:** $m = 2{,}0 \cdot 1{,}5^t$ | **Aufgabe 5:** $m = 0{,}99634^t$ | **Aufgabe 6:** $y = f(x) = 2^x$ |
|---|---|---|

Allen Gleichungen ist gemeinsam, dass das Argument Exponent einer Potenz ist.

▶ **DEFINITION:** Es sei $c$ ($c \neq 0$) eine Zahl und $a$ ($a \neq 1$) eine positive Zahl: Jede Funktion $f$ mit $f(x) = c \cdot a^x$ heißt **Exponentialfunktion.**
Dabei heißt $a$ die **Basis der Exponentialfunktion.**

**9.** $a$ und $c$ seien feste reelle Zahlen. Welche der folgenden Funktionsgleichungen gehören zu Exponentialfunktionen? Welche Funktionsarten treten noch auf?
**a)** $f(x) = cx + a$     **b)** $g(x) = 0{,}5^x$     **c)** $h(x) = -100 \cdot 0{,}5^x$     **d)** $i(x) = x^2$
**e)** $j(x) = 20^x$     **f)** $k(x) = c \cdot a^x$     **g)** $l(x) = 5 \cdot x^3$     **h)** $m(x) = 3 \cdot 5^x$

**10.** In der Definition für Exponentialfunktionen treten in der Funktionsgleichung Parameter $a$ und $c$ und die Variable $x$ auf.
Ⓛ
**a)** Was für eine Funktion erhält man für $c = 0$?
**b)** Was für eine Funktion erhält man für $a = 1$?
**c)** Warum sind $a = 0$ und $a < 0$ in der Definition nicht zugelassen?
**d)** Was ist der größtmögliche Definitionsbereich für eine Exponentialfunktion?

**11.** In der Lerneinheit C 1 treten in den Aufgaben 1, 2, 4, 7 und in dem Beispiel auf der Seite 46 Exponentialfunktionen auf.
**a)** Geben Sie für diese Funktionen die Zahl $c$ und die Basis $a$ an.
**b)** Gilt auch für diese Funktionen die Eigenschaft (*) von Seite 48?

Man kann feststellen:
Die für den Wachstumsprozess in der Aufgabe 1 gefundene Eigenschaft (*) gilt allgemein für alle Exponentialfunktionen.

▶ **SATZ: Jede Exponentialfunktion $f$ mit $\mathbb{R}$ als Definitionsbereich hat die Eigenschaft:**

(*) $f(x_1 + x_2) \cdot f(0) = f(x_1) \cdot f(x_2)$ **für alle $x_1, x_2 \in \mathbb{R}$.**

*Beweis:* Wir bilden zunächst die Funktionswerte der Exponentialfunktionen für die Argumente 0, $x_1$, $x_2$ und $x_1 + x_2$:

$f(0) = c \cdot a^0 = c$;    $f(x_1) = c \cdot a^{x_1}$;    $f(x_2) = c \cdot a^{x_2}$ und $f(x_1 + x_2) = c \cdot a^{x_1 + x_2}$.

Damit ist $f(x_1 + x_2) \cdot f(0) = c \cdot a^{x_1 + x_2} \cdot c = c^2 \cdot a^{x_1 + x_2}$ und

$f(x_1) \cdot f(x_2) = c \cdot a^{x_1} \cdot c \cdot a^{x_2} = c^2 \cdot a^{x_1} \cdot a^{x_2}$.

Wenn nun gilt: Für alle reellen Zahlen $x_1, x_2$ ist $a^{x_1 + x_2} = a^{x_1} \cdot a^{x_2}$, so ist der Satz bewiesen. Das ist ein Potenzgesetz, das uns für Potenzen mit rationalen Exponenten bekannt ist. Es gilt auch für Potenzen mit reellen Exponenten, was an dieser Stelle allerdings nicht bewiesen werden kann.

**12.** Die Funktionen $f$ mit $f(x) = 2^x$ und $g$ mit $g(x) = \left(\dfrac{1}{2}\right)^x$ sind Exponentialfunktionen, die für alle reellen Zahlen erklärt sind und für die $c = 1$ ist.

**a)** Stellen Sie die Funktionen im Intervall $[-3; 3]$ in einem gemeinsamen Koordinatensystem grafisch dar. Geben Sie Eigenschaften der Funktionen an. (Berücksichtigen Sie dabei den Wertebereich, das Monotonieverhalten, eventuelle Nullstellen, das Verhalten der Funktionswerte für sehr große und sehr kleine Argumente.)

Ⓛ **b)** Petra stellt fest, dass anscheinend der Graph von $f$ bei Spiegelung an der $y$-Achse den Graphen von $g$ ergibt. Christine meint, dass dann stets $f(-x) = g(x)$ gilt, was Petra nicht verstehen kann. Können Sie die Behauptung von Christine (unter Nutzung der Kenntnisse über Potenzen) erklären?

**13.**

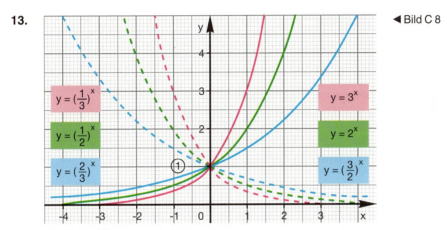

◀ Bild C 8

**a)** Erläutern Sie mit Hilfe des Bildes C 8, welchen Einfluss die Basis $a$ auf den Verlauf der Exponentialfunktionen $f(x) = a^x$ hat.

**b)** Geben Sie Eigenschaften an, die alle Funktionen im Bild C 8 haben.

**c)** Wie groß ist $f(0)$ für alle diese Exponentialfunktionen? Welche Auswirkungen hat das für die Eigenschaft (∗) auf Seite 48?

**d)** Formulieren Sie das Monotonieverhalten der Funktionen in Abhängigkeit von $a$.

**14.** Eine Funktion $f$ mit $f(x) = a^x$ und eine Zahl $c$ sind gegeben. Treffen Sie Aussagen über die Funktion $g$ mit $g(x) = c \cdot f(x)$ für alle Fälle: **a)** $c > 1$; $a > 1$, **b)** $c > 1$; $0 < a < 1$, **c)** $0 < c < 1$; $a > 1$, **d)** $0 < c < 1$; $0 < a < 1$, **e)** $c = 1$, **f)** $c < 0$; $a > 1$, **g)** $c < 0$; $0 < a < 1$, **h)** $c = 0$.

**15.** Gabriel stellt fest, dass bei der Exponentialfunktion $y = 10^x$ für negative Argumente recht kleine Funktionswerte auftreten. Der Graph sieht dort wie eine Gerade mit sehr kleinem Anstieg aus. Dagegen werden die Funktionswerte im positiven Bereich schnell größer, sodass der Graph dort wie eine Gerade mit sehr großem Anstieg aussieht. Otto entgegnet, daß er jetzt verstehen könne, dass Menschen sich um die *exponentielle* Ausbreitung von Umweltschäden sorgen.

**a)** Stellen Sie die Funktion $y = 10^x$ grafisch dar und zeichnen Sie solche Geraden ein, wie sie Gabriel erwähnt hat. Vergleichen Sie die Graphen.

**b)** Geben Sie Beispiele für Gefahren exponentiellen Wachstums an.

**16.** Nachdem Konrad die Aufgabe 14 gelöst hat, stellt er fest: „Man braucht nur die Exponentialfunktionen $f$ mit $f(x) = a^x$ zu lernen. Dann kennt man auch die Exponentialfunktionen $g$ mit $g(x) = c \cdot a^x$."
Was meint Konrad wohl?

**17.** Gegeben sind die Funktionen $f$ und $g$ mit $f(x) = 10x + 1$ bzw. $g(x) = 3^x$.
**a)** Stellen Sie $f$ und $g$ im Intervall $[-3; 3]$ in einem gemeinsamen Koordinatensystem dar. Wählen Sie eine geeignete Skalierung auf den Achsen.
**b)** Vergleichen Sie die Funktionswerte von $f$ und $g$ für gleiche Argumente.
**c)** Beide Funktionen sind monoton wachsend. Das Wachstum ist aber sehr unterschiedlich. Beschreiben Sie diesen Unterschied.

**18.** **a)** Stellen Sie die Funktion $f$ mit $f(x) = 0{,}8^x$ im Intervall $[-5; 5]$ grafisch dar.
**b)** Spiegeln Sie den Graphen von $f$ an der $x$-Achse. Warum ist das Bild des Graphen von $f$ wieder Graph einer Funktion? Geben Sie für diese Funktion $g$ eine Funktionsgleichung an.
**c)** Spiegeln Sie nun den Graphen von $f$ an der $y$-Achse und prüfen Sie wie in b).

**19.** **a)** Stellen Sie die Funktion $f$ mit $f(x) = 1{,}25^x$ im Intervall $[-5; 5]$ in einem Koordinatensystem grafisch dar.
**b)** Spiegeln Sie den Graphen von $f$ an der Geraden, die Graph der linearen Funktion $y = x$ ist.
**c)** Entscheiden Sie, ob das Bild der Spiegelung Graph einer Funktion $g$ ist.
**d)** Wählen Sie ein Paar $(x; y)$, das zur Funktion $f$ gehört. Welches Bild hat der Punkt $P(x; y)$ bei der Spiegelung?

Die Funktion $f$ mit $f(x) = 1{,}25^x$ hat wie jede Funktion die Eigenschaft, dass zu jedem $x$ aus dem Definitionsbereich **genau ein $y$** aus dem Wertebereich gehört. Hinzu kommt, dass auch zu jedem $y$ aus dem Wertebereich **genau ein $x$** aus dem Definitionsbereich gehört. Solche Funktionen heißen **eineindeutige Funktionen** (✔ S. 40).

**20.** Welche der für alle reellen Zahlen definierten Funktionen sind eineindeutig?
Ⓛ **a)** $y = 2x$ **b)** $y = x^2$ **c)** $y = 2^x$ **d)** $y = 2$

Vertauscht man bei einer eineindeutigen Funktion $f$ die Reihenfolge der Komponenten in den Paaren $(x; y)$, bildet also die Menge der Paare $(y; x)$, so entsteht wieder eine Funktion, die **Umkehrfunktion** von $f$, die häufig mit $f^{-1}$ bezeichnet wird.

---

▶ **SATZ: Jede Exponentialfunktion ist eineindeutig und besitzt daher eine Umkehrfunktion.**

---

Der Taschenrechner hilft beim Berechnen von Wertepaaren:
BEISPIEL: Wertepaare für die Funktion $f$ mit $f(x) = 1{,}25^x$.

| | |
|---|---|
| Zu berechnen ist $f(x)$ für $x = 3{,}5$: <br> 1,25 $\boxed{y^x}$ 3,5 $\boxed{=}$ [2.18366] <br><br> Zu berechnen ist $f(x)$ für $x = -0{,}5$: <br> 1,25 $\boxed{y^x}$ 0,5 $\boxed{+/-}$ $\boxed{=}$ [0.894427] | Wie man vorgeht, wenn umgekehrt zu einem vorgegebenen Funktionswert das zugehörige Argument gesucht ist, wird auf der Seite 60 gezeigt. (Z.B. $2{,}3 = 1{,}25^x$; $x = \ldots$) |

# 3   Logarithmusfunktionen

Zum Kennenlernen einer weiteren Art von Funktionen beschäftigen wir uns mit den Tasten [In] und [lg] des Taschenrechners. (Bei manchen Rechnertypen findet man anstelle von [lg] die Taste [log].) Der Taschenrechner kann uns viele Auskünfte über diese sogenannten **Logarithmusfunktionen** geben. Uns interessiert zunächst, welche Argumente für die Funktion zugelassen sind.

**1.** a) Stellen Sie eine Wertetabelle für die Funktion $f$ mit $f(x) = \ln x$ auf.
Ⓛ    Versuchen Sie herauszufinden, welche Argumente für die Funktion zugelassen sind. (Treffen Sie einen Wert, der nicht zum Definitionsbereich gehört, so zeigt der Rechner −E−, d.h. error, engl. Irrtum, Fehler.)
    b) Welche Vermutung für das Monotonieverhalten der Funktion haben Sie?
    c) Versuchen Sie Nullstellen der Funktion zu finden.
    d) Wie verändern sich die Funktionswerte $f(x)$, wenn die Argumente $x$ der Zahl 0 immer näher kommen?
    e) Welche Vermutung haben Sie über den Wertebereich dieser Funktion?
    f) Fertigen Sie eine grafische Darstellung der Funktion $f(x) = \ln x$ an.

**2.** Verfahren Sie nach dem Muster von Aufgabe 1, um einen Eindruck von der Funktion $g$ mit $g(x) = \lg x$ zu bekommen.

**3.** a) Vergleichen Sie die Funktionen $f$ und $g$ (↗ Aufg. 1 bzw. 2) miteinander. Welche gemeinsamen Eigenschaften stellen Sie fest? Worin unterscheiden sich die Funktionen?
    b) Was spricht dafür, dass es eine Zahl $m$ mit der Eigenschaft gibt, dass für alle positiven Zahlen $x$ gilt: $f(x) = m \cdot g(x)$?
    c) Geben Sie für die Zahl $m$ aus b) einen Näherungswert an.

**4.** Zeichnen Sie wie im Bild C 9 die Graphen der Funktionen $y = x$ und $y = \ln x$ in ein gemeinsames Koordinatensystem.
    a) Wählen Sie einige Punkte des Graphen der Funktion $y = \ln x$ aus. Spiegeln Sie diese Punkte am Graphen der Funktion $y = x$.
    b) Zeichnen Sie das Spiegelbild des Graphen von $y = \ln x$. Hinweis: Sie können das Ergebnis mithilfe eines Spiegels kontrollieren.
    c) Warum ist das Spiegelbild Graph einer Funktion und warum ist diese Funktion eineindeutig?
    d) Welche Koordinaten hat das Bild eines Punktes mit den Koordinaten $(x; y)$ der Funktion $y = \ln x$ bei der Spiegelung?

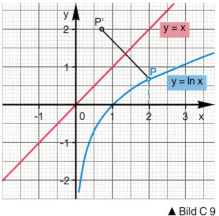

▲ Bild C 9

Die Funktionen $f$ und $g$ mit $f(x) = \ln x$ bzw. $g(x) = \lg x$ sind **eineindeutige Funktionen.** Zu jedem Funktionswert existiert genau ein Argument.

Die Funktionen $f(x) = \ln x$ und $g(x) = \lg x$ besitzen als eineindeutige Funktionen jeweils eine Umkehrfunktion $f^{-1}$ bzw. $g^{-1}$.

**5.** **a)** Betrachten Sie den Graphen der Umkehrfunktion von $f$ mit $f(x) = \ln x$ aus Aufgabe 4. Entscheiden Sie, ob es sich um den Graphen einer linearen oder einer quadratischen Funktion handeln kann. Begründen Sie Ihre Entscheidung.
   **b)** Welche Gründe sprechen dafür, dass es sich um den Graphen einer Exponentialfunktion handelt?

**6.*** Die Umkehrfunktion $f^{-1}$ der Logarithmusfunktion $f$ mit $f(x) = \ln x$ ist eine Exponentialfunktion. Es gilt also $f^{-1}(x) = c \cdot a^x$ für alle $x \in \mathbb{R}$.
   **a)** Ermitteln Sie $c$. *Hinweis:* Die gesuchte Zahl $c$ ergibt sich als Funktionswert von $f^{-1}$ an der Stelle 0 (denn $a^0 = 1$), also $f^{-1}(0) = c$. Wenn das Wertepaar $(0; c)$ zu $f^{-1}$ gehört, so gehört das Wertepaar $(c; 0)$ zu $f$. Die Zahl $c$ ist also eine Nullstelle der Funktion $f$.
   **b)** Welche Basis hat die Exponentialfunktion $f^{-1}$? *Hinweis:* Die gesuchte Basis ergibt sich als Funktionswert der Funktion $f^{-1}$ an der Stelle 1 (denn $a^1 = a$), also $f^{-1}(1) = a$. Wenn das Wertepaar $(1; a)$ zu $f^{-1}$ gehört, so gehört das Wertepaar $(a; 1)$ zu $f$. Versuchen Sie durch geschicktes Probieren mit dem Taschenrechner eine Zahl $a$ mit $\ln a = 1$ zu finden.
   **c)** Wie lautet die Basis der Umkehrfunktion der Funktion $g(x) = \lg x$ (Aufgabe 2)?

In einer Funktion $f(x) = a^x$ nennt man $a$ die Basis der Exponentialfunktion $f$. Entsprechend gibt es auch für jede Logarithmusfunktion eine Basis. Die Basis der Exponentialfunktion, die Umkehrfunktion einer Logarithmusfunktion ist, ist die Basis der jeweiligen Logarithmusfunktion:
- $f^{-1}(x) = 10^x$ ist die Umkehrfunktion zu $f(x) = \lg x$; die Basis ist **10**.
- $f^{-1}(x) = 2{,}72^x$ ist Umkehrfunktion zu $f(x) = \ln x$; die Basis ist etwa **2,72**.
  (Die Zahl 2,72 kann durch Probieren mit dem Taschenrechner in der Aufgabe 6 b) für $a$ in $\ln a = 1$ ermittelt werden.)

Allgemein:
- $f^{-1}(x) = a^x$ ist Umkehrfunktion zu $f(x) = \log_a x$; die Basis ist $a$.
  Man liest: Logarithmus von $x$ zur Basis $a$.

Die durch Probieren ermittelte Basis der Logarithmusfunktion $f(x) = \ln x$ war ein rationaler Näherungswert für eine irrationale Zahl. So wie die Kreiszahl, auch eine irrationale Zahl, die Bezeichnung $\pi$ erhielt, so wird für die Basis der Logarithmusfunktion $y = \ln x$ der Buchstabe e verwendet. Das geschieht zu Ehren des Schweizer Mathematikers LEONHARD EULER (1707–1783). EULER war einer der bedeutendsten Mathematiker, der hauptsächlich in St. Petersburg und in Berlin wirkte.

Bild C 10 ▶

▶ Die Basis der Logarithmusfunktion $y = \ln x$ ist die irrationale Zahl e.
   Ein rationaler Näherungswert für die Euler'sche Zahl e ist 2,718281828.

Die ersten beiden durch rote Punkte auf der Seite 54 gekennzeichneten Logarithmus-funktionen sind zwei spezielle Logarithmusfunktionen, die von großer Bedeutung in der Mathematik sind und durch besondere Zeichen hervorgehoben werden:

$y = \ln x$ steht für $y = \log_e x$ (man liest: Logarithmus naturalis von $x$),
$y = \lg x$ steht für $y = \log_{10} x$ (man liest: dekadischer Logarithmus von $x$).

**7.**  **a)** Zeichnen Sie die Graphen der Funktionen $f$ und $g$ mit $f(x) = 10^x$ und $g(x) = \lg x$ in ein gemeinsames Koordinatensystem.
   **b)** Halten Sie einen Spiegel so, dass das Spiegelbild des Graphen von $f$ gerade der Graph von $g$ ist. Beschreiben Sie die Lage des Spiegels.
   **c)** Was vermuten Sie bezüglich der Umkehrfunktion einer Exponentialfunktion?

So wie die Umkehrfunktion einer Logarithmusfunktion eine Exponentialfunktion ist, so ist die Umkehrfunktion einer Exponentialfunktion eine Logarithmusfunktion. Man sagt: **Exponentialfunktionen und Logarithmusfunktionen sind zueinander inverse Funktionen.**

**8.** Ⓛ  Beate erinnert sich: „Die Exponentialfunktionen $f$ mit $f(x) = a^x$ haben doch die Eigenschaft, dass für alle Zahlen $x_1$ und $x_2$ die Beziehung
$f(x_1 + x_2) = f(x_1) \cdot f(x_2)$ gilt.
Ob wohl die Logarithmusfunktionen auch so eine Eigenschaft haben?"
Birgit entgegnet: „Um das zu klären, brauchen wir nur von einer Logarithmusfunk-tion eine umfangreichere Wertetabelle, um dann probieren zu können, ob z.B. un-ter den Zahlen $f(x_1 + x_2)$; $f(x_1 \cdot x_2)$; $f(x_1) \cdot f(x_2)$ oder $f(x_1) + f(x_2)$ welche sind, die über-einstimmen."
Verfahren Sie für die Funktion $y = \lg x$ nach Birgits Vorschlag. Welche Beziehung vermuten Sie für Logarithmusfunktionen?

**9.** Ulf: „Hoffentlich werde ich nicht gefragt, was eine Logarithmusfunktion ist."
Cornelia: „Na das ist eine Funktion mit der Gleichung $f(x) = \log_a x$ für gewisse Zahlen $a$ und $x$."
Karsten: „Man kann für eine Erklärung auch die Tatsache benutzen, dass eine Lo-garithmusfunktion die Umkehrfunktion einer Exponentialfunktion ist."
Greifen Sie die Anregungen von Cornelia und Karsten auf und geben Sie zwei De-finitionen für Logarithmusfunktionen an.

**10.** **a)** Zeichnen Sie die Graphen der Funktionen $f(x) = 0,5^x$ und $g(x) = 1,5^x$.
   **b)** Zeichnen Sie die Umkehrfunktionen dieser beiden Funktionen und geben Sie die Basen der dabei dargestellten Logarithmusfunktionen an.

**11.** **a)** Welche reellen Zahlen $a$ können als Basis einer Logarithmusfunktion auftreten? Wie viele Logarithmusfunktionen gibt es?
   **b)** Formulieren Sie Eigenschaften einer Logarithmusfunktion in Abhängigkeit von der Basis $a$.

Da die Umkehrfunktion $f^{-1}$ einer Funktion $f$ aus der Funktion $f$ durch Vertauschen der Rei-henfolge der Komponenten in den Wertepaaren hervorgeht, gilt:

Wenn $(x; y) \in f$, so $(y; x) \in f^{-1}$.

Das findet auch in der Schreibweise $y = f(x)$ und $x = f^{-1}(y)$ seinen Ausdruck.

**12.** Manche Tasten des Taschenrechners sind doppelt belegt (↗ Bild C 11). Über die Umschalttaste wird die zweite Belegung aufgerufen. Doreen stellt fest, dass vielfach zueinander inverse Funktionen auf einer Taste liegen.
Stellen Sie fest, welche Tasten auf Ihrem Rechner mit einer Funktion und ihrer Umkehrfunktion belegt sind.

Bild C 11 ▶

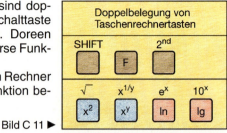

**13.** Ⓛ Der Luftdruck nimmt mit zunehmender Höhe über dem Erdboden ab. Für Temperaturen nahe 0 °C gilt die *barometrische Höhenformel*

$$h = 18\,400 \cdot \lg \left( \frac{p_0}{p} \right)$$

Dabei ist $h$ die Höhe (in m) über Normalnull (NN), $p_0$ der Luftdruck (in hPa) auf NN und $p$ der Luftdruck (in hPa) in der Höhe $h$.

**a)** Stellen Sie eine Wertetabelle auf. Gehen Sie dabei von $p_0 = 1000$ hPa aus und vermindern Sie den Druck schrittweise um 50 hPa.

**b)** Fertigen Sie eine grafische Darstellung an und lesen Sie ab, welcher Luftdruck in 1 km, 2 km, 3 km Höhe herrscht.

▲ Bild C 12: Mit diesem elektronischen Höhenmessgerät kann auf der Basis der Abnahme des Luftdrucks mit wachsender Höhe jeweils die Höhenlage bei Wanderungen im Gebirge ermittelt werden.

---

### Zusammenfassung

Jede Funktion $f$ mit
$f(x) = a^x$ ($a \in \mathbb{R}$; $a > 0$; $a \neq 1$)
heißt **Exponentialfunktion.**
**Definitionsbereich:** $\mathbb{R}$
**Wertebereich:** $\{x \in \mathbb{R}; x > 0\}$

Für alle reellen Zahlen $x_1$, $x_2$ gilt:
$f(x_1 + x_2) = f(x_1) \cdot f(x_2)$ bzw.
$a^{x_1 + x_2} = a^{x_1} \cdot a^{x_2}$.

Exponentialfunktionen sind **eineindeutig** (↗ Bild C 13).
Jede Exponentialfunktion hat als Umkehrfunktion eine Logarithmusfunktion (↗ Bild C 15).

Jede Funktion $f$ mit
$f(x) = \log_a x$ ($a \in \mathbb{R}$; $a > 0$; $a \neq 1$)
heißt **Logarithmusfunktion.**
**Definitionsbereich:** $\{x \in \mathbb{R}; x > 0\}$
**Wertebereich:** $\mathbb{R}$

Für alle positiven reellen Zahlen $x_1$, $x_2$ gilt:
$f(x_1 \cdot x_2) = f(x_1) + f(x_2)$ bzw.
$\log_a(x_1 \cdot x_2) = \log_a x_1 + \log_a x_2$.

Logarithmusfunktionen sind **eineindeutig** (↗ Bild C 14).
Jede Logarithmusfunktion hat als Umkehrfunktion eine Exponentialfunktion (↗ Bild C 15).

Exponentialfunktionen $f$ mit $f(x) = c \cdot a^x$ ($c \neq 0$; $a > 0$; $a \neq 1$) haben die Eigenschaft
$f(x_1 + x_2) \cdot f(0) = f(x_1) \cdot f(x_2)$ für alle reellen Zahlen $x_1$ und $x_2$.

**Monotonieverhalten** von

**Exponentialfunktionen** $f$ mit
$f(x) = a^x$

Für $a > 1$ ist $f$ im gesamten Definitionsbereich monoton wachsend.
Für $0 < a < 1$ ist $f$ im gesamten Definitionsbereich monoton fallend.

Für $a \leq 0$ ist $f$ nicht erklärt.
Im Fall $a = 1$ liegt mit $f(x) = 1^x$ eine konstante Funktion vor, deren Wertebereich
nur aus der Zahl 1 besteht.
Exponentialfunktionen $f$ mit $f(x) = a^x$ haben keine Nullstellen.

**Monotonieverhalten** von

**Logarithmusfunktionen** $g$ mit
$g(x) = \log_a x$

Für $a > 1$ ist $g$ im gesamten Definitionsbereich monoton wachsend.
Für $0 < a < 1$ ist $g$ im gesamten Definitionsbereich monoton fallend.

Für $a \leq 0$ und für $a = 1$ ist $g$ nicht erklärt.

Logarithmusfunktionen $g$ mit
$g(x) = \log_a x$
haben die Zahl 1 als einzige Nullstelle.

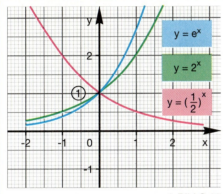

▲ Bild C 13

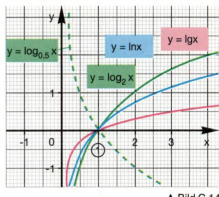

▲ Bild C 14

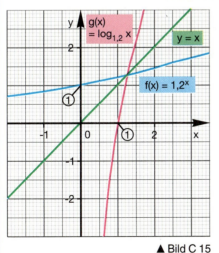

▲ Bild C 15

Schreibweisen: $\log_{10} x = \lg x$
$\log_e x = \ln x$
Die Euler'sche Zahl e ist eine irrationale
Zahl. Sie ist Basis der Logarithmusfunk-
tion $f(x) = \ln x$. Mit $e \approx 2{,}718$ hat man eine
gute Näherung. Die Umkehrfunktion von
$f(x) = \ln x$ ist $g(x) = e^x$; sie hat große Bedeutung bei verschiedenen Prozessen in
der Natur.

## 4 Exponentialgleichungen

**1.** Lösen Sie die folgenden Gleichungen durch Überlegen bzw. Probieren.

Ⓛ
**a)** $2^x = 32$     **b)** $10^x = 10\,000$     **c)** $2^x = 1024$     **d)** $2^x = 2$
**e)** $2^x = 3$     **f)** $2^x = 7$     **g)** $10^x = 2$     **h)** $10^x = 20$
**i)** $0{,}5^x = 4$     **j)** $3^{-x} = 2$     **k)** $0{,}75^x = 3$     **l)** $3^x = \sqrt[3]{9}$

Bei allen Gleichungen in der Aufgabe 1 tritt die Variable im Exponenten einer Potenz auf. Derartige Gleichungen nennt man **Exponentialgleichungen;** man kann sie unter Ausnutzung der Monotonieeigenschaft der Exponentialfunktionen näherungsweise lösen.

---

■ Die Gleichung $2^x = 7$ soll gelöst werden.

*1. Schritt:* Es ist $2^2 = 4$ und $2^3 = 8$. Daraus folgt:
Wenn $2 < x < 3$, so ist $2^2 = 4 < 2^x < 2^3 = 8$.
Die Lösung der Gleichung liegt zwischen 2 und 3.

*2. Schritt:* Mit dem Taschenrechner findet man $2^{2{,}8} \approx 6{,}96$ und $2^{2{,}9} \approx 7{,}46$.
Wenn $2{,}8 < x < 2{,}9$, so ist $2^{2{,}8} \approx 6{,}96 < 2^x < 2^{2{,}9} \approx 7{,}46$.
Die Lösung der Gleichung liegt zwischen 2,8 und 2,9.

*3. Schritt:* Man findet weiter $2^{2{,}80} \approx 6{,}96$ und $2^{2{,}81} \approx 7{,}01$.
Wenn $2{,}80 < x < 2{,}81$, so ist $2^{2{,}80} \approx 6{,}96 < 2^x < 2^{2{,}81} \approx 7{,}01$.
Die Lösung der Gleichung liegt zwischen 2,80 und 2,81.

---

**2.** **a)** Wo wird die Monotonieeigenschaft von Exponentialfunktionen im vorangegangenen Beispiel benutzt?
**b)** Beschreiben Sie, wie man ausgehend vom 1. Schritt beim nächsten Schritt das Intervall eingrenzt, in dem $x$ liegen muss.
**c)** Setzen Sie die Überlegungen aus dem Beispiel fort, um eine Lösung der Gleichung anzugeben, die auf zwei Stellen nach dem Komma genau ist.

**3.** · Lösen Sie die Gleichungen aus Aufgabe 1, für die Sie keine genaue Lösung gefunden haben, nach der Methode aus dem vorangegangenen Beispiel. Dabei soll das Ergebnis mindestens auf zwei Stellen nach dem Komma genau sein.

**4.** Lösen Sie die folgenden Gleichungen.
Hinweis: Es sei an dieser Stelle an das Potenzgesetz $a^r \cdot a^s = a^{r+s}$ erinnert. Auch die anderen Ihnen bekannten Potenzgesetze können Anwendung finden.

**a)** $3^{x+1} = 9$     **b)** $64 = 16^{3x}$     **c)** $10^{x-1} = 0{,}1$     **d)** $5^{x-2} = -1$
**e)** $8^{2x} = 16$     **f)** $2^{x+1} = 4^x$     **g)** $7^{3x-4} = 1$     **h)** $2^{x-1} = 0{,}125$
**i)** $e^{x-1} = e$     **j)*** $10^{x+1} = e^2$     **k)** $1{,}25^{2x-1} = 0{,}8$     **l)** $0{,}5^{2x} = 4$

**5.** **a)** Begründen Sie, warum die Gleichungen $y = a^x$ und $x = \log_a y$ nur zwei verschiedene Schreibweisen desselben Sachverhalts sind. Welche zusätzlichen Bedingungen müssen die beteiligten Zahlen $a$, $x$ und $y$ erfüllen?
(Hilfe finden Sie in den Zusammenfassungen auf den Seiten 22 und 56.)
**b)** Geben Sie möglichst die Lösungen der Gleichungen aus Aufgabe 1 unter Benutzung der zweiten Schreibweise in a) an.

**6.** Lösen Sie die folgenden Gleichungen. Wandeln Sie zuvor die Gleichungen in Exponentialgleichungen um.

■ $\log_4 64 = x$; $4^x = 64$; $\boxed{x=3}$  Probe: $4^3 = 4 \cdot 4 \cdot 4 = 64$.

**a)** $\log_8 64 = x$      **b)** $\log_2 0{,}25 = x$      **c)** $x = \lg 5$      **d)** $x = \ln e$

**e)** $\log_{0{,}5} 32 = x$      **f)** $x = \log_5 100$      **g)** $x = \lg 0{,}001$      **h)** $x = \lg 100$

Beim Lösen von Exponentialgleichungen hilft manchmal der folgende Satz (↗ S. 22).

---

▶ **SATZ: Für $x \in \mathbb{R}$; $a > 0$; $a \neq 1$; $b > 0$; $b \neq 1$ gilt: $\log_a b^x = x \cdot \log_a b$.**

---

Beweis: Es sei (1) $b = a^c$.    Entsprechend der Definition des Logarithmus gilt dann auch (2) $c = \log_a b$.
Wir potenzieren (1) mit $x$, erhalten $b^x = (a^c)^x$ und mit einem Potenzgesetz
$$b^x = a^{cx}.$$
Diese Gleichung wird logarithmiert, wobei wir als Basis $a$ wählen. Wir erhalten:
$$\log_a b^x = \log_a a^{cx}.$$
Auf der rechten Seite dieser Gleichung ergibt sich dabei der Logarithmus mit der Basis $a$ von einer Potenz mit der Basis $a$. Was das bedeutet, zeigt die folgende
*Nebenbetrachtung:*
Es sei $a^x = k$. Dann ist $x = \log_a k$. Wir setzen für $k$ die Potenz $a^x$ und erhalten:
$$x = \log_a a^x.$$
Wie in der Nebenbetrachtung gezeigt, ist $\log_a a^{cx}$ auf der rechten Seite der letzten Gleichung gleich $cx$, denn die Logarithmusfunktion mit der Basis $a$ und die Exponentialfunktion mit der Basis $a$ sind zueinander invers.
Damit folgt $\log_a b^x = cx$ und wegen (2) ergibt sich die Behauptung.

Mithilfe des oben angeführten Satzes kann man die auf der Seite 58 gestellten Aufgaben weitaus bequemer lösen. Aber auch kompliziertere Gleichungen lassen sich ohne Schwierigkeiten lösen. Wir betrachten hierzu Beispiele:

---

■ **a)** Die Gleichung $2^x = 7$ ist zu lösen (↗ Aufg. 1 f, Seite 58).

$$2^x = 7$$
$$\lg 2^x = \lg 7$$
$$x \cdot \lg 2 = \lg 7$$
$$x = \frac{\lg 7}{\lg 2}$$
$$x \approx 2{,}81$$

Wir bilden von beiden Seiten der Gleichung den Logarithmus zur Basis 10 und wenden dann den oben angeführten Satz an.
Taschenrechner:

7 [lg] [÷] 2 [lg] [=] [2.8073549]

**b)** Die Gleichung $4^{x-3} = 3^{x+1}$ ist zu lösen.

$$4^{x-3} = 3^{x+1}$$
$$\lg 4^{x-3} = \lg 3^{x+1}$$
$$(x-3) \cdot \lg 4 = (x+1) \cdot \lg 3$$
$$x \cdot \lg 4 - 3 \cdot \lg 4 = x \cdot \lg 3 + \lg 3$$
$$x \cdot (\lg 4 - \lg 3) = \lg 3 + 3 \cdot \lg 4$$
$$x = \frac{\lg 3 + 3 \cdot \lg 4}{\lg 4 - \lg 3} \approx 18{,}28$$

---

**7.** Lösen Sie die folgenden Exponentialgleichungen. Führen Sie jeweils eine Probe durch. Benutzen Sie den Taschenrechner.

**a)** $3^x = 27$        **b)** $3^x = 28$        **c)** $4^{2x} = 256$        **d)** $0{,}2^x = 40$

**e)** $5 \cdot 3^x = 320$        **f)** $7 \cdot 2^x = 140$        **g)** $4^{x+2} = 14$        **h)** $0{,}5^{2x} + 3 = 78$

**8.*** Lösen Sie die folgenden Gleichungen.

**a)** $4^{x+3} = 21$        **b)** $2^{x-4} = 1000$        **c)** $3^{2x} = 2^{3x}$        **d)** $0{,}5^x = 2^{x+1}$

**e)** $12^{5-2x} = 1$        **f)** $3{,}5^{2x+1} = 4^{2-x}$        **g)** $2^{-x+1} = 3^{2-x}$        **h)** $(3^x - 1)^2 = 10$

Eine Exponentialgleichung kann auch auf grafischem Wege gelöst werden.

■ Die Gleichung
$1{,}8^x = 1{,}2\,x + 1$
soll grafisch gelöst werden.
Man stellt die Funktionen $f$ mit
$f(x) = 1{,}8^x$ und $g$ mit $g(x) = 1{,}2x + 1$
in einem Koordinatensystem gemeinsam
dar (↗ Bild C 16).
Da die beiden Graphen Schnittpunkte haben, hat die Gleichung auch Lösungen.
Die Argumente der Schnittpunkte sind die
Lösungen der Gleichung.
Man liest im Bild C 16 ab:
$x_1 = 0$ und $x_2 \approx 2{,}2$

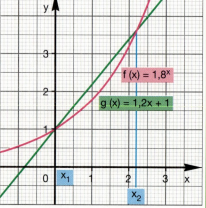

Bild C 16 ▶

**9.** Lösen Sie die folgenden Gleichungen grafisch.

**a)** $3^x = x + 2$      **b)** $x^2 = 2^x$      **c)** $1{,}5^x = -2x$      **d)** $0{,}5^x = -x$

**e)** $3^x = x^3$      **f)** $2^x = 3^x$      **g)** $5^x = -2x + 3$      **h)** $x^2 - 1 = 4^x$

Auf der Seite 52 wurden für einige Argumente die zugehörigen Funktionswerte von Exponentialfunktionen mit dem Taschenrechner ermittelt.
Wie umgekehrt zu einem vorgegebenen Funktionswert $f(x)$ das Argument $x$ zu bestimmen ist, kann jetzt gezeigt werden. Man löst in diesem Fall eine Exponentialgleichung.

**BEISPIELE:**
Wertepaare für die Funktion $f$ mit $f(x) = 1{,}25^x$ sind zu berechnen. Gesucht ist $x$, wenn $f(x) = 2{,}3$, also: $2{,}3 = 1{,}25^x$.

$$x = \frac{\lg 2{,}3}{\lg 1{,}25}$$    2,3 [lg] [÷] 1,25 [lg] [=] [3.7326157]    $x \approx 3{,}7$

Von Exponentialfunktionen mit der Basis e oder der Basis 10 kann man auch über die entsprechende Umkehrfunktion Argumente $x$ zu vorgegebenen Funktionswerten ermitteln. Gesucht sei zum Beispiel $x$, wenn $f(x) = e^x$ und $f(x) = 3{,}5$, also

$3{,}5 = e^x$      3,5 [ln] [=] [1.252763]    $x \approx 1{,}3$.

# 5    Weitere Anwendungen

**1.** Der Holzbestand eines Waldes nehme jährlich um ca. 3% zu. Der Förster schätzt den derzeitigen Bestand auf 20 000 Fm (1 Festmeter = 1 $m^3$; Einheit in der Forstwirtschaft).
   **a)** Errechnen Sie den erwarteten Holzbestand für die nächsten 10 Jahre. Geben Sie das Ergebnis auf Festmeter gerundet an.
   **b)** Wie viel Festmeter Holz dürfen pro Jahr geschlagen werden, damit der Holzbestand nicht kleiner wird?

**2.** Beim radioaktiven Zerfall nimmt die Masse $m$ des radioaktiven Materials immer um den gleichen Prozentsatz $p$% je Zeiteinheit (z.B. pro Jahr) ab.
   **a)** Informieren Sie sich, welche Substanzen besonders schnell und welche besonders langsam zerfallen. Beschaffen Sie sich Zahlenmaterial.
   **b)** Erläutern Sie den Begriff „Halbwertszeit".
   **c)** Wie viel der ursprünglichen Masse ist noch nach 1 Jahr, nach 2 Jahren, nach 3 Jahren vorhanden?
   Ⓛ **d)\*** Entwickeln Sie eine Formel zur Berechnung der Masse nach $n$ Jahren.

**3.** Auf einem Sparbuch sind 10 000 € als Guthaben ausgewiesen. Der Zinssatz betrage 4% (bzw. 6%) jährlich.
   **a)** Berechnen Sie jeweils das Guthaben nach $n$ Jahren ($n$ = 1, 2, ..., 10) unter der Voraussetzung, dass in dieser Zeit kein Geld vom Konto abgehoben wird und die Zinsen jährlich am Jahresende gutgeschrieben werden.
   **b)** Stellen Sie die Funktionen, die das Guthaben in Abhängigkeit von der Zeit angeben, grafisch dar. Beschreiben Sie den unterschiedlichen Verlauf der beiden Graphen.
   **c)** Nach wie vielen Jahren hat sich das Guthaben jeweils verdoppelt?
   **d)** Geben Sie für die Rechnungen in a) einen Rechenablaufplan an.

**4.** **Projekt:** Finden Sie heraus, warum man bei den Orgelpfeifen in einem Orgelprospekt Exponentialkurven sieht.
Welche Erklärung gibt es für die unterschiedlichen Abstände zwischen den Bundstegen einer Gitarre (↗ Bild C 17)?

▲ Bild C 17

**5.** Die Augenblicksgeschwindigkeit $v$ einer Rakete hängt von der Anfangsmasse $m_0$, der Augenblicksmasse $m$ und der konstanten Ausströmgeschwindigkeit $v_c$ der Verbrennungsgase ab. Es gilt

$$v = v_c \cdot \ln\left(\frac{m_0}{m}\right).$$

Beschreiben Sie, wie sich die Geschwindigkeit ändert, wenn die Masse der Rakete geringer wird.

**6.** Im Jahre 1992 lebten auf der Erde rund 5,479 Mrd. Menschen. Es wurde damals mit einer jährlichen Zunahme von 1,73% gerechnet. Mit der Formel
$y = 5,479 \cdot 1,0173^x$
konnte man auf die Erdbevölkerung in den folgenden Jahren schließen.
**a)** Berechnen Sie die Weltbevölkerung nach dieser Formel für die Jahre 1993, 1995 und 2000. Vergleichen Sie Ihre Ergebnisse mit aktuellen Veröffentlichungen. Wie erklären Sie sich die Abweichungen?
**b)** Berechnen Sie die Weltbevölkerung für die Jahre 1990, 1985 und 1980. Vergleichen Sie auch hier Ihre Ergebnisse mit Statistiken.

**7.** Karla stellt die Frage, wie man exponentielles Wachstum feststellen kann.
Tom: „Lineares Wachstum erkenne ich so: Ich trage für einige Wertepaare die zugeordneten Punkte in ein Koordinatensystem ein und prüfe, ob sie auf einer Geraden liegen."
Ria: „Toms Idee ist vielleicht auch für Exponentialfunktionen gut. Wir wissen ja, wie die Graphen von solchen Funktionen aussehen."

**a)** Versuchen Sie nach dieser Idee zu entscheiden, ob die folgenden Funktionen linear sind oder ob es sich um Exponentialfunktionen handelt.

① 

| x | 1 | 3 | 5 | 7 |
|---|---|---|---|---|
| y | 5 | 9 | 13 | 17 |

② 

| x | 0 | 1 | 5 | 6 |
|---|---|---|---|---|
| y | 1 | 1,5 | 7,6 | 11,4 |

③ 

| x | 0 | 2 | 5 | 7 |
|---|---|---|---|---|
| y | 1 | 9 | 36 | 64 |

④ 

| x | −10 | −1 | 0 | 5 | 8 |
|---|---|---|---|---|---|
| y | 11 | 2 | 1 | −4 | −7 |

⑤ 

| x | 1 | 2 | 5 | 6 |
|---|---|---|---|---|
| y | 3 | 4,5 | 15,2 | 22,8 |

⑥ 

| x | 1,5 | 2,7 | 5,4 | 7 |
|---|---|---|---|---|
| y | 4,1 | 6,5 | 12,0 | 15 |

⑦ 

| x | −3 | −1 | 2 | 5 |
|---|---|---|---|---|
| y | 4,6 | 1,7 | 0,4 | 0,08 |

⑧ 

| x | −2 | −1 | 0 | 3 |
|---|---|---|---|---|
| y | 2 | 1 | 0 | 3 |

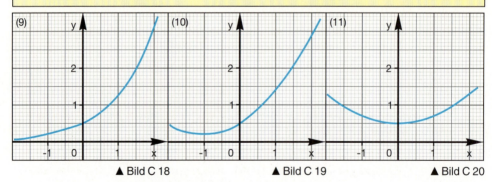

▲ Bild C 18          ▲ Bild C 19          ▲ Bild C 20

Ria: „Mein Vorschlag war nicht so gut. Man ist nicht sicher, ob es sich wirklich um eine Exponentialfunktion handelt. Kann man das nicht berechnen?"
Paul: „Wenn eine Funktion linear ist, dann gilt eine Gleichung $y = mx + n$. Setzt man zwei gegebene Paare $(x; y)$ in diese Gleichung ein, entsteht ein Gleichungssystem mit zwei Gleichungen und den Variablen $m$ und $n$. Man braucht nur dieses System zu lösen und dann zu prüfen, ob alle anderen Paare auch der Funktionsgleichung genügen."
Susi: „Das geht auch für Exponentialfunktionen. Für jede Exponentialfunktion gibt es eine Gleichung $y = c \cdot a^x$. Wir müssen $c$ und $a$ ermitteln und feststellen, ob

alle Wertepaare dieser Gleichung genügen. Allerdings ist das entstehende Gleichungssystem komplizierter, denn es ist nicht linear."

● **b)*** Versuchen Sie für die Funktionen in 7 a) eine Funktionsgleichung zu finden.

Karla: „Manchmal geht es einfacher. Wenn man $f(0)$ kennt, steht im linearen Fall das $n$ fest und im Falle einer Exponentialfunktion das $c$. Damit braucht man nur noch eine Gleichung zu lösen."

● **c)** Stellen Sie fest, wo in der Aufgabe 7 b) Karlas Vorschlag zu einer Vereinfachung führt, und lösen Sie die Aufgabe mit Karlas Idee.

Tom: „Bei linearem Wachstum kann man eine Gleichung für die beteiligte Funktion noch anders finden. Man benötigt hierzu $f(0)$ und den Quotienten $\dfrac{f(x_1) - f(x_2)}{x_1 - x_2}$ für zwei Wertepaare $[x_1; f(x_1)]$ und $[x_2; f(x_2)]$."

Karla: „Das ist mir klar. Bei einer linearen Funktion $f$ mit $f(x) = mx + n$ erhält man aus $f(0)$ das *absolute Glied* und der Quotient ergibt den *Anstieg*. Erfüllen alle bekannten Paare diese Gleichung, so ist die Funktion linear."

Susi: „Exponentialfunktionen erfüllen die Gleichung $f(x_1 + x_2) \cdot f(0) = f(x_1) \cdot f(x_2)$.
Wir müssen also prüfen, ob die gegebenen Werte dies tun."

● **d)** Entscheiden Sie für die folgenden durch Wertetabellen gegebenen Funktionen, ob sie linear sind oder ob es sich um Exponentialfunktionen handelt. Nutzen Sie dabei die Anregungen von Tom und Susi.

① 

| $x$ | 0 | 1 | 2 | 3 | 4 |
|---|---|---|---|---|---|
| $y$ | −0,5 | 2 | 4,5 | 7 | 9,5 |

② 

| $x$ | −2 | −1 | 0 | 2 | 3 | 5 |
|---|---|---|---|---|---|---|
| $y$ | 0,25 | 0,5 | 1 | 4 | 8 | 16 |

③ 

| $x$ | −2 | 0 | 1 | 2 | 3 |
|---|---|---|---|---|---|
| $y$ | 5 | 1 | 3 | 5 | 7 |

④ 

| $x$ | −2 | −1 | 0 | 2 | 3 |
|---|---|---|---|---|---|
| $y$ | 0,5 | 0,55 | 0,6 | 0,7 | 0,8 |

⑤ 

| $x$ | −2 | −1 | 0 | 2 | 4 |
|---|---|---|---|---|---|
| $y$ | −5,5 | −3,3 | −2 | −0,7 | −0,26 |

⑥ 

| $x$ | 0 | 2 | 4 | 6 | 8 |
|---|---|---|---|---|---|
| $y$ | 1 | 12 | 49 | 109 | 193 |

Wir erinnern uns (↗ Seite 50): **Exponentialfunktionen $f$ mit $f(x) = a^x$ und dem Definitionsbereich $\mathbb{R}$ sind monoton und haben die Eigenschaft:**

**(∗) Für alle reellen Zahlen $x_1$, $x_2$ gilt $f(x_1 + x_2) = f(x_1) \cdot f(x_2)$.**

Wir betrachten nun umgekehrt monotone Funktionen $f$ mit der Eigenschaft (∗). Für solche Funktionen kann man weitere Aussagen treffen:

▶ **SATZ:** Für jede monotone Funktion $f$ mit der Eigenschaft (∗) gilt: $f(0) = 1$.

*Beweis:* Man setzt $x_1 = x_2 = 0$ in (∗) ein und erhält $f(0) = f(0) \cdot f(0)$. Das ist eine quadratische Gleichung mit der Variablen $f(0)$ und den Lösungen 0 und 1. Daher kann nur $f(0) = 0$ oder $f(0) = 1$ sein.
Wäre $f(0) = 0$, so würde wegen (∗) auch $f(x) = f(x + 0) = f(x) \cdot f(0) = f(x) \cdot 0 = 0$ gelten und $f$ wäre nicht monoton. Das kann nicht sein; also ist $f(0) = 1$.

**8.\*** Formulieren Sie den Beweis des vorangegangenen Satzes mit eigenen Worten. Lösen Sie dabei auch die auftretende quadratische Gleichung.

**9.\*** Beweisen Sie die folgenden Aussagen.

 **a)** Eine monotone Funktion $f$ mit der Eigenschaft (\*) hat keine Nullstellen.
 Hinweis: Nehmen Sie an, dass $x_0$ eine Nullstelle von $f$ ist. Setzen Sie in (\*) $x_1 = x_0$ und $x_2 = -x_0$. Ziehen Sie daraus Konsequenzen.

 Ⓛ **b)** Eine monotone Funktion $f$ mit der Eigenschaft (\*) hat nur positive Funktionswerte.
 Hinweis: Setzen Sie in (\*) $x_1 = x_2 = \dfrac{x}{2}$ und ziehen Sie daraus Konsequenzen.

 **c)** Für jede monotone Funktion $f$ mit der Eigenschaft (\*) und jede reelle Zahl $x$ gilt:
 $f(-x) = \dfrac{1}{f(x)}$. Hinweis: Setzen Sie in (\*) $x_1 = x$ und $x_2 = -x$.

Eine monotone Funktion $f$ mit der Eigenschaft (\*) ist eineindeutig. Das heißt: Zu jedem Argument der Funktion gehört genau ein Funktionswert und umgekehrt gehört zu jedem Funktionswert genau ein Argument. Daher besitzt eine solche Funktion $f$ eine Umkehrfunktion $f^{-1}$, die wir nun näher kennen lernen wollen.
Wendet man $f^{-1}$ auf (\*) an, so erhält man

$$f^{-1}(f(x_1 + x_2)) = f^{-1}(f(x_1) \cdot f(x_2)).$$

Da $f^{-1}$ und $f$ einander aufheben, ist $f^{-1}(f(x)) = x$. Im vorliegenden Fall ergibt sich:

$$x_1 + x_2 = f^{-1}(f(x_1) \cdot f(x_2)).$$

Setzt man nun $y_1 = f(x_1)$ und $y_2 = f(x_2)$, so ist $f^{-1}(y_1) = x_1$ und $f^{-1}(y_2) = x_2$. Damit ergibt sich:

$$f^{-1}(y_1) + f^{-1}(y_2) = f^{-1}(y_1 \cdot y_2)$$

und es gilt der folgende **SATZ:**

---

Wenn $f^{-1}$ die Umkehrfunktion einer monotonen Funktion $f$ mit der Eigenschaft (\*) ist, so gilt:
Für alle Zahlen $y_1$, $y_2$ aus dem Wertebereich von $f$ ist $f^{-1}(y_1 \cdot y_2) = f^{-1}(y_1) + f^{-1}(y_2)$.

---

Das ist eine Eigenschaft von **Logarithmusfunktionen.**
Es gibt unendlich viele Logarithmusfunktionen. Während jedoch mit der Tastenkombination $y\ \boxed{y^x}\ x\ \boxed{=}$ bzw. mit der Tastenkombination $y\ \boxed{y^x}\ x\ \boxed{1/x}\ \boxed{=}$ die Funktionswerte jeder gewünschten Exponentialfunktion ermittelt werden können, enthalten die meisten Taschenrechner für Logarithmusfunktionen nur die Tasten $\boxed{\lg}$ und $\boxed{\ln}$, also für Logarithmusfunktionen mit den Basen 10 bzw. e.
Der folgende Satz verdeutlicht, dass man mit diesen Funktionen auskommt. Man kann die Logarithmen zu jeder Basis $a$ mithilfe der Logarithmen zu einer Basis $b$ (so auch der Basis $b = 10$ oder auch der Basis $b = e$ der natürlichen Logarithmen) ermitteln.

---

▶ **SATZ:** Für alle positiven Zahlen $a$, $b$ und $y$ mit $a \neq 1$ und $b \neq 1$ gilt:

$$\log_a y = \frac{1}{\log_b a} \cdot \log_b y.$$

Speziell folgt aus diesem Satz: $\log_a y = \dfrac{1}{\lg a} \cdot \lg y.$

---

Zur Berechnung von Logarithmen $\log_a y$ mit Basen $a \neq 10$ oder $a \neq e$ setzen wir also in die Formel auf der Seite 64 unten für $b$ die Zahl 10 oder e ein und arbeiten mit dem Taschenrechner auf folgende Weise:

---

■ **a)** Zu berechnen ist $\log_2 15$.

$$\log_2 15 = \frac{1}{\lg 2} \cdot \lg 15$$

$$\log_2 15 \approx 3{,}91$$

15 [lg] [÷] 2 [lg] [=] [3.9068906]

oder

2 [lg] [¹/ₓ] [×] 15 [lg] [=] [3.9068906]

**b)** Zu berechnen ist $\log_8 2{,}8$.

$$\log_8 2{,}8 = \frac{1}{\ln 8} \cdot \ln 2{,}8$$

$$\log_8 2{,}8 \approx 0{,}50$$

2,8 [ln] [÷] 8 [ln] [=] [0.4951423]

---

**10.** Ermitteln Sie die nachstehenden Logarithmen, indem Sie in der Formel

$$\log_a y = \frac{1}{\log_b a} \cdot \log_b y$$

zuerst $b = 10$ setzen und dann noch einmal $b = e$ setzen.

a) $\log_2 240$      b) $\log_4 3{,}4$      c) $\log_{0,5} 15$      d) $\log_3 0{,}6$

**11.** Ermitteln Sie die Logarithmen. Machen Sie vorher einen Überschlag.

a) $\log_2 10$    b) $\log_2 100$    c) $\log_2 1024$    d) $\log_2 0{,}1$

e) $\log_2 0{,}25$    f) $\log_2 0{,}01$    g) $\log_3 81$    h) $\log_5 125$

i) $\log_6 1296$    j) $\log_4 16$    k) $\log_9 3$    l) $\log_5 76$

m) $\log_5 5{,}66$    n) $\log_5 0{,}8$    o) $\log_3 0{,}846$    p) $\log_{0,5} 4{,}8$

**12.*** Nutzen Sie die Angaben im unten stehenden Schema, um einen Beweis für den Satz auf der Seite 64 unten zu führen.

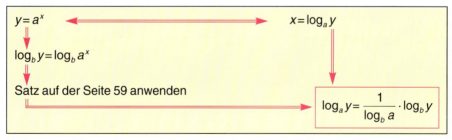

Mithilfe der Formel $\log_a y = \dfrac{1}{\log_b a} \cdot \log_b y$ kann man nun auch Wertetabellen für Logarithmusfunktionen $f$ mit $f(x) = \log_b x$ mit anderen Basen als $b = 10$ oder $b = e$ unter Anwendung des Taschenrechners leicht ermitteln und dann die Funktionen in einem Koordinatensystem darstellen.

Dabei gehen die Graphen aller Logarithmusfunktionen durch den gemeinsamen Punkt $P(1; 0)$, denn es gilt $\log_b 1 = 0$ für alle $b > 0$ und $b \neq 1$.

(Vergleichen Sie mit dem Bild C 14 auf der Seite 57.)

**13.** Stellen Sie in einem gemeinsamen Koordinatensystem die Graphen der Logarithmusfunktionen mit den folgenden Gleichungen dar:
$f(x) = \log_3 x,$ $\qquad g(x) = \log_5 x,$ $\qquad h(x) = \log_{0,4} x.$

**14.** Zeichnen Sie die Graphen der Funktionen $f(x) = \log_2 x + 2$ und $g(x) = 2 \cdot \log_2 x$.

**15.** Wählen Sie in der Formel $\log_a y = \dfrac{1}{\log_b a} \cdot \log_b y$ als $a$ und $b$ zwei verschiedene positive Zahlen, die auch verschieden von 1, von e und von 10 sind.
Stellen Sie dann für die Funktionen $f$ und $g$ mit $f(x) = \log_a x$ und $g(x) = \log_b x$ jeweils eine Wertetabelle auf.

Bilden Sie für gleiche Argumente die Quotienten $\dfrac{f(x)}{g(x)}$ und vergleichen Sie die Ergebnisse miteinander.
Welche Erklärung haben Sie für die Beobachtung, die Sie dabei machen können?

Mit $\log_3 x = 4$ liegt uns eine **Logarithmusgleichung** vor. Wir lösen sie nach Umwandlung in eine Exponentialgleichung.

---

■ Zu lösen ist die Logarithmusgleichung $\log_3 x = 4$. Es ergibt sich $3^4 = x$. Also:

$\log_3 x = 4$ $\qquad\qquad$ Probe: $\log_3 81 = 4$
$\quad 3^4 = x$
$\quad\; x = 81$ $\qquad\qquad\qquad \log_3 81 = \dfrac{1}{\lg 3} \cdot \lg 81 = 4$

---

**16.** Lösen Sie die folgenden Logarithmusgleichungen.
a) $\log_9 x = 0$ $\qquad$ b) $\log_4 x = 4$ $\qquad$ c) $\log_4 x = 0,32$
d) $\log_{10} x = 8,4$ $\qquad$ e) $\log_{16} x = 0,5$ $\qquad$ f) $\log_{0,5} x = 0,1$
g) $\log_6 x = 1$ $\qquad$ h) $\log_5 x = -1$ $\qquad$ i) $\log_4 x = -1,5$
j) $\log_{100} x = 1,4$ $\qquad$ k) $\log_4 x = -4$ $\qquad$ l) $\log_4 x = 0,64$

**17.*** Lösen Sie die folgenden Logarithmusgleichungen (↗ ■ unten).
a) $\log_2 x = 7$ $\qquad$ b) $3 \cdot \log_2 x = 7$ $\qquad$ c) $\log_2 x + \log_2 3 = 7$
d) $\log_2 x + \log_2 5 = \log_2 8$ $\quad$ e) $\log_2(x+2) = 10$ $\quad$ f) $\log_3 x + 2 \cdot \log_3 6 = -1$
g) $\lg(x+3) = -2$ $\qquad$ h) $\ln(x+3) = 5$ $\qquad$ i) $\lg 2x = 4$

---

■ Zu lösen ist die Logarithmusgleichung $\log_2(3-4x) = -9$.

$\log_2(3-4x) = -9$ $\qquad$ Probe: $\log_2(3 - 4 \cdot 0,749512) = -9$
$\quad 2^{-9} = 3 - 4x$ $\qquad\quad$ $3$ $\boxed{-}$ $4$ $\boxed{\times}$ $0.749512$ $\boxed{=}$ $[0.001952]$ ...
$\quad x = \dfrac{3 - 2^{-9}}{4}$ $\qquad$ ... $\boxed{\lg}$ $\boxed{\div}$ $2$ $\boxed{\lg}$ $\boxed{=}$ $[-9.00083]$
$\quad x = 0,749512$ $\qquad$ (Abweichung von $-9$ durch Rundung)

---

**18.*** Wenden Sie Logarithmengesetze an. Gesucht ist der Logarithmus eines Terms.

a) $\lg a + 3 \cdot \lg b$ $\qquad$ b) $3 \cdot \lg(a-b)$ $\qquad$ c) $\dfrac{3}{4} \cdot \ln x$ $\qquad$ d) $2 \cdot \lg p - 3 \cdot \lg q$

# D Trigonometrie

## 1 Zur Wiederholung

**1.** Konstruieren Sie jeweils ein Dreieck, das die folgenden Bedingungen erfüllt.
- **a)** $a = 4$ cm; $b = 6{,}2$ cm; $c = 7{,}1$ cm
- **b)** $a = 3{,}2$ cm; $b = 9{,}6$ cm; $\gamma = 48°$
- **c)** $c = 6{,}1$ cm; $\alpha = 44°$; $\gamma = 62°$
- **d)** $a = 4{,}6$ cm; $\beta = 78°$
- **e)** $a = 9{,}6$ cm; $b = 4{,}2$ cm; $c = 3{,}9$ cm
- **f)** $\alpha = 44°$; $\beta = 121°$; $\gamma = 25°$
- **g)** $b = 5{,}2$ cm; $c = 3{,}8$ cm; $\gamma = 64°$
- **h)** $a = 4{,}3$ cm; $b = 6{,}1$ cm; $\beta = 83°$

**2.** Argumentieren Sie zu der Behauptung: „Um ein Dreieck eindeutig zu konstruieren, benötigt man drei Stücke (Seiten bzw. Winkel).“

**3.** Welche der Aussagen sind wahr, welche sind falsch? Begründen Sie.
- **a)** In jedem rechtwinkligen Dreieck gibt es einen Innenwinkel von höchstens 45°.
- **b)** Es gibt Dreiecke, bei denen genau eine Höhe nicht im Innern verläuft.
- **c)** Es gibt Dreiecke mit genau zwei Symmetrieachsen.
- **d)** Es gibt Dreiecke mit genau drei Symmetrieachsen.
- **e)** Es gibt Dreiecke, die drehsymmetrisch sind.

**4.** Es gibt insgesamt sechs Möglichkeiten, drei Stücke eines Dreiecks auszuwählen: sss, sws, ssw, wsw, sww, www. Weshalb genügen vier Kongruenzsätze?

**5.** Ermitteln Sie die fehlenden Stücke des Dreiecks – falls möglich – jeweils durch Konstruieren des Dreiecks und Messen der fehlenden Stücke.
- **a)** $a = 6$ cm; $\alpha = 41°$; $\gamma = 84°$
- **b)** $a = 5{,}3$ cm; $b = 3{,}9$ cm; $c = 4{,}1$ cm
- **c)** $a = 8{,}2$ cm; $b = 4{,}3$ cm; $c = 3{,}7$ cm
- **d)** $a = 6{,}1$ cm; $b = 4{,}7$ cm; $\alpha = 79°$
- **e)** $b = 4{,}8$ cm; $\alpha = 91°$; $\beta = 97°$
- **f)** $a = 5{,}7$ cm; $c = 3{,}6$ cm; $\beta = 163°$

**6.** Beweisen oder widerlegen Sie folgende Aussagen.
- **a)** In jedem Dreieck ist die Verbindungsstrecke der Mittelpunkte zweier Seiten halb so lang wie die dritte Seite.
- **b)** Die Mittelpunkte der Seiten eines jeden gleichseitigen Dreiecks bilden wieder ein gleichseitiges Dreieck.
- **c)** Die Fußpunkte der Höhen eines jeden Dreiecks bilden wieder ein Dreieck.
- **d)** Die drei Mittelsenkrechten eines jeden Dreiecks schneiden einander in einem Punkt (↗ Bild D 1).
- **e)** Jedes Dreieck mit zwei kongruenten Innenwinkeln hat zwei Symmetrieachsen.

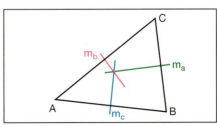

▲ Bild D 1

67

**7.** Beweisen Sie oder widerlegen Sie die nachstehenden Aussagen.
  **a)** Liegt der Mittelpunkt des Kreises, der durch die drei Eckpunkte eines Dreiecks *ABC* geht, auf einer Dreiecksseite, so ist das Dreieck rechtwinklig.
  **b)** Jedes Dreieck mit einer Symmetrieachse ist gleichschenklig.

**8.** Konstruieren Sie ein rechtwinkliges Dreieck, dessen Hypotenuse 7 cm und dessen Höhe auf der Hypotenuse 3 cm lang ist. Beschreiben Sie die Konstruktion.

**9.** Ermitteln Sie jeweils die Länge der Strecke *x* in den Bildern D 2 a bis c.
Ⓛ

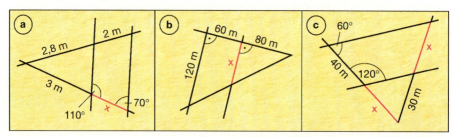

▲ Bilder D 2 a bis c (Darstellungen nicht maßstäblich)

**10.** **a)** Zeichnen Sie in einem Koordinatensystem das Dreieck $A(0; 1)$, $B(2; 0)$, $C(1; 3)$. Konstruieren Sie das Bild des Dreiecks *ABC* bei der zentrischen Streckung mit dem Streckungszentrum $Z(-1; -1)$ und dem Streckungsfaktor 2.
  **b)** Berechnen Sie den Umfang des Original- und den des Bilddreiecks. Vergleichen Sie.
  **c)** Sind die Dreiecke rechtwinklig? Begründen Sie Ihre Antwort.
  **d)** Ermitteln Sie die Flächeninhalte von Original- und Bilddreieck und vergleichen Sie die ermittelten Ergebnisse miteinander.

**11.** Gegeben sind die Punkte $A(7; 9)$; $B(8; 2)$, $C(2; -5,5)$, $D(-2; -3)$, $E(-4; 7)$ und
Ⓛ $Z(1,5; 3)$ im rechtwinkligen Koordinatensystem. Welcher der Punkte *A*, *B*, *C*, *D* und *E* hat von *Z* den größten Abstand, welcher den kleinsten Abstand?

**12.** In einem spitzwinkligen Dreieck *ABC* sei *R* der Fußpunkt der Höhe $h_a$ und *S* der Fußpunkt der Höhe $h_b$. Beide Höhen mögen sich im Punkt *P* schneiden.
  **a)** Beweisen Sie, dass die Dreiecke *ASP* und *BRP* zueinander ähnlich sind.
  **b)** Beweisen Sie, dass $h_a : h_b = b : a$ gilt.

**13.** In einem Kreis ist eine Sehne 6,8 cm lang. Ihr Abstand vom Mittelpunkt *M* des Kreises beträgt 5,1 cm. Berechnen Sie den Radius des Kreises.

**14.** In einem Rhombus (einer Raute) haben die Diagonalen eine Länge von 6 cm bzw. 8 cm. Wie lang sind die Seiten der Raute?

**15.** Ermitteln Sie das Volumen und den Oberflächeninhalt des Quaders im Bild D 3.

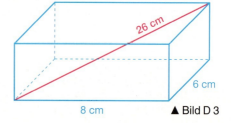

▲ Bild D 3

## 2   Sinus im rechtwinkligen Dreieck

▲ Bild D 4

$\overline{OP} = 84{,}3\ m$   $\alpha = 52{,}7°$

▲ Bild D 5

1.  Bei Vermessungsarbeiten im Gelände geht man i. Allg. von einem bereits vermessenen Punkt $O$ aus und misst zu einem neuen Punkt $P$ die Entfernung $\overline{OP}$ und den Winkel $\alpha$ zur Nordrichtung (das sogenannte *Anhängen an einen Punkt*). Ermitteln Sie die Länge der Strecken $\overline{OP}_1$ und $\overline{OP}_2$ entsprechend den Angaben im Bild D 5 mithilfe einer maßstäblichen Zeichnung.

2.  Die schräge Auffahrt zu einem Parkdeck ist 10 m lang und überwindet einen Höhenunterschied von 2 m. Ermitteln Sie durch eine maßstäbliche Zeichnung den Steigungswinkel.

Sind von einem rechtwinkligen Dreieck neben dem rechten Winkel eine Seite und ein Winkel oder zwei Seiten gegeben, so lässt sich das Dreieck daraus eindeutig konstruieren. Die nicht gegebenen Stücke des Dreiecks sind damit auch eindeutig festgelegt. Man kann sie durch Messen in der Konstruktionszeichnung ermitteln.
Sind zwei Seiten des rechtwinkligen Dreiecks gegeben, so können wir die Länge der dritten Seiten auch auf rechnerischem Wege gewinnen, indem wir den Satz des Pythagoras anwenden. Wir verfügen aber bisher über keine Möglichkeit zum rechnerischen Ermitteln der Winkel. Wir werden nunmehr solche Möglichkeiten im Rahmen der **Trigonometrie** kennen lernen und anwenden.
*Trigonometrie* heißt so viel wie *Dreiecksmessung*. Es ist die Lehre von der Berechnung von Seiten, Winkeln und Flächeninhalten von (beliebigen) Dreiecken mithilfe von sogenannten **Winkelfunktionen.** Wir werden zunächst einige dieser Winkelfunktionen kennen lernen und mit ihrer Hilfe Berechnungen an rechtwinkligen Dreiecken vornehmen. Berechnungen an beliebigen Dreiecken lassen sich dann auf Berechnungen an rechtwinkligen Dreiecken zurückführen.

3.  Es sollen drei rechtwinklige Dreiecke konstruiert werden. Dabei sei jeweils $c$ die Länge der Hypotenuse in einem Dreieck $ABC$:

    ① $a = 2$ cm; $c = 4$ cm,      ② $a = 3$ cm; $c = 6$ cm,      ③ $a = 4$ cm; $c = 8$ cm.

    **a)** Führen Sie die Konstruktionen aus und vergleichen Sie die Innenwinkel der drei Dreiecke miteinander.
    **b)** Begründen Sie, weshalb die drei Dreiecke paarweise gleich große Innenwinkel haben.

**4.** Zeichnen Sie drei voneinander verschiedene rechtwinklige Dreiecke mit jeweils $\alpha = 40°$ und $\gamma = 90°$. Messen Sie in jedem dieser Dreiecke die Länge der Hypotenuse $c$ und die dem Winkel $\alpha$ gegenüberliegende Kathete $a$. Ermitteln Sie jeweils den Quotienten $a : c$. Was stellen Sie fest? Erklären Sie Ihre Beobachtung.

Alle rechtwinkligen Dreiecke $ABC$ mit gleich großem Winkel $\alpha$ sind zueinander ähnlich.

Deshalb ist der Quotient $\dfrac{a}{c}$ (das Verhältnis der Strecken $a$ und $c$) durch den Winkel $\alpha$ eindeutig festgelegt ($\nearrow$ Bild D 6).

Jedem Winkel $\alpha$ ($0° < \alpha < 90°$) können wir den Quotienten $\dfrac{a}{c}$ eindeutig zuordnen. Diese Zuordnung ist eine Funktion.

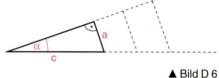

▲ Bild D 6

Für einige Werte von $\alpha$ sind rechtwinklige Dreiecke gezeichnet. Die Strecken $a$ und $c$ sind jeweils gemessen worden.
Die Ergebnisse gibt die unten stehende Tabelle an.

◀ Bild D 7

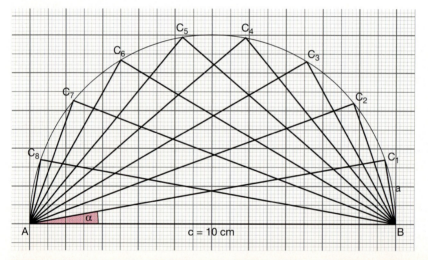

| $\alpha$ | 10° | 20° | 30° | 40° | 50° | 60° | 70° | 80° |
|---|---|---|---|---|---|---|---|---|
| $a$ | 1,7 cm | 3,4 cm | 5,0 cm | 6,4 cm | 7,6 cm | 8,6 cm | 9,3 cm | 9,8 cm |
| $c$ | 10 cm | 10 cm | 10 cm | 10 cm | 10 cm | 10 cm | 10 cm | 10 cm |
| $\dfrac{a}{c}$ | 0,17 | 0,34 | 0,50 | 0,64 | 0,76 | 0,86 | 0,93 | 0,98 |

**5.** **a)** Ermitteln Sie auf die oben beschriebene Weise das Verhältnis $a : c$ für folgende Werte von $\alpha$: 5°, 15°, 25°, 35°, 45°, 55°, 65°, 75°, 85°.

**b)** Legen Sie sich eine Tabelle für die Zuordnung $\alpha \rightarrow \dfrac{a}{c}$ mit einer Schrittweite von 5° an. Verwenden Sie die Werte aus der Tabelle und aus dem Aufgabenteil 5 a). Prüfen Sie, ob die Zuordnung eine Proportionalität ist.

**6.** Die Zuordnung $\alpha \to \dfrac{a}{c}$ ist eine Funktion. Das Bild D 8 zeigt eine grafische Darstellung dieser Funktion. Beschreiben Sie ihren Verlauf.

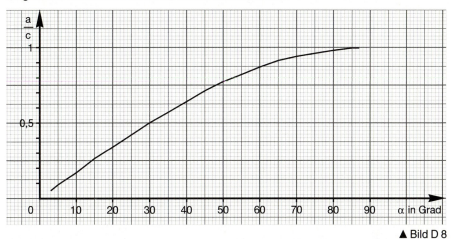

▲ Bild D 8

**7.** Ermitteln Sie die in den Bildern D 9 a bis d mit Variablen bezeichneten Größen. Nutzen Sie die Tabelle (Aufgabe 5 b) oder die Grafik (↗ Bild D 8).
Ⓛ

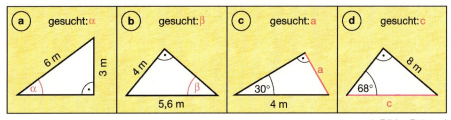

▲ Bilder D 9 a–d

Im rechtwinkligen Dreieck nennt man die dem Winkel $\alpha$ gegenüberliegende Kathete die **Gegenkathete von** $\alpha$ und die einen Schenkel des Winkels $\alpha$ bildende Kathete die **Ankathete des Winkels** $\alpha$.

▶ **DEFINITION:** Die Funktion, die jeder Winkelgröße $\alpha$ zwischen 0° und 90° den Quotienten $\dfrac{\text{Gegenkathete}}{\text{Hypotenuse}}$ eines rechtwinkligen Dreiecks mit dem Winkel $\alpha$ zuordnet, heißt **Sinusfunktion** oder kurz **Sinus**. Symbol: **sin**

Kurzschreibweise (zum Merken):

$$\sin \alpha = \frac{\text{Gegenkathete}}{\text{Hypotenuse}}$$

Lies: Sinus $\alpha$ ...

**8.** **a)** Geben Sie den Definitionsbereich und den Wertebereich der Sinusfunktion an.
 **b)** Ricarda schlägt vor, die Funktion auch für 0° und für 90° zu definieren:
 sin 0° = 0 und sin 90° = 1. Was meinen Sie zu diesem Vorschlag?

Die im Rahmen der Aufgabe 5 b) aufgestellte Tabelle für die Sinusfunktion hat eine große Schrittweite; sie liefert in den meisten Fällen nur grobe Näherungswerte für die gesuchten Größen. Besser geeignet ist eine Tafel im Tafelwerk mit einer Schrittweite von 0,1°. Die folgende Tabelle ist ein Ausschnitt einer Tafel, entnommen aus „Das große Tafelwerk", Verlag Volk und Wissen.

| Grad | ,0 | ,1 | ,2 | ,3 | ,4 | ,5 | ,6 | ,7 | ,8 | ,9 | ... |
|------|------|------|------|------|------|------|------|------|------|------|-----|
| ... | ... | ... | ... | ... | ... | ... | ... | ... | ... | ... | ... |
| 16 | 0,2756 | 2773 | 2790 | 2807 | 2823 | 2840 | 2857 | 2874 | 2890 | 2907 | ... |
| 17 | 2924 | 2940 | 2957 | 2974 | 2990 | 3007 | 3024 | 3040 | 3057 | 3074 | ... |
| ... | ... | ... | ... | ... | ... | ... | ... | ... | ... | ... | ... |

■ **a)** Es ist sin 16,3° zu ermitteln.
Wir suchen in der Sinustafel die Zeile für 16°. In dieser Zeile gehen wir so weit nach rechts, bis wir unter dem Spaltenkopf ,3 angelangt sind. Dort finden wir die Ziffernfolge **2807.**
Es ist sin 16,3° = 0,2807.

**b)** Es ist das Argument $\alpha$ zu sin $\alpha$ = 0,2957 zu ermitteln.
Wir suchen in der Tabelle jene Stelle, an der die Ziffernfolge **2957** steht. Am Zeilenanfang finden wir die Zahl 17, im Spaltenkopf über der Ziffernfolge lesen wir ,2 ab. Also ist $\alpha$ = 17,2°.

**9.** Ermitteln Sie sin $\alpha$ mithilfe einer Sinustafel für gegebene Werte von $\alpha$.
**a)** 22,4°  **b)** 76,2°  **c)** 48,9°  **d)** 13,7°  **e)** 9,5°  **f)** 89,5°
**g)** 23,0°  **h)** 69,8°  **i)** 35,1°  **j)** 0,7°  **k)** 22,0°  **l)** 75,4°

**10.** Ermitteln Sie $\alpha$ mithilfe einer Sinustafel für gegebene Werte von sin $\alpha$.
**a)** 0,2028  **b)** 0,9461  **c)** 0,8864  **d)** 0,9992  **e)** 0,5388  **f)** 0,2756
**g)** 0,5000  **h)** 0,0854  **i)** 0,0105  **j)** 0,9998  **k)** 0,7443  **l)** 0,6293

Schneller und mit größerer Genauigkeit lassen sich Funktionswerte der Sinusfunktion bei gegebenen Argumenten bzw. Argumente bei gegebenen Funktionswerten mithilfe eines Taschenrechners ermitteln, Taste sin .
Achtung! Zuerst muss man sichern, dass der Rechner die eingegebenen Winkelgrößen in Grad erfasst: Umschalter auf DEG bringen. (Die Umschaltung erfolgt bei manchen Geräten über die Taste MODE , bei anderen Geräten über die Taste 2nd .) Diese Sicherung ist erforderlich, weil der Rechner auch Winkelgrößen im Bogenmaß RAD bzw. in Neugrad GRD verarbeiten kann.

■ **a)** Es ist sin 16,3° zu ermitteln.  DEG 16,3 sin [0.2806667]

**b)** Es ist das Argument zu  DEG 0,2957 F sin [17.199517]
sin $\alpha$ = 0,2957 zu ermitteln.
Also: $\alpha \approx$ 17,2°.

Hinweis: Die Sinustaste ist doppelt belegt. Beim Aufsuchen des Winkels zum gegebenen Sinuswert muss vor dem Betätigen der Sinustaste die Umschalttaste F (bzw. 2nd bzw. Shift ; ↗ Seite 56, Bild C 11) gedrückt werden.

**11.** Ermitteln Sie sin α mithilfe eines Taschenrechners für gegebene Werte von α.
**a)** 23,5°    **b)** 17,0°    **c)** 86,34°    **d)** 47,05°    **e)** 72,86°    **f)** 2,08°

**12.** Ermitteln Sie mithilfe eines Taschenrechners α für gegebene Werte von sin α.
**a)** 0,2374    **b)** 0,99885  **c)** 0,0034    **d)** 0,7183    **e)** 0,2934    **f)** 0,0001    **g)** 1

**13.** In einem rechtwinkligen Dreieck ist die Hypotenuse 13,0 m lang. Die dem Winkel α gegenüberliegende Kathete ist 7,9 m lang. Wie groß ist der Winkel α?

**14.** In einem rechtwinkligen Dreieck ist die dem Winkel β gegenüberliegende Kathete 16,8 cm lang. Die Länge der Hypotenuse beträgt 18,9 cm. Berechnen Sie β.

**15.** Ⓛ Ermitteln Sie den Steigungswinkel der Auffahrt zum Parkdeck aus Aufgabe 2 auf Seite 69 rechnerisch.

**16.** Ⓛ In einem rechtwinkligen Dreieck ist das Verhältnis von Gegenkathete des Winkels α zur Hypotenuse gleich **a)** 0,8111; **b)** 0,7230. Wie groß ist der Winkel α?

**17.** Was stimmt hier nicht?
In einem rechtwinkligen Dreieck mit den Innenwinkeln α, β und γ sei γ der rechte Winkel. Weiter sei sin α = 0,4863 und sin β = 0,9449.

**18.** In einem rechtwinkligen Dreieck mit den Innenwinkeln α, β und γ sei γ der rechte Winkel. Frank behauptet: Es ist α + β = 90° und sin α + sin β = 1. Überprüfen Sie.

Eine der Sinusfunktion ähnliche Funktion wurde bereits vor etwa 2000 Jahren im antiken Griechenland für Berechnungen an Dreiecken verwendet. Eine Tabelle für diese Funktion ist zum Beispiel in Pergamenten des griechischen Astronomen und Mathematikers KLAUDIOS PTOLEMAIOS enthalten, der im 1. Jahrhundert n. Chr. geboren wurde und etwa im Jahre 161 starb.

Das Bild D 10 zeigt ein athenisches Schatzhaus auf dem Areal des Tempelbezirks von Delphi, einem bedeutenden Heiligtum aller Staaten des antiken Griechenlands. Es soll uns in die Welt zurückversetzen, in der PTOLEMAIOS die sogenannte Sehnentabelle in sein Buch niederschrieb.

▲ Bild D 10

Der Tabelle liegt die folgende Zuordnung zugrunde: Gegeben ist ein Kreis mit dem Radius $r$ und in ihm eine Sehne $s$. Zu dieser Sehne gehört ein Zentriwinkel α (↗ Bild D 11). Dem Winkel α wird der Quotient $\frac{s}{r}$ zugeordnet, also $\alpha \rightarrow \frac{s}{r}$.

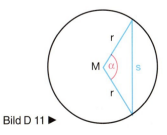
Bild D 11 ▶

**19.** Begründen Sie die folgende Aussage: Gegeben sind zwei Kreise mit den Radien $r_1$ bzw. $r_2$ und in ihnen je eine Sehne $s_1$ bzw. $s_2$. Die zu den Sehnen gehörenden Zentriwinkel seien $\alpha_1$ und $\alpha_2$. Dann gilt:

Ist $\alpha_1 = \alpha_2$, so ist $\dfrac{s_1}{r_1} = \dfrac{s_2}{r_2}$.

Hinweis: Wählen Sie die Kreise so, dass ihre Mittelpunkte zusammenfallen und $\alpha_1$ auf $\alpha_2$ liegt.

**20.** Stellen Sie eine Sehnentabelle auf. Wählen Sie für $\alpha$: 20°, 40°, 60°, 80°, 100°, 120°, 140°, 160°. Ermitteln Sie die Werte, indem Sie einen Kreis mit dem Radius 5 cm zeichnen. Konstruieren Sie nun Sehnen zu den angegebenen Zentriwinkeln, messen Sie deren Länge und errechnen Sie die Quotienten $s : r$.

Zu Zeiten des PTOLEMAIOS war das Dezimalsystem, mit dem wir heute die Zahlen angeben, noch nicht bekannt. PTOLEMAIOS benutzte das von den Babyloniern übernommene Sexagesimalsystem mit der Grundzahl 60 (↗ Seite 11). So fand er für die Kreiszahl $\pi$ einen Näherungswert, den er im Sexagesimalsystem mit (3; 8; 20) angab. Diese Darstellung bedeutet: $3 + \dfrac{8}{60} + \dfrac{20}{60^2}$.

**21.** **a)** Geben Sie den von PTOLEMAIOS ermittelten Wert für $\pi$ als gemeinen Bruch und als Dezimalbruch an. Vergleichen Sie mit der Taschenrechnerangabe von $\pi$.

**b)** Der indische Mathematiker NILAKANTHA SOMASUTVAN fand für die Kreiszahl $\pi$ folgende Näherung: $\dfrac{104\,348}{33\,215}$ Geben Sie die Näherung als Dezimalbruch an.

**22.** Wir betrachten einen Kreis und in ihm einen Zentriwinkel $\alpha$. Die Winkelhalbierende des Zentriwinkels ist zugleich Mittelsenkrechte der zum Zentriwinkel gehörenden Sehne (↗ Bild D 12).

**a)** Begründen Sie mit Bezug auf Bild D 12, dass gilt:

$\sin\dfrac{\alpha}{2} = \dfrac{s}{2} : r$.

**b)** Für sin 1° fand PTOLEMAIOS einen Näherungswert, der der Summe $\dfrac{1}{60} + \dfrac{2}{60^2} + \dfrac{50}{60^3}$ entspricht.

Geben Sie diese Zahl als gemeinen Bruch und als Dezimalbruch an.

**c)** Vergleichen Sie den unter b) ermittelten Dezimalbruch mit dem Tafelwert für sin 1° und mit der Taschenrechnerangabe für sin 1°.

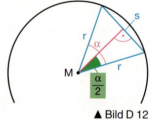

▲ Bild D 12

**23.*** Der Zusammenhang zwischen der Sehnentabelle, die in der antiken Mathematik eine Rolle spielte, und der Sinustabelle wird durch die Formel

$\dfrac{s}{r} = 2 \cdot \sin\dfrac{\alpha}{2}$

gegeben. Dabei bezeichnet $\alpha$ den Zentriwinkel, $r$ den Radius und $s$ die Länge der Sehnen.
Beweisen Sie diesen Zusammenhang.

# 3   Kosinus und Tangens

1.   Gegeben ist ein rechtwinkliges Dreieck $ABC$ mit einer Kathete $a = 4$ cm und der Hypotenuse $c = 9$ cm. Ermitteln Sie den Winkel $\beta$.

2.   In einem rechtwinkligen Dreieck ist $\alpha = 47°$ und die Ankathete $b$ von $\alpha$ ist 6 m lang. Berechnen Sie die Länge der Hypotenuse.

In der vorangegangenen Lerneinheit haben wir einem Innenwinkel eines rechtwinkligen Dreiecks den Quotienten $\dfrac{\text{Gegenkathete}}{\text{Hypotenuse}}$ zugeordnet. Diese Zuordnung haben wir Sinusfunktion genannt. Liegt eine Tabelle für die Sinusfunktion vor bzw. verfügen wir über einen Taschenrechner mit einer Sinustaste, so wird damit die Einbeziehung von Winkeln in die Berechnung von rechtwinkligen Dreiecken möglich.

Um bei der Lösung der Aufgabe 1 die Sinusfunktion anwenden zu können, rechnen wir zuerst den Winkel $\alpha$ aus. Es ist $\sin \alpha = \dfrac{a}{c}$.

Den Winkel $\beta$ finden wir dann mittels der Beziehung $\beta = 90° - \alpha$.

Damit dieser Rechenweg kürzer wird, hat man auch die Zuordnung $\alpha \to \dfrac{\text{Ankathete}}{\text{Hypotenuse}}$ tabelliert. Man kann auf diese Weise z.B. in den Fällen, in denen neben der Hypotenuse ein spitzer Winkel gegeben ist, sofort die Ankathete des Winkels berechnen. Auch diese Zuordnung ist eine Funktion; auf dem Taschenrechner wird sie mit [cos] aufgerufen.

---

▶   **DEFINITION:** Die Funktion, die jeder Winkelgröße $\alpha$ zwischen 0° und 90° den Quotienten $\dfrac{\text{Ankathete}}{\text{Hypotenuse}}$ eines rechtwinkligen Dreiecks mit dem Winkel $\alpha$ zuordnet, heißt **Kosinusfunktion** oder kurz **Kosinus.**
Symbol: **cos**
Man setzt fest: $\cos 0° = 1$; $\cos 90° = 0$.

Kurzschreibweise:

$\mathbf{\cos}\alpha = \dfrac{\textbf{Ankathete}}{\textbf{Hypotenuse}}$

Lies: Kosinus von ...

---

3.   Begründen Sie: Zu jeder Winkelgröße $\alpha$ ($0° < \alpha < 90°$) gehört genau ein Quotient $\dfrac{\text{Ankathete}}{\text{Hypotenuse}}$. (Hinweis: Wählen Sie zwei voneinander verschiedene rechtwinklige Dreiecke $A_1B_1C_1$ und $A_2B_2C_2$ mit $\sphericalangle\, B_1A_1C_1 = \sphericalangle\, B_2A_2C_2 = \alpha$, die ihre rechten Winkel bei $C_1$ bzw. $C_2$ haben. Zeigen Sie, dass die Dreiecke zueinander ähnlich sind und dass demzufolge $\dfrac{\overline{A_1C_1}}{\overline{A_1B_1}} = \dfrac{\overline{A_2C_2}}{\overline{A_2B_2}}$ gilt.)

4.   Nutzen Sie das Bild D 7 (↗ Seite 70) zur Aufstellung einer Tabelle, mit der den Winkeln $\alpha = 10°$, $20°$, $30°$, ..., $80°$ die Quotienten $\dfrac{\text{Ankathete}}{\text{Hypotenuse}}$ zugeordnet werden. Stellen Sie die Funktion in einem Koordinatensystem dar.

**5.** Untersuchen Sie, ob die Kosinusfunktion eine Proportionalität ist, d.h. ob cos $\alpha$ proportional zu $\alpha$ ist.

**6.** Beschreiben Sie den Verlauf des Graphen der Kosinusfunktion.

**7.** Prüfen Sie, ob sin $\alpha$ + cos $\alpha$ = 1 für alle $\alpha$ ist.

Mit dem Taschenrechner können für die Kosinusfunktion durch Betätigen der Taste $\boxed{\text{cos}}$
– zu einem vorgegebenen Argument $\alpha$ der Funktionswert cos $\alpha$ und
– zu einem vorgegebenen Funktionswert cos $\alpha$ das Argument $\alpha$ ermittelt werden.
Wie im Fall der Sinusfunktion (↗ S. 72) muss das Gerät zuerst auf die gewünschte Winkeleinheit $\boxed{\text{DEG}}$ für Grad oder $\boxed{\text{RAD}}$ für Radiant (↗ S. 101) eingestellt werden.

---

■ **a)** Es ist cos 16,3° zu ermitteln.     $\boxed{\text{DEG}}$ 16,3 $\boxed{\text{cos}}$ [0.9598053]

**b)** Es ist das Argument $\alpha$ zu
cos $\alpha$ = 0,2513 zu ermitteln.     $\boxed{\text{DEG}}$ 0,2513 $\boxed{\text{F}}$ $\boxed{\text{cos}}$ [75.445547]
Also: $\alpha \approx 75{,}4°$.

Hinweis: Die Kosinustaste ist doppelt belegt. Beim Aufsuchen des Winkels zum gegebenen Kosinuswert wird vor dem Betätigen der Taste $\boxed{\text{cos}}$ die Umschalttaste $\boxed{\text{F}}$ (bzw. $\boxed{\text{2nd}}$ bzw. $\boxed{\text{Shift}}$; ↗ Seite 56) gedrückt.

---

**8.** Ermitteln Sie cos $\alpha$ mithilfe eines Taschenrechners für folgende Werte von $\alpha$.
**a)** 23,8°   **b)** 87,1°   **c)** 3,45°   **d)** 89,3°   **e)** 45,0°   **f)** 18,3°   **g)** 60°

**9.** Ermitteln Sie $\alpha$ mithilfe eines Taschenrechners für folgende Werte von cos $\alpha$.
**a)** 0,45   **b)** 0,7365   **c)** 0,992   **d)** 0,012   **e)** 0,2345   **f)** 0,5   **g)** 0,974

Die folgende Tabelle gibt die Funktionswerte der Sinus- und der Kosinusfunktion für einige ausgewählte Argumente an.

| $\alpha$ | 5° | 15° | 25° | 30° | 45° | 60° | 65° | 75° | 85° |
|---|---|---|---|---|---|---|---|---|---|
| **sin $\alpha$** | 0,0872 | 0,2588 | 0,4226 | 0,5000 | 0,7071 | 0,8660 | 0,9063 | 0,9659 | 0,9962 |
| **cos $\alpha$** | 0,9962 | 0,9659 | 0,9063 | 0,8660 | 0,7071 | 0,5000 | 0,4226 | 0,2588 | 0,0872 |

**10.** Beschreiben Sie den Werteverlauf der Sinus- und Kosinusfunktion unter Verwendung der Tabelle. Was fällt Ihnen beim Vergleichen der beiden Funktionen auf?

**11.** Begründen Sie, dass für alle $\alpha$ mit $0° \leq \alpha \leq 90°$ gilt: cos $\alpha$ = sin (90° – $\alpha$). (Hinweis: Verwenden Sie bei der Argumentation das Bild D 13.)

Bild D 13 ▶

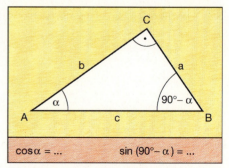

cos$\alpha$ = ...          sin (90° – $\alpha$) = ...

Da stets **cos $\alpha$ = sin (90° – $\alpha$)** ist, benötigt man keine gesonderte Kosinustafel. Man kann die Werte für cos $\alpha$ in der Sinustafel, nämlich an der Stelle für (90° – $\alpha$), ablesen.

■ Mithilfe der Sinustafel im Tafelwerk ist cos 47,6° zu ermitteln.
Es ist 90° − 47,6° = 42,4°, und sin 42,4° liefert 0,6743.
Also ist cos 47,6° = 0,6743.

Bei Aufgaben wie im Beispiel oben kann man sich die Berechnung von 90° − α ersparen, da die Sinustafel am rechten Rand und am unteren Rand jeweils die Ergänzung zu 90° angibt. Dadurch können wir sofort cos 47,6° ablesen, indem wir von rechts und von unten in die Sinustafel hineingehen:

| | (1,0) | ,9 | ,8 | ,7 | ,6 | ,5 | ,4 | ,3 | ,2 | ,1 | ,0 | |
|---|---|---|---|---|---|---|---|---|---|---|---|---|
| 41 | | | | | | | | | | | | 48 |
| 42 | | | | | 6743 | | | | | | | 47 |
| 43 | | | | | | | | | | | | 46 |
| 44 | | | | | | | | | | | | 45 |
| | (1,0) | ,9 | ,8 | ,7 | ,6 | ,5 | ,4 | ,3 | ,2 | ,1 | ,0 | Grad |

**12.** Ermitteln Sie cos α mithilfe einer Sinustafel für folgende Werte von α.
**a)** 26,0° **b)** 78,0° **c)** 32,3° **d)** 58,7° **e)** 60,5° **f)** 1,9° **g)** 0,8° **h)** 89,8°

**13.** Ermitteln Sie α mithilfe einer Sinustafel für folgende Werte von cos α.
**a)** 0,9063 **b)** 0,1547 **c)** 0,5195 **d)** 0,9932 **e)** 0,8310 **f)** 0,0279

**14.** Berechnen Sie jeweils das rot markierte Stück der Dreiecke im Bild D 14 a–c.
Ⓛ

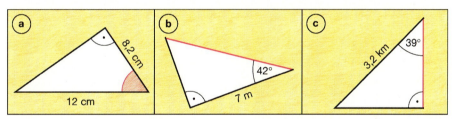

▲ Bilder D 14 a–c

**15.** Lösen Sie die Aufgaben aus der Nr. 1 (↗ S. 69) rechnerisch. Ⓛ

**16.** Die Katheten eines rechtwinkligen Dreiecks sind 7,2 cm und 9,4 cm lang. Ermitteln
Ⓛ Sie die Winkel des Dreiecks.

Mithilfe der Sinus- und Kosinusfunktion können wir die Winkel eines rechtwinkligen Dreiecks berechnen, wenn wenigstens eine Kathete und die Hypotenuse bekannt sind. Sind nur die beiden Katheten gegeben, so wird eine weitere Funktion angewendet.

▶ **DEFINITION:** Die Funktion, die jeder Winkelgröße α zwischen 0° und 90° den Quotienten $\dfrac{\text{Gegenkathete}}{\text{Ankathete}}$ eines rechtwinkligen Dreiecks mit dem Winkel α zuordnet, heißt **Tangensfunktion** oder kurz **Tangens.** Symbol: **tan**

Kurzschreibweise:

$$\tan \alpha = \dfrac{\textbf{Gegenkathete}}{\textbf{Ankathete}}$$

Lies: Tangens von ...

**17.**  **a)** Stellen Sie eine Wertetabelle für die Tangensfunktion auf (Argumente: 10°, 20°, 30°, ..., 70°). Hinweis: Zeichnen Sie entsprechende rechtwinklige Dreiecke und messen Sie jeweils Gegenkathete und Ankathete. Errechnen Sie dann für jedes Dreieck den Quotienten beider Messwerte.
   **b)** Tragen Sie die ermittelten Paare in ein Koordinatensystem ein, verbinden Sie die Punkte auf geeignete Weise und beschreiben Sie den Graphen.

**18.**  Rico schlägt vor, so wie bei der Sinus- und Kosinusfunktion auch für die Tangensfunktion tan 0° und tan 90° sinnvoll festzusetzen. Was meinen Sie dazu?

**19.**  Elsa probiert etwas aus: „Ich zeichne ein rechtwinkliges Dreieck. Die Ankathete von $\alpha$ zeichne ich 1 cm lang, die Gegenkathete von $\alpha$ zeichne ich 20 cm lang. Dann ist tan $\alpha = 20$. Wenn ich die Ankathete unverändert lasse, die Gegenkathete aber 50 cm lang zeichne, so ist tan $\alpha = 50$."
   **a)** Gibt es rechtwinklige Dreiecke mit einem Innenwinkel $\alpha$, für den tan $\alpha = 100$ (tan $\alpha = 2000$) gilt?
   **b)** Welche der folgenden Aussagen sind wahr?
   Ⓛ  (1) Je größer die Gegenkathete bei gleich bleibender Ankathete ist, desto größer ist der Winkel $\alpha$.
   (2) Man kann eine Zahl finden, die größer als jeder Funktionswert der Tangensfunktion ist.
   (3) Ist $n$ eine beliebig große natürliche Zahl, dann kann man einen Winkel $\alpha$ finden, sodass gilt: tan $\alpha > n$.

---

■ ① Es ist tan 16,3° zu ermitteln.     [DEG] 16,3 tan [tan] [0.292420]

② Es ist $\alpha$ zu tan $\alpha = 0,7131$ zu ermitteln.     [DEG] 0,7131 [F] [tan] [35.492668]
Also $\alpha \approx 35,5°$.

In der zweiten Aufgabenstellung wird vor dem Betätigen der Taste [tan] die Umschalttaste [F] (in manchen Geräten [2nd] bzw. [Shift]) gedrückt.

---

**20.**  Ermitteln Sie tan $\alpha$ für folgende Werte von $\alpha$ mit dem Taschenrechner.
   **a)** 23,7°  **b)** 56,0°  **c)** 12,9°  **d)** 76,34°  **e)** 45°  **f)** 82,8°  **g)** 19,02°  **h)** 13°
   **i)** Versuchen Sie tan 90° zu ermitteln. Wie erklären Sie sich die Anzeige?

**21.**  Ermitteln Sie die Winkelgröße mit dem Taschenrechner.
   **a)** sin $\alpha = 0,8387$  **b)** cos $\alpha = 0,2823$  **c)** tan $\alpha = 1,691$  **d)** tan $\alpha = 14,3$
   **e)** tan $\alpha = 0,459$  **f)** tan $\alpha = 5,023$  **g)** tan $\alpha = 0,0235$  **h)** tan $\alpha = 23,92$

**22.**  Ermitteln Sie mithilfe einer Tangenstafel (↗ Tafelwerk):
   **a)** tan 19,3°  **b)** tan 56,9°  **c)** tan 7,8°  **d)** tan 85,0°
   **e)** tan $\alpha = 0,4204$  **f)** tan $\alpha = 3,291$  **g)** tan $\alpha = 0,0542$  **h)** tan $\alpha = 38,19$.

**23.**  Die Katheten eines rechtwinkligen Dreiecks sind 6,0 cm und 8,0 cm lang. Wie groß
Ⓛ  sind die Innenwinkel des Dreiecks?

**24.**  In einem rechtwinkligen Dreieck sei die Hypotenuse 12,20 m lang und eine Kathete
Ⓛ  7,78 m. Berechnen Sie alle übrigen Stücke dieses rechtwinkligen Dreiecks.

# 4    Berechnungen an rechtwinkligen Dreiecken

Nach den Kongruenzsätzen ist ein Dreieck eindeutig festgelegt, wenn bekannt sind:
- drei Seiten                                                                                  (sss)
- zwei Seiten und der eingeschlossene Winkel                                                   (sws)
- eine Seite und die beiden anliegenden Winkel                                                 (wsw)
- zwei Seiten und der der größeren Seite gegenüberliegende Winkel          (ssw).

Wir betrachten jetzt nur rechtwinklige Dreiecke, d.h. in jedem Fall ist ein Innenwinkel, nämlich der rechte Winkel, bekannt. Aus der folgenden Übersicht gehen jene Fälle (A), (B), (C) und (D) hervor, in denen ein rechtwinkliges Dreieck aus zwei weiteren gegebenen Stücken eindeutig bestimmt ist, d.h. auch eindeutig konstruiert werden kann.

| sss | Dieser Fall wird nach Voraussetzung nicht betrachtet, denn es sind mit dem rechten Winkel vier Stücke bekannt. | |
|-----|----------------------------------------------------------------------------------------------------------------|---|
| sws | Dieser Fall tritt ein, wenn beide Katheten des rechtwinkligen Dreiecks gegeben sind. Wir bezeichnen ihn in den folgenden Überlegungen mit **Fall A.** | |
| wsw | Für diesen Fall muss neben dem rechten Winkel ein weiterer Winkel bekannt sein und darüber hinaus die Hypotenuse **Fall B** oder aber eine Kathete **Fall C.** | |
| ssw | Der Fall ssw liegt vor, wenn neben dem rechten Winkel eine Kathete und die Hypotenuse bekannt sind **Fall D.** | |

**1.  a)** Begründen Sie, dass in der Übersicht alle möglichen Fälle erfaßt sind.
    **b)** Weshalb ist im Fall sws nicht aufgeführt, dass der Winkel von einer Kathete und der Hypotenuse eingeschlossen wird?

■   Von einem rechtwinkligen Dreieck *ABC* sind die Katheten mit $a = 3,9$ cm und $b = 5,4$ cm gegeben. Man berechne die fehlenden Stücke.
*Lösung:* Es liegt Fall A vor; das Dreieck ist durch die Angaben eindeutig festgelegt. Für die Lösung stehen uns mehrere Wege offen:

**Erster Lösungsweg:**

$\alpha$ berechnen:    $\tan \alpha = \dfrac{a}{b}$    $\tan \alpha = \dfrac{3,9 \text{ cm}}{5,4 \text{ cm}}$

Taschenrechner: [DEG] 3,9 [÷] 5,4 [=] [F] [tan] [35.837653]   $\alpha \approx 35,8°$

(Fortsetzung Seite 80)

■ *(Fortsetzung von Seite 79)*

$\beta$ berechnen:      $\beta = 90° - \alpha$
$\beta = 90° - 35,8° = 54,2°$

$c$ berechnen:    $\sin \alpha = \dfrac{a}{c}$       Ergebnis abschätzen:
$0,5 < \sin 35,8° < 1$
$c = \dfrac{a}{\sin \alpha} = \dfrac{3,9 \text{ cm}}{\sin 35,8°}$    also: $3,9 \text{ cm} < c < 7,8 \text{ cm}$

Taschenrechner:   3,9 ⟦÷⟧ 35,8 ⟦sin⟧ ⟦=⟧ [6.667149]    $c \approx 6,7 \text{ cm}$

**Zweiter Lösungsweg:**

$c$ berechnen:      $c^2 = a^2 + b^2$    (Satz des Pythagoras)
$c = \sqrt{3,9^2 + 5,4^2} \text{ cm} \approx 6,7 \text{ cm}$

$\alpha$ und $\beta$ berechnen:   wie beim ersten Lösungsweg.

---

Möglichkeiten für die Kontrolle der Ergebnisse sind ein Überschlagen, ein Abschätzen, ein Anwenden von Sätzen über Dreiecke (z.B. „Die Summe zweier Seiten ist stets größer als die dritte Seite") oder das Konstruieren des Dreiecks mit anschließendem Nachmessen der zu berechnenden Seite.

---

**2.**    Kontrollieren Sie die Berechnungen im Beispiel durch Konstruktion des Dreiecks mit $a = 3,9 \text{ cm}$ und $b = 5,4 \text{ cm}$.

**3.**    Welche Möglichkeiten neben den im Beispiel angegebenen sehen Sie noch zur Berechnung der fehlenden Stücke des Dreiecks?

**4.**    Gegeben ist ein rechtwinkliges Dreieck mit den Katheten $a$ und $b$. Berechnen Sie die fehlenden Stücke des Dreiecks. Kontrollieren Sie Ihre Ergebnisse.
**a)** $a = 6,3 \text{ cm}$;   $b = 5,1 \text{ cm}$       **b)** $a = 129 \text{ m}$;   $b = 376 \text{ m}$

---

■ Von einem rechtwinkligen Dreieck *ABC* sind die Hypotenuse mit $c = 5,1 \text{ cm}$ und der Winkel *ABC* mit $\beta = 68°$ gegeben. Man berechne die fehlenden Stücke des Dreiecks.
*Lösung:* Es liegt der Fall B vor; das Dreieck ist durch die Angaben eindeutig bestimmt.

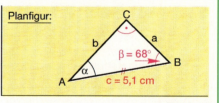

Planfigur:

▲ Bild D 16

**Erster Lösungsweg:** (↗ Planfigur)     $\alpha$ berechnen:   $\alpha = 90° - \beta = 22°$

$a$ berechnen:   $\sin \alpha = \dfrac{a}{c}$;    $a = c \cdot \sin \alpha$
$= 5,1 \text{ cm} \cdot \sin 22°$
$a \approx 1,9 \text{ cm}$

$b$ berechnen:   $\sin \beta = \dfrac{b}{c}$;    $b = c \cdot \sin \beta$
$= 5,1 \text{ cm} \cdot \sin 68°$
$b \approx 4,7 \text{ cm}$

**Taschenrechner**
5,1 ⟦×⟧ 22 ⟦sin⟧ ⟦=⟧
[1.9104936]
5,1 ⟦×⟧ 68 ⟦sin⟧ ⟦=⟧
[4.7286376]

Im Beispiel auf der vorigen Seite (unten) wurde nur ein Lösungsweg angegeben.
Man kann auch folgendermaßen vorgehen:

**Zweiter Lösungsweg:**
$\alpha$ und $a$ wie im 1. Lösungsweg berechnen

$b$ berechnen:  $\cos\alpha = \dfrac{b}{c}$;  $b = c \cdot \cos\alpha$

$b = 5{,}1$ cm $\cdot \cos 22°$

**Dritter Lösungsweg:**
$\alpha$ und $a$ wie im 1. Lösungsweg berechnen

$b$ berechnen:  $b = \sqrt{c^2 - a^2}$

$b = \sqrt{5{,}1^2 - 1{,}9^2}$ cm

In jedem der Fälle kann mithilfe einer Konstruktion des Dreiecks eine Kontrolle durchgeführt werden (➚ Bild D 17):
① Thaleskreis über $\overline{AB}$
② Winkel $\beta$ an $\overline{AB}$ in $B$ antragen
③ Der Schnittpunkt des freien Schenkels mit dem Thaleskreis ergibt $C$.
④ Nachmessen der Stücke

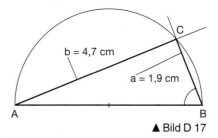

b = 4,7 cm

a = 1,9 cm

▲ Bild D 17

**5.** Berechnen Sie die Länge von $b$ im letzten Beispiel **a)** nach dem zweiten, **b)** nach dem dritten Lösungsweg. Welche Möglichkeiten sehen Sie noch für die Berechnung der fehlenden Stücke des Dreiecks im letzten Beispiel?

**6.** Berechnen Sie aus den gegebenen Stücken des rechtwinkligen Dreiecks $ABC$ die fehlenden Stücke. Kontrollieren Sie Ihre Ergebnisse. ($\gamma = 90°$)
    **a)** $c = 5{,}8$ cm; $\alpha = 72°$     **b)** $c = 420$ m; $\beta = 31°$     **c)** $c = 5{,}2$ km; $\alpha = 12°$

**7.** Gegeben ist ein rechtwinkliges Dreieck $ABC$ mit $\gamma = 90°$, $a = 6{,}2$ cm, $\alpha = 76°$. Welcher Fall der Übersicht von Seite 79 liegt vor? Lösen Sie die Aufgabe auf zwei Lösungswegen und diskutieren Sie die Zweckmäßigkeit der beiden Wege.

**8.** Berechnen Sie aus den folgenden Angaben eines rechtwinkligen Dreiecks $ABC$ mit
Ⓛ  $\sphericalangle ACB = 90°$ die fehlenden Stücke:
    **a)** $a = 4{,}0$ cm; $\beta = 80°$,         **b)** $b = 38{,}2$ m; $\alpha = 41°$,
    **c)** $b = 810$ m; $\beta = 39°$,          **d)** $b = 6$ m; $\alpha = 45°$.

**9.** Wählen Sie zum Fall D (➚ Seite 79) ein Beispiel und tragen Sie wenigstens zwei Lösungsmöglichkeiten zur Berechnung der fehlenden Stücke des rechtwinkligen Dreiecks vor. Nennen Sie auch Vorzüge und Nachteile der von Ihnen gewählten Lösungsmöglichkeiten.

**10.** Berechnen Sie die fehlenden Stücke des Dreiecks $ABC$ mit $\sphericalangle ACB = 90°$.
    **a)** $c = 7{,}3$ cm; $b = 2{,}3$ cm         **b)** $c = 4{,}7$ cm; $a = 3{,}4$ cm
    **c)** $a = 10{,}8$ cm; $c = 17{,}4$ m       **d)** $b = 13$ km; $c = 13{,}5$ km

**11.** Bei der Berechnung der Stücke eines rechtwinkligen Dreiecks $ABC$ ($\sphericalangle ACB = 90°$) wurden die folgenden Ergebnisse angegeben. Prüfen Sie nach und korrigieren Sie gegebenenfalls. Finden Sie heraus, welche Fehler gemacht wurden.
    **a)** Gegeben: $a = 720$ m; $c = 940$ m;   berechnet: $b = 600$ m; $\alpha = 40°$; $\beta = 50°$,
    **b)** Gegeben: $\alpha = 37°$; $c = 61$ m;        berechnet: $a = 46$ m; $b = 40$ m.

**12.** Kontrollieren Sie die nachstehenden Ergebnisse. Finden Sie heraus, welche Fehler gemacht wurden.

| **a)** Dreieck $ABC$ mit $\sphericalangle ACB = 90°$<br>Gegeben: $a = 5,7$ cm; $b = 3,6$ cm<br>Berechnet: $\alpha = 39,2°$ | **b)** Dreieck $ABC$ mit $\sphericalangle ACB = 90°$<br>Gegeben: $\alpha = 42°$; $c = 178$ m<br>Berechnet: $a = 266$ m |
|---|---|

**13.** Gegeben sind jeweils zwei Stücke eines Dreiecks und der Winkel $\gamma = 90°$. Berechnen Sie den gesuchten Winkel bzw. die gesuchte Seite des Dreiecks.

| | gegeben | gesucht | | | gegeben | gesucht |
|---|---|---|---|---|---|---|
| **a)** | $a = 5,9$ cm; $\alpha = 57°$ | $b$ | | **h)** | $a = 340$ m; $c = 270$ m | $\alpha$ |
| **b)** | $c = 7,8$ km; $b = 5,0$ km | $\alpha$ | | **i)** | $b = 4,7$ cm; $\beta = 78°$ | $a$ |
| **c)** | $b = 0,78$ m; $a = 1,32$ m | $c$ | | **j)** | $a = 6,0$ cm; $\beta = 45°$ | $b$ |
| **d)** | $c = 34$ mm; $\beta = 23°$ | $\alpha$ | | **k)** | $c = 87$ m; $\alpha = 39°$ | $b$ |
| **e)** | $b = 46$ cm; $\alpha = 81°$ | $a$ | | **l)** | $a = 76$ mm; $\beta = 24°$ | $c$ |
| **f)** | $a = 7,2$ m; $b = 7,2$ m | $\beta$ | | **m)** | $b = 35$ m; $c = 37$ m | $\beta$ |
| **g)** | $c = 9,4$ cm; $\alpha = 70°$ | $a$ | | **n)** | $b = 24$ m; $c = 46$ m | $\alpha$ |

**14.** Ⓛ Gegeben ist ein rechtwinkliges Dreieck $ABC$. Berechnen Sie aus den Angaben die fehlenden Seiten und Winkel.
**a)** $A = 42$ cm²; $b = 7$ cm; $\gamma = 90°$ **b)** $a = 14,3$ m; $A = 50$ m²; $\gamma = 90°$
**c)** $\alpha = \beta$; $A = 24,5$ cm²; $\gamma = 90°$ **d)\*** $\alpha = 37°$; $A = 800$ m²; $\gamma = 90°$

**15.\*** Ⓛ **a)** Ein rechtwinkliges Dreieck $ABC$ mit dem Winkel $\sphericalangle ACB = 90°$ und der Hypotenuse $c = 13$ cm habe den Umfang von 30 cm. Ermitteln Sie die fehlenden Seiten und Winkel.
**b)** Ein weiteres rechtwinkliges Dreieck $ABC$ mit dem Winkel $\sphericalangle ACB = 90°$ und dem Umfang von 30 cm hat eine 12 cm lange Hypotenuse. Wie lang sind die Katheten?

**16.** Errechnen Sie die fehlenden Stücke des rechtwinkligen Dreiecks $ABC$ (↗ Bild D 18), wenn gegeben sind: **a)** $h_c = 4,0$ cm; $\alpha = 35°$, **b)** $q = 3,8$ cm; $b = 5,1$ cm, **c)** $\beta = 41°$; $q = 4,3$ cm, **d)** $a = 4,0$ cm; $h_c = 3,2$ cm.

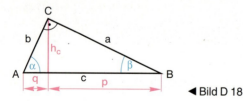

◀ Bild D 18

**17.** Ⓛ Wie weit steht man vor dem 365 m hohen Berliner Fernsehturm (↗ Bild D 19), wenn man die Spitze unter einem Winkel von 65° sieht?

Bild D 19 ▶

# 5 Trigonometrische Berechnungen an beliebigen Dreiecken

**1.** **a)** Konstruieren Sie ein Dreieck mit $\alpha = 57°$, $b = 6,2$ cm und $c = 5,3$ cm.
**b)** Ermitteln Sie die Innenwinkel $\beta$ und $\gamma$ des Dreiecks.

Monika, Benjamin und Sandra überlegen, ob man die unbekannten Winkel und Seiten auch dann berechnen kann, wenn das Dreieck nicht rechtwinklig ist. Das Dreieck mit den Seiten $a = 4,0$ cm und $b = 6,1$ cm und dem Winkel $\beta = 61°$ ist nicht rechtwinklig.

Monika: „Die Funktionen sin, cos und tan können wir doch nur bei rechtwinkligen Dreiecken anwenden."

Benjamin: „Ja, wir müssten irgendwie auf ein rechtwinkliges Dreieck kommen."

Sandra: „Zeichnet man die Höhe auf $c$ ein, erhält man zwei rechtwinklige Dreiecke."

Monika: „Aber den Winkel $\alpha$ können wir trotzdem nicht ausrechnen."

Benjamin: „Man müsste $h_c$ kennen; es ist nämlich $\sin \alpha = \dfrac{h_c}{b}$."

Sandra: „Aber $h_c$ können wir doch in dem anderen rechtwinkligen Teildreieck ausrechnen. Ja, so werden wir es schaffen!"

**2.** Fertigen Sie eine Skizze zu den Überlegungen von Monika, Benjamin und Sandra an. Überprüfen Sie deren Gedankengang. Rechnen Sie $\alpha$ auf diesem Wege aus.

**3.** Wie groß sind die Innenwinkel des Dreiecks $ABC$, wenn gegeben ist:
**a)** $a = 4,8$ cm; $b = 5,7$ cm; $\beta = 72°$, **b)** $b = 5,9$ cm; $c = 7,3$ cm; $\gamma = 84°$?

---

■ Gegeben ist ein Dreieck $ABC$ mit $a = 80$ m; $\alpha = 86°$; $\gamma = 46°$.
Es sind die fehlenden Stücke zu berechnen.

*Lösung* (↗ Bild D 20a):

$\beta$ berechnen: $\beta = 180° - \alpha - \gamma$
$\beta = 48°$

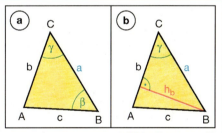

▲ Bilder D 20 a und b

Nun wählen wir eine Höhe des Dreiecks so aus, dass in einem der rechtwinkligen Teildreiecke außer dem rechten Winkel noch zwei Stücke bekannt sind. Wir wählen hier die Höhe auf $b$ (↗ Bild D 20 b). (Möglich wäre auch die Höhe auf $c$, nicht aber die Höhe auf $a$.) Dann berechnen wir die Länge von $h_b$.

$h_b$ berechnen: $\sin \gamma = \dfrac{h_b}{a}$  $c$ berechnen: $\sin \alpha = \dfrac{h_b}{c}$

$h_b = a \cdot \sin \gamma$
$= 80$ m $\cdot \sin 46°$  $c = \dfrac{h_b}{\sin \alpha}$

$h_b \approx 57,5$ m  $c \approx 57,7$ m

Es ist nun noch die Seite $b$ zu berechnen. Wir benötigen eine weitere Höhe, zum Beispiel $h_c$, dazu (↗ Seite 84 oben).

$h_c$ berechnen:  $\sin \beta = \dfrac{h_c}{a}$

$$h_c = a \cdot \sin \beta$$
$$h_c = 80 \text{ m} \cdot \sin 48°$$

$$h_c \approx 59{,}5 \text{ m}$$

$b$ berechnen:  $\sin \alpha = \dfrac{h_c}{b}$

$$b = \dfrac{h_c}{\sin \alpha}$$

$$b \approx 59{,}6 \text{ m}$$

Mit einer maßstäblichen Konstruktion können wir das Ergebnis kontrollieren. Wir wählen den Maßstab 1:1000.
① Zu zeichnen ist $\overline{BC} = 8$ cm.
② Es werden der Winkel $\gamma = 46°$ in $C$ und der Winkel $\beta = 48°$ in $B$ angetragen.
③ Der Schnittpunkt der freien Schenkel ist $A$.
④ $\overline{AB}$ und $\overline{AC}$ werden gemessen.

Für die Dreiecksseiten erhalten wir $b \approx 60$ m und $c \approx 58$ m. Im Rahmen der Zeichengenauigkeit stimmen die Ergebnisse mit den errechneten überein.

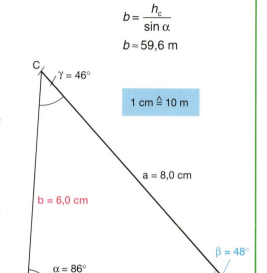

1 cm ≙ 10 m

Bild D 21 ▶

4. Alexander schaut sich das Beispiel genau an und meint, man könne den Rechenweg verkürzen. Zum Beispiel brauche man die Höhe $h_b$ gar nicht auszurechnen. Was ist Ihre Ansicht dazu?

5. **a)** Elvira entnimmt dem Beispiel die Beziehungen $\sin \gamma = \dfrac{h_b}{a}$ und $\sin \alpha = \dfrac{h_b}{c}$. Durch Umformung erhält sie daraus $\dfrac{\sin \alpha}{a} = \dfrac{\sin \gamma}{c}$. Wie hat sie das gefunden?

   **b)** Claudia findet aus den im Beispiel genannten Beziehungen sogar $\dfrac{\sin \alpha}{a} = \dfrac{\sin \beta}{b} = \dfrac{\sin \gamma}{c}$. Wie kann sie das gefunden haben?

6. Berechnen Sie jeweils die fehlenden Stücke des Dreiecks $ABC$.
   Ⓛ **a)** $b = 2{,}9$ cm; $\alpha = 76°$; $\gamma = 69°$  **b)** $c = 420$ m; $\alpha = 55°$; $\beta = 70°$
   **c)** $a = 720$ m; $\alpha = 40°$; $\beta = 63°$  **d)** $a = 4{,}2$ m; $b = 5{,}9$ m; $\beta = 76°$

Mithilfe der Beziehung

(∗)   $\dfrac{\sin \alpha}{a} = \dfrac{\sin \beta}{b} = \dfrac{\sin \gamma}{c}$

können wir viele Berechnungen zu Dreiecken durchführen. Bisher ist die Beziehung (∗) aber nur für spitzwinklige Dreiecke sinnvoll. Wir untersuchen jetzt, ob man der Gleichung (∗) auch für stumpfwinklige Dreiecke einen Sinn geben kann (↗ Seite 85).

Das Dreieck *ABC* im Bild D 22 ist ein stumpfwinkliges Dreieck mit $\alpha > 90°$.

Dann gelten:
$$\sin \beta = \frac{h_c}{a}$$
$$h_c = a \cdot \sin \beta$$
sowie
$$\sin (180° - \alpha) = \frac{h_c}{b}$$
$$h_c = b \cdot \sin (180° - \alpha)$$

Durch weitere Umformung erhält man: $\dfrac{\sin (180° - \alpha)}{a} = \dfrac{\sin \beta}{b}$

Im Falle eines stumpfen Winkels brauchen wir also nur den Winkel durch seinen *Supplementwinkel* (das ist der *Ergänzungswinkel zu 180°*) zu ersetzen, damit die Gleichung (∗) auf der Seite 84 richtig bleibt. Legen wir im Falle eines stumpfen Winkels $\alpha$ fest, dass

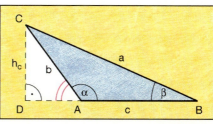

▲ Bild D 22

$$\sin \alpha = \sin (180° - \alpha)$$

ist, so kann sogar bei stumpfwinkligen Dreiecken $\sin \alpha$ in der Gleichung (∗) stehen bleiben.

**7.** Begründen Sie, dass auch im Falle eines rechtwinkligen Dreiecks die Beziehung (∗) gilt.

---

► **Sinussatz:**

**In jedem Dreieck sind die Quotienten aus dem Sinus eines Winkels und der Länge der dem Winkel gegenüberliegenden Seite einander gleich.**

$$\frac{\sin \alpha}{a} = \frac{\sin \beta}{b} = \frac{\sin \gamma}{c}$$

---

**8.** Ermitteln Sie $\sin \alpha$ für die folgenden Argumente von $\alpha$.
**a)** 100°  **b)** 175°  **c)** 96°  **d)** 177°  **e)** 114°  **f)** 142°  **g)** 168°  **h)** 131°

**9.** Von einem Dreieck *ABC* sind bekannt: $b = 7$ cm; $c = 4$ cm; $\beta = 112°$.
Konstruieren Sie das Dreieck *ABC* und berechnen Sie den Winkel $\gamma$.

**10.** Von einem Dreieck *ABC* sind jeweils die folgenden Seiten bzw. Winkel gegeben. Berechnen Sie die fehlenden Stücke des Dreiecks.
**a)** $a = 8,4$ cm; $\alpha = 70°$; $\beta = 57°$  **b)** $b = 3,4$ km; $\beta = 34°$; $\gamma = 82,2°$
**c)** $c = 13,8$ m; $\alpha = 37,8°$; $\gamma = 94°$  **d)** $b = 0,97$ m; $\alpha = 65°$; $\beta = 124°$

**11.** Von einem Dreieck *ABC* sind bekannt: $a = 4,8$ cm; $c = 7,6$ cm; $\alpha = 34°$.
**a)** Konstruieren Sie ein Dreieck, das die Bedingungen erfüllt. Wie viele Dreiecke, die nicht zueinander kongruent sind, lassen sich konstruieren?
**b)** Ermitteln Sie die fehlenden Winkel des Dreiecks rechnerisch. Was stellen Sie fest?

**12.** Berechnen Sie die fehlenden Winkel des Dreiecks.
**a)** $a = 25$ mm; $b = 79$ mm; $\beta = 107°$  **b)** $b = 24,6$ km; $c = 22,5$ km; $\gamma = 46,1°$
**c)** $a = 23,6$ m; $c = 56,2$ m; $\alpha = 27°$  **d)** $a = 5,23$ m; $b = 1,35$ m; $\alpha = 140°$

Bei den bisher betrachteten Beispielen und Aufgaben war von den beliebigen Dreiecken stets zu einer Seite der ihr gegenüberliegende Winkel bekannt. Das folgende Beispiel zeigt, wie man bei der Berechnung vorgehen kann, wenn zwei Seiten und nur der von diesen Seiten eingeschlossene Winkel bekannt sind.

■ Von einem Dreieck sind gegeben: $b = 7{,}3$ cm; $c = 4{,}8$ cm; $\alpha = 63°$.

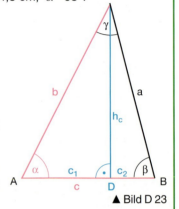

Zu berechnen sind die fehlenden Stücke des Dreiecks.

*Lösung* (↗ Bild D 23):
Wir wählen die Höhe auf einer der gegebenen Seiten, z.B. auf $c$. Der Fußpunkt der Höhe $h_c$ sei $D$. $D$ zerlegt die Seite $c$ in zwei Abschnitte $c_1$ und $c_2$. Jetzt ist die gesuchte Seite $a$ die Hypotenuse im rechtwinkligen Dreieck $BCD$. Von diesem Dreieck kennen wir aber außer dem rechten Winkel keinen weiteren Winkel.
Könnten wir jedoch $h_c$ und $c_2$ berechnen, würden wir $a$ mithilfe des Satzes des Pythagoras ermitteln: $a^2 = c_2^2 + h_c^2$.

▲ Bild D 23

Wegen $\sin \alpha = \dfrac{h_c}{b}$ ist $h_c = b \cdot \sin \alpha$. Weiter ist $c_2 = c - c_1$. Die Teilstrecke $c_1$ aber liegt im rechtwinkligen Dreieck $ADC$. Es ist $\cos \alpha = \dfrac{c_1}{b}$ und folglich $c_1 = b \cdot \cos \alpha$.

Aus diesen Vorüberlegungen ergibt sich folgender Weg zur Berechnung von $a$:
① $h_c$ berechnen: $h_c = b \cdot \sin \alpha$   Ist die Seite $a$ errechnet, haben wir die dem
② $c_1$ berechnen: $c_1 = b \cdot \cos \alpha$   Winkel $\alpha$ gegenüberliegende Seite und
③ $c_2$ berechnen: $c_2 = c - c_1$   können dann auch $\beta$ und $\gamma$ ermitteln.
④ $a$ berechnen: $a = \sqrt{c_2^2 + h_c^2}$

**13.** Erläutern Sie den Rechenweg in diesem Beispiel und rechnen Sie die Länge der Seite $a$ aus. Berechnen Sie auch die Winkelgrößen von $\beta$ und $\gamma$.

**14.** Berechnen Sie jeweils die fehlende Seite des Dreiecks.
**a)** $b = 6{,}0$ cm; $c = 4{,}4$ cm; $\alpha = 71°$
**b)** $a = 5{,}0$ cm; $b = 5{,}5$ cm; $\gamma = 83°$
**c)** $a = 121$ m; $c = 170$ m; $\beta = 78°$
**d)** $b = 7$ cm; $c = 7$ cm; $\alpha = 72°$

**15.** Elena und Sascha diskutieren, wie man die Winkel eines beliebigen Dreiecks berechnen kann, wenn nur die Längen der drei Seiten bekannt sind. Auf der folgenden Seite 87 ist das Gespräch der beiden aufgezeichnet.

Bild D 24 ▶

Elena: „Wenn wir erst einmal einen Winkel berechnet haben, ist der Rest leicht."
Sascha: „Irgendwie müssen wir die Berechnung wieder auf rechtwinklige Dreiecke zurückführen."
Elena: „Wenn wir $\alpha$ ausrechnen wollen, müssen wir $c_1$ kennen. Aus dem Bild D 23 ist doch klar zu ersehen, dass gilt: $\cos \alpha = \dfrac{c_1}{b}$."
Sascha: „Und $c_1$ ist gleich $c - c_2$."
Elena: „$c_2$ kennen wir aber auch nicht!"
Sascha: „$h_c$ kommt in beiden Teildreiecken vor, vielleicht hilft das weiter. Es ist $h_c^2 = a^2 - c_2^2$ und $h_c^2 = b^2 - c_1^2$."
Elena: „Wenn wir das gleichsetzen, bekommen wir: $a^2 - c_2^2 = b^2 - c_1^2$."
Sascha: „Für $c_2$ setzen wir $c - c_1$ ein und erhalten auf diese Weise: $a^2 - (c - c_1)^2 = b^2 - c_1^2$."
Elena: „Wenn wir diese Gleichung nach $c_1$ auflösen, können wir $\cos \alpha$ und so auch $\alpha$ berechnen."

**a)** Fertigen Sie eine Skizze zu den Überlegungen von Elena und Sascha an und erläutern Sie die einzelnen Schritte.
**b)** Ermitteln Sie die Innenwinkel eines Dreiecks, von dem $a = 4{,}2$ cm, $b = 5{,}6$ cm und $c = 4{,}7$ cm gegeben sind.
**c)** Überprüfen Sie die unter b) ermittelten Werte durch Konstruktion.

Beim Lösen der vorhergehenden Aufgabe 15 erhält man die Beziehung
$$\cos \alpha = \frac{b^2 + c^2 - a^2}{2bc}, \text{ anders formuliert: } a^2 = b^2 + c^2 - 2bc \cos \alpha.$$
Dabei ist $\alpha < 90°$ (↗ Bild D 25a). Was wird aus den Überlegungen, wenn $\alpha > 90°$?

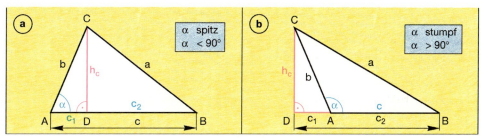

▲ Bilder D 25a und b

$h_c^2 = b^2 - c_1^2$ und $h_c^2 = a^2 - c_2^2$ | $h_c^2 = b^2 - c_1^2$ und $h_c^2 = a^2 - c_2^2$
Daraus folgt in beiden Fällen: $b^2 - c_1^2 = a^2 - c_2^2$
$$(*)\quad a^2 = b^2 - c_1^2 + c_2^2$$

Nun ist
$c_1 = b \cdot \cos \alpha$ und
$c_2 = c - c_1 = c - b \cdot \cos \alpha$

In diesem Fall ist $c_1 = b \cdot \cos(180° - \alpha)$ und
$c_2 = c + c_1 = c + b \cdot \cos(180° - \alpha)$
$c_2 = c - b \cdot (-\cos(180° - \alpha))$

Legen wir **im Falle eines stumpfen Winkels** $\alpha$ fest, dass

$$\boxed{\cos \alpha = -\cos(180° - \alpha)}$$

ist, so können wir $\cos(180° - \alpha)$ durch $-\cos \alpha$ ersetzen. Wir erhalten für das stumpfwinklige Dreieck: $c_1 = -b \cdot \cos \alpha$ und $c_2 = c - b \cdot \cos \alpha$.

Damit gilt dann, wenn wir die Beziehungen für $c_1$ und $c_2$ in die Gleichung

$(*)\ a^2 = b^2 - c_1^2 + c_2^2$ einsetzen

- im Falle des spitzwinkligen Dreiecks:

$$a^2 = b^2 - (b \cdot \cos \alpha)^2 + (c - b \cdot \cos \alpha)^2$$
$$\quad = b^2 - (b \cdot \cos \alpha)^2 + c^2 - 2bc \cdot \cos \alpha + (b \cdot \cos \alpha)^2$$
$$a^2 = b^2 + c^2 - 2bc \cdot \cos \alpha$$

und

- im Falle des stumpfwinkligen Dreiecks:

$$a^2 = b^2 - (-b \cdot \cos \alpha)^2 + (c - b \cdot \cos \alpha)^2;$$

und weil $(-b \cdot \cos \alpha)^2 = (b \cdot \cos \alpha)^2$, gelangt man auch in diesem Fall zu

$a^2 = b^2 - (b \cdot \cos \alpha)^2 + c^2 - 2bc \cdot \cos \alpha + (b \cdot \cos \alpha)^2$ und weiter zu

$$a^2 = b^2 + c^2 - 2bc \cdot \cos \alpha.$$

Damit gilt dann (egal ob $\alpha$ ein spitzer oder ein stumpfer Winkel ist) nach Umformung

$\cos \alpha = \dfrac{b^2 + c^2 - a^2}{2\,bc}$. Entsprechende Gleichungen gelten für $\cos \beta$ und $\cos \gamma$.

**16.** Begründen Sie, dass die Gleichung $\cos \alpha = \dfrac{b^2 + c^2 - a^2}{2\,bc}$ auch für $\alpha = 90°$ gilt.

---

▶ **Kosinussatz:**
   **In jedem Dreieck ist das Quadrat der Länge einer Seite gleich der Summe der Quadrate der Längen der beiden anderen Seiten, vermindert um das doppelte Produkt aus den Längen dieser beiden Seiten und dem Kosinus des von beiden Seiten eingeschlossenen Winkels.**

| | |
|---|---|
| $a^2 = b^2 + c^2 - 2\,bc \cdot \cos \alpha$ | $\cos \alpha = \dfrac{b^2 + c^2 - a^2}{2\,bc}$ |
| $b^2 = a^2 + c^2 - 2\,ac \cdot \cos \beta$ | $\cos \beta = \dfrac{a^2 + c^2 - b^2}{2\,ac}$ |
| $c^2 = a^2 + b^2 - 2\,ab \cdot \cos \gamma$ | $\cos \gamma = \dfrac{a^2 + b^2 - c^2}{2\,ab}$ |

---

**17.** Ermitteln Sie die Funktionswerte der Winkelfunktionen Sinus bzw. Kosinus, wenn als Argumente die jeweils angegebenen Winkel gegeben sind.

**a)** $\cos 140°$   **b)** $\cos 97°$   **c)** $\cos 106°$   **d)** $\cos 127°$   **e)** $\cos 164°$
**f)** $\sin 178°$   **g)** $\cos 178°$   **h)** $\sin 110°$   **i)** $\cos 70°$   **j)** $\cos 110°$
**k)** $\sin 70°$   **l)** $\cos 92°$   **m)** $\sin 150°$   **n)** $\cos 150°$   **o)** $\cos 99°$

**18.** Berechnen Sie die dritte Seite eines Dreiecks $ABC$, von dem die folgenden Stücke gegeben sind.

**a)** $b = 6{,}2$ cm; $c = 6{,}9$ cm; $\alpha = 75°$   **b)** $a = 7{,}1$ cm; $b = 2{,}5$ cm; $\gamma = 125°$

**19.** Berechnen Sie jeweils die Innenwinkel eines Dreiecks $ABC$ mit den Seiten
Ⓛ   **a)** $a = 4$ cm; $b = 5{,}8$ cm; $c = 4{,}7$ cm,   **b)** $a = 220$ m; $b = 270$ m; $c = 360$ m,
   **c)** $a = 3{,}2$ km; $b = 4{,}8$ km; $c = 3{,}2$ km,   **d)** $a = 23$ mm; $b = 28$ mm; $c = 33$ mm,
   **e)** $a = 5{,}1$ m; $b = 5{,}1$ m; $c = 5{,}1$ m,   **f)** $a = 43$ m; $b = 37$ m; $c = 81$ m.

■ Von einem Dreieck $ABC$ sind bekannt:
$b = 243$ m; $c = 141$ m; $\alpha = 38{,}0°$.
Man berechne die fehlenden Stücke des
Dreiecks.

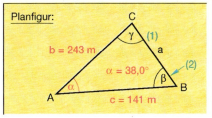

Planfigur:

▲ Bild D 26

*Lösung* (↗ Bild D 26):

① Es sind zwei Seiten des Dreiecks und
der eingeschlossene Winkel gegeben. Wir können die dritte Seite mithilfe des Kosinussatzes berechnen.

$$a^2 = b^2 + c^2 - 2\,bc \cos \alpha$$
$$a = \sqrt{243^2 + 141^2 - 2 \cdot 243 \cdot 141 \cdot \cos 38°}\ \text{m}$$
$$a = \sqrt{24\,930{,}775}\ \text{m} \approx 158\ \text{m}$$

Taschenrechner: 243 $\boxed{x^2}$ $\boxed{+}$ 141 $\boxed{x^2}$ $\boxed{-}$ 2 $\boxed{\times}$ 243 $\boxed{\times}$ 141 $\boxed{\times}$ 38 $\boxed{\cos}$ $\boxed{=}$ $\boxed{\sqrt{\phantom{x}}}$
[157.89482]

② Mithilfe des Sinussatzes können wir einen weiteren Winkel berechnen, zum
Beispiel den Winkel ⊰$ABC = \beta$.

Aus $\dfrac{\sin \alpha}{a} = \dfrac{\sin \beta}{b}$ folgt $\sin \beta = \dfrac{b \cdot \sin \alpha}{a}$. Wir erhalten

$\sin \beta = \dfrac{243\ \text{m} \cdot \sin 38{,}0°}{a}$

$\sin \beta = 0{,}94750\ldots$
Dann ist $\beta = 71{,}4°$ oder es ist
$\beta = 180° - 71{,}4°$, falls $\beta$
ein stumpfer Winkel ist.

(Für $a$ setzt man den gerundeten Wert 158 m
ein. Nach Möglichkeit aber gibt man das
Rechnerergebnis aus ① in den Speicher des
Rechners und ruft den Wert dann wieder ab.)

Eine Entscheidung können wir herbeiführen, indem wir beachten, dass der
größeren Seite auch stets der größere Winkel gegenüberliegt.
Wegen $c < a < b$ muss auch $\gamma < \alpha < \beta$ sein.
Wäre $\beta = 71{,}4°$, müsste $\gamma$ wegen $\gamma = 180° - \alpha - \beta$ gleich $70{,}6°$ und damit
größer als $\alpha$ sein.
Es ist also $\beta = 180° - 71{,}4° = 108{,}6°$ und folglich $\gamma = 33{,}4°$.

Taschenrechner: 243 $\boxed{\times}$ 38 $\boxed{\sin}$ $\boxed{\div}$ $\boxed{MR}$ $\boxed{=}$ [0.9475025] $\boxed{F}$ $\boxed{\sin}$ [71.352293]
(falls $a$ im Speicher ist)

**20.** Berechnen Sie alle fehlenden Stücke des Dreiecks.
    **a)** $a = 58$ m; $c = 47$ m; $\alpha = 35°$      **b)** $a = 356$ m; $c = 278$ m; $\beta = 82°$
    **c)** $a = 115$ km; $b = 47$ km; $\gamma = 90°$      **d)** $b = 25$ m; $\alpha = 59°$; $\gamma = 47°$
    **e)\*** $a = 34$ m; $c = 48$ m; $h_b = 28$ m      **f)** $b = 87$ mm; $c = 93$ mm; $\gamma = 87°$
    **g)** $a = 74$ m; $c = 74$ m; $\beta = 60°$      **h)** $b = 67$ m; $c = 93$ m; $\alpha = 58°$

**21.** Berechnen Sie jeweils die in Klammern angegebenen Stücke des Dreiecks $ABC$.
Ⓛ   **a)** $b = 23{,}6$ m; $c = 17{,}8$ m; $\alpha = 25°$ ($a$; $\beta$)
    **b)** $a = 745$ m; $b = 234$ m; $c = 637$ m ($\beta$)

**22.** Berechnen Sie jeweils die in Klammern angegebenen Stücke des Dreiecks $ABC$.
Ⓛ  **a)** $c = 25{,}6$ cm; $\alpha = 34°$; $\beta = 98°$ ($b$)
  **b)** $a = 6{,}5$ cm; $c = 7{,}2$ cm; $\beta = 102°$ ($b$)
  **c)** $a = 12{,}3$ cm; $b = 4{,}8$ cm; $c = 8{,}4$ cm ($\alpha$)
  **d)** $b = 5{,}6$ m; $c = 8{,}9$ m; $\beta = 74°$ ($\alpha$)

**23.\*** Fertigen Sie eine Übersicht zur Berechnung der fehlenden Stücke eines beliebigen Dreiecks an, wenn gegeben sind:
  **a)** drei Seiten,   **b)** zwei Seiten und der eingeschlossene Winkel,
  **c)** eine Seite und zwei Winkel,   **d)** zwei Seiten und ein Winkel.

---

### ZUSAMMENFASSUNG

| Sinus | Kosinus | Tangens |
|---|---|---|
| $\sin \alpha = \dfrac{\text{Gegenkathete}}{\text{Hypotenuse}}$ | $\cos \alpha = \dfrac{\text{Ankathete}}{\text{Hypotenuse}}$ | $\tan \alpha = \dfrac{\text{Gegenkathete}}{\text{Ankathete}}$ |
| $0° < \alpha < 90°$ <br> $\sin 0° = 0$ <br> $\sin 90° = 1$ | $0° < \alpha < 90°$ <br> $\cos 0° = 1$ <br> $\cos 90° = 0$ | $0° < \alpha < 90°$ <br> $\tan 0° = 0$ <br> $\tan 90°$ nicht definiert |
| Wertebereich: <br> $0 \leq \sin \alpha \leq 1$ | Wertebereich: <br> $0 \leq \cos \alpha \leq 1$ | Wertebereich: alle nicht negativen Zahlen |
| $\sin \alpha = \sin(180° - \alpha)$ <br> für $90° < \alpha < 180°$ | $\cos \alpha = -\cos(180° - \alpha)$ <br> für $90° < \alpha < 180°$ | |

| | |
|---|---|
| **Sinussatz** | $\dfrac{\sin \alpha}{a} = \dfrac{\sin \beta}{b} = \dfrac{\sin \gamma}{c}$ |
| **Kosinussatz** | $a^2 = b^2 + c^2 - 2bc \cdot \cos \alpha \qquad \cos \alpha = \dfrac{b^2 + c^2 - a^2}{2bc}$ |

Für alle Winkel $\alpha$ mit $0° \leq \alpha \leq 90°$ gilt: $\sin^2 \alpha + \cos^2 \alpha = 1$.

**Beachte bei trigonometrischen Berechnungen:**
① Skizze anfertigen, gegebene Stücke markieren.
② Überlegen Sie, welches gesuchte Stück zweckmäßig zuerst berechnet wird.
③ Entsprechendes Dreieck suchen.
④ Falls das Dreieck rechtwinklig ist, unter Verwendung der Winkelfunktionen bzw. durch Anwendung des Satzes des Pythagoras das gesuchte Stück berechnen.
⑤ Falls das Dreieck nicht rechtwinklig ist, unter Verwendung des Sinus- bzw. Kosinussatzes das gesuchte Stück berechnen. Bei der Anwendung des Sinussatzes kann es zwei Lösungen geben.
⑥ Weitere gesuchte Stücke gemäß ③ bis ⑤ ermitteln.
⑦ Kontrollmöglichkeiten nutzen.
⑧ Ergebnisse mit sinnvoller Genauigkeit angeben.

# 6   Anwendungen

**1.** Die Höhe einer Wolkendecke lässt sich bei Dunkelheit mithilfe eines Scheinwerfers ermitteln. Dazu wird die Wolkendecke mit dem Scheinwerfer angestrahlt (↗ Bild D 27). Die Entfernung $e$ und der Winkel $\alpha$ lassen sich messen.

**a)** In welcher Höhe befindet sich die Wolkendecke, wenn $e = 580$ m und $\alpha = 54°$ gemessen wurden?

**b)** Bei anderer Gelegenheit wurde $\alpha = 61°$ gemessen. $e$ beträgt unverändert 580 m. In welcher Höhe befindet sich die Wolkendecke jetzt?

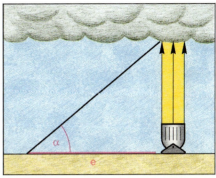

▲ Bild D 27

■ Eine Wandergruppe nähert sich einem 34 m hohen Aussichtsturm. Wie weit ist die Gruppe noch vom Turm entfernt, wenn sie ihn unter einem Höhenwinkel von 5° sieht?

*Lösung:*
Zuerst fertigen wir eine Skizze zum Sachverhalt an (↗ Bild D 28).

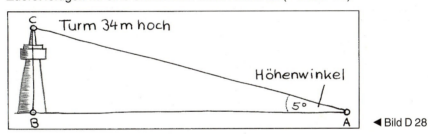

◀ Bild D 28

Vom rechtwinkligen Dreieck $ABC$ sind ein Winkel und seine Gegenkathete $\overline{BC}$ bekannt. Gesucht ist die Länge der Ankathete $\overline{AB}$.
Eine Beziehung, in der der gegebene Winkel sowie seine Gegenkathete und seine Ankathete vorkommen, ist

$$\tan 5° = \frac{\overline{BC}}{\overline{AB}}.$$

Daraus erhalten wir

$$\overline{AB} = \frac{\overline{BC}}{\tan 5°}.$$

Taschenrechner:
[DEG] 34 [÷] 5 [tan] [=] [388.62178]

Kontrolle: Die Ankathete muss wegen des Winkels von nur 5° wesentlich größer als die Gegenkathete sein. Das ist bei $AB = 388, ...$ m der Fall.
Das Ergebnis wird sinnvoll auf 400 m gerundet. Diese Genauigkeit ist für die Wandergruppe völlig ausreichend und sie entspricht auch der Genauigkeit der Winkelmessung.

*Antwort:* Die Gruppe ist etwa 400 m vom Aussichtsturm entfernt.

# D ▼ Trigonometrie

**Beachten Sie beim Lösen von Sachaufgaben:**

- Skizze zum Sachverhalt anfertigen!
- Aufschreiben der gegebenen Größen und der gesuchten Größe(n)!
- Auffinden eines rechtwinkligen Dreiecks, in dem die gegebenen und gesuchten Größen als Stücke vorkommen!
- Gesuchte Größe(n) über eine geeignete Beziehung ausrechnen!
- Kontrollmöglichkeiten nutzen!
- Ergebnis mit sinnvoller Genauigkeit angeben!

**2.** Eine Bergstraße führt 1,5 km bergauf. Die Steigung wird mit 12% angegeben, d.h. der Höhengewinn beträgt 12% der horizontalen Entfernung (↗ Bild D 29). Ist $e = 100$ m, so ist $h = 12$ m. (12 m sind 12% von 100 m.)

▲ Bild D 29

**a)** Erläutern Sie, was man unter einer Steigung von 25% versteht.
**b)** Gibt es eine Steigung von 100%? Begründen Sie Ihre Antwort.
**c)** Welcher Höhenunterschied wird auf einer 1,5 km langen Straße mit einer Steigung von 12% überwunden? (Beachten Sie: Es ist $s = 1,5$ km, nicht $e$!)
**d)** Ermitteln Sie den Steigungswinkel $\alpha$ der Straße aus Aufgabenteil c).

**3.** Ⓛ Die 1924 eröffnete Fichtelbergschwebebahn in Oberwiesenthal im Erzgebirge überwindet einen Höhenunterschied von 303 m bei einem Steigungswinkel von durchschnittlich 15°.
**a)** Wie lang ist die Strecke und wie lang ist ihre Darstellung auf einer Karte im Maßstab 1:25 000?
**b)** Geben Sie die Steigung der Seilschwebebahn in Prozent an.

Bild D 30 ▶

**4.** Der Graph einer linearen Funktion schneidet die $x$-Achse im Punkt $P(2; 0)$ unter einem Winkel von 62°.
**a)** Geben Sie eine Gleichung für die Funktion an.
**b)** Stellen Sie die Funktion in einem Koordinatensystem dar.

**5.** Übertragen Sie die Tabelle in Ihr Heft und ergänzen Sie die freien Felder.

| Steigungswinkel $\alpha$ | 5° | 10° | 15° | 20° | 25° | 30° | 35° | 40° |
|---|---|---|---|---|---|---|---|---|
| tan $\alpha$ | | | | | | | | |
| Steigung in Prozent | | | | | | | | |

**6.** Welchen Winkel schließt der Graph der linearen Funktion mit der *x*-Achse ein?

**a)** $f(x) = 3x + 2$ **b)** $f(x) = \frac{\sqrt{3}}{2} x + 6$ **c)** $f(x) = 0,5x - 2$

**7.** Elvira behauptet: „Ist *m* (*m* > 0) der Anstieg einer linearen Funktion und ist α der Winkel, unter dem der Graph dieser Funktion die *x*-Achse schneidet, so ist tan α = *m*.“ Stimmt das? Begründen Sie Ihre Antwort.

**8.** Ⓛ In Thale (Harz) bringt ein 1979 erbauter Sessellift die Touristen zur 240 m höher gelegenen Rosstrappe. Die Sessel werden mit einer Geschwindigkeit von 2,25 m·s⁻¹ bewegt. Die Fahrzeit beträgt 4 min. Ermitteln Sie **a)** die durchschnittliche Steigung in Prozent, **b)** den durchschnittlichen Steigungswinkel.

**9.** Ⓛ Die Jenner-Seilbahn im Berchtesgadener Land beginnt am Königssee in 630 m Höhe über NN. Die Mittelstation befindet sich in 1185 m Höhe und die Bergstation ist 1802 m hoch. Der Kartenausschnitt, aus dem man die horizontalen Entfernungen ablesen kann, hat den Maßstab 1:40 000.

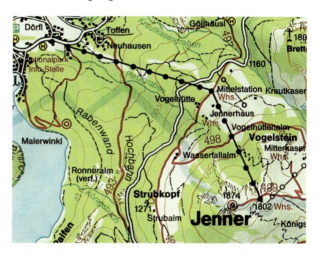

Bild D 31 ▶

**a)** Ermitteln Sie den durchschnittlichen Steigungswinkel für den Streckenabschnitt von der Tal- zur Mittelstation.
Geben Sie die Steigung auch in Prozent an.
**b)** Ermitteln Sie den durchschnittlichen Steigungswinkel auch für den Streckenabschnitt von der Mittel- zur Bergstation.
**c)\*** Geben Sie die durchschnittliche Steigung für die Gesamtstrecke in Prozent an.

**10.** Ein Drachenflieger gleitet aus einer Höhe von 250 m (ohne Aufwind) unter einem Gleitwinkel α = 7° durch die Luft. Welche Flugweite erreicht er bis zur Landung (↗ Bild D 32)?

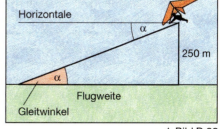

▲ Bild D 32

**11.** Berechnen Sie die Länge der Sehne *s* in einem Kreis mit dem Radius *r* und dem zur Sehne gehörenden Zentriwinkel α für

**a)** $r = 5$ cm; α = 92°,  **b)** $r = 6$ cm; α = 50°,
**c)** $r = 24$ m; α = 84°,  **d)** $r = 900$ m; α = 75.

**12.** Die Erde ist annähernd eine Kugel mit dem Radius von 6370 km.
   **a)** Welchen Umfang hat ein Polarkreis? (Die Polarkreise verlaufen bei etwa 66,5° nördlicher bzw. südlicher Breite.)
   **b)** St. Petersburg und Oslo liegen etwa auf demselben Breitengrad (60° nördlicher Breite). Oslo liegt bei etwa 10° östlicher Länge und St. Petersburg bei 30° östlicher Länge. Ermitteln Sie die Länge des Breitenkreisbogens zwischen St. Petersburg und Oslo.

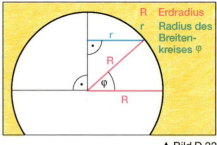

▲ Bild D 33

   **c)**\* Wie weit sind St. Petersburg und Oslo auf der Geraden, die man sich durch beide Orte denkt, voneinander entfernt?

**13.** Ermitteln Sie die Größe von α **a)** im Bild D 34 a, **b)** im Bild D 34 b.
ⓛ

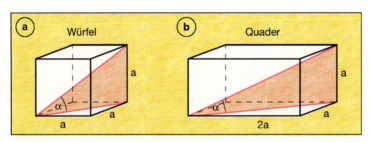

◄ Bilder D 34 a und b

**14.** Ermitteln Sie die Oberfläche und das Volumen einer quadratischen Pyramide, deren Grundseite 6 cm beträgt und deren Seitenflächen einen Winkel von 70° mit der Grundfläche einschließen.

**15.** Ein Kegel mit einem Grundkreisradius von 6 m hat einen Öffnungswinkel von 112°. Berechnen Sie die Höhe des Kegels.

**16.** **a)** In einem rechtwinkligen Koordinatensystem mit dem Ursprung $O$ liegen die Punkte $A$, $B$, $C$ im ersten Quadranten. Es ist $\overline{OA} = 7$ cm, $\overline{OB} = 5,4$ cm, $\overline{OC} = 8$ cm. $\overline{OA}$ schließt einen Winkel von 32°, $\overline{OB}$ einen Winkel von 47° und $\overline{OC}$ einen Winkel von 78° mit der $x$-Achse ein.
   Geben Sie die Koordinaten der Punkte $A$, $B$ und $C$ an.
   **b)**\* Im zweiten Quadranten liegen die Punkte $D$ und $E$. Es ist $\overline{OD} = 3,9$ cm, $\overline{OE} = 6$ cm. $\overline{OD}$ schließt einen Winkel von 145°, $\overline{OE}$ einen Winkel von 98° mit der positiven $x$-Achse ein. Ermitteln Sie die Koordinaten von $D$ und $E$.

**17.** Es sind die Koordinaten der Punkte $A$, $B$ und $C$ in einem rechtwinkligen Koordinatensystem gegeben. Ermitteln Sie die Innenwinkel des Dreiecks $ABC$.
ⓛ
   **a)** $A(23; 2)$, $B(36; 47)$, $C(27; 40)$
   **b)** $A(-12,6; 6,8)$, $B(9,3; -7,4)$, $C(13,1; 5,8)$
   **c)** $A(1,2; -3,2)$, $B(0,8; 6,7)$, $C(0; 2,4)$
   **d)** $A(0; 0)$, $B(23; 0)$, $C(0; 53)$

**18.** Von einem Dreieck *ABC* in einem rechtwinkligen Koordinatensystem sind die Koordinaten zweier Punkte und gewisse Winkel gegeben. Ermitteln Sie die fehlenden Stücke des Dreiecks (Seiten und Winkel).
   **a)** $A(2; -4)$, $B(7; 3)$, $\sphericalangle ABC = 37°$, $\sphericalangle CAB = 128°$
   **b)** $B(-3; 3)$, $C(5; -2)$, $\sphericalangle ABC = 49°$, $\sphericalangle BCA = 98°$

**19.** ⓛ Von einem Dreieck *ABC* in einem rechtwinkligen Koordinatensystem sind bekannt: $A(-2; 4)$, $B(6; -1)$, $\overline{BC} = 5{,}6$ LE, $\sphericalangle ABC = 63°$. Berechnen Sie die fehlenden Stücke des Dreiecks.

**20.** ⓛ Im Jahre 1752 ermittelten die Astronomen LALANDE und LACAILLE durch Messungen im Dreieck Berlin–Kapstadt–Mond die Entfernung Erde–Mond. Ermitteln Sie den Sehwinkel α, unter dem ein Astronaut auf dem Mond die Erde sieht (↗ Bild D 35).

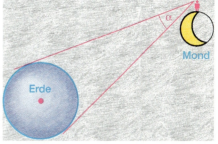

▲ Bild D 35

**21.** Ermitteln Sie rechnerisch den Flächeninhalt eines Dreiecks, für das gilt:
$a = 8$ cm; $b = 6{,}2$ cm; $\gamma = 78°$.

**22.** **a)** Begründen Sie die Formel $A = \frac{1}{2}\,ab \cdot \sin \gamma$ zur Berechnung des Flächeninhalts eines Dreiecks, von dem zwei Seiten und der von ihnen eingeschlossene Winkel bekannt sind, für den Fall, dass $\gamma < 90°$ ist. (Hinweis: Gehen Sie von der Formel $A = \frac{1}{2}\,g \cdot h_g$ aus. Setzen Sie $g = a$, und beschreiben Sie $h_g$ durch $b$ und $\gamma$.)

   **b)** Begründen Sie die unter a) genannte Formel auch für die Fälle, dass $\gamma = 90°$ bzw. dass $90° < \gamma < 180°$ ist.

> ▶ **Der Flächeninhalt eines Dreiecks ist gleich dem halben Produkt aus den Längen zweier Seiten und dem Sinus des eingeschlossenen Winkels.**
>
> | $A = \frac{1}{2}\,ab \cdot \sin \gamma$ | $A = \frac{1}{2}\,bc \cdot \sin \alpha$ | $A = \frac{1}{2}\,ac \cdot \sin \beta$ |
> |---|---|---|

**23.** Berechnen Sie den Flächeninhalt der Dreiecke.
   **a)** $a = 2{,}3$ cm; $b = 5{,}8$ cm; $\gamma = 23°$     **b)** $b = 4{,}5$ cm; $c = 7{,}9$ cm; $\alpha = 112°$
   **c)** $a = 3{,}4$ km; $c = 1{,}6$ km; $\beta = 87°$     **d)** $a = 208$ m; $b = 119$ m; $\gamma = 131°$

**24.** Berechnen Sie den Flächeninhalt der Dreiecke *ABC*.
   **a)** $A(3; -5)$, $B(-2; 5)$, $C(-4; -4)$     **b)** $A(-7; -2)$, $B(2; -1)$, $C(3; 6)$

**25.** Gegeben ist ein Rhombus *ABCD* mit $\overline{AB} = 6$ cm und $\sphericalangle BAD = 52°$.
   **a)** Wie lang sind die Diagonalen des Rhombus?
   **b)** Ermitteln Sie den Flächeninhalt der Figur.

■ Es ist der Flächeninhalt eines Vierecks (↗ Bild D 36) zu berechnen.

*Lösung:* Wir berechnen den Flächeninhalt der Teildreiecke *ABC* und *ACD*.

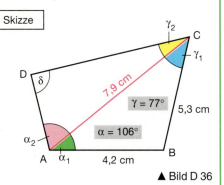

Skizze

△ ABC Wir ermitteln zuerst den Winkel $\alpha_1$ mithilfe des Kosinussatzes.

$$\cos \alpha_1 = \frac{\overline{AC}^2 + \overline{AB}^2 - \overline{BC}^2}{2 \cdot \overline{AC} \cdot \overline{AB}}$$

Wir erhalten $\alpha_1 = 38{,}4637° \approx 38{,}5°$.

Dann ist $A_1 = \frac{1}{2} \cdot \overline{AC} \cdot \overline{AB} \cdot \sin 38{,}5°$,

also $A_1 = 10{,}3$ cm².

▲ Bild D 36

△ ACD Wir berechnen zuerst die Winkel des Dreiecks, dann die Seite $\overline{AD}$ und schließlich den Flächeninhalt.
Es ist $\alpha_2 = \alpha - \alpha_1 = 67{,}5°$. Weiter gilt $\gamma_2 = \gamma - \gamma_1$.
Den Winkel $\gamma_1$ können wir mithilfe des Sinussatzes berechnen:

$$\sin \gamma_1 = \frac{\overline{AB} \cdot \sin \alpha_1}{\overline{BC}}.$$

Es ist $\gamma_1 \approx 29{,}6°$ und folglich $\gamma_2 \approx 47{,}4°$. Für $\delta$ ergibt sich $\delta = 65°$.
Die Länge der Seite $\overline{AD}$ errechnen wir mithilfe von

$$\overline{AD} = \frac{\overline{AC} \cdot \sin \gamma_2}{\sin \delta}$$

zu $\overline{AD} = 6{,}4$ cm. Dann ist

$A_2 = \frac{1}{2} \cdot \overline{AD} \cdot \overline{AC} \cdot \sin \alpha_2$, also $A_2 = 23{,}4$ cm².

Weiter ist $A = A_1 + A_2 = 33{,}7$ cm².

*Antwort:* Der Flächeninhalt $A$ des Vierecks *ABCD* beträgt 34 cm².

**26.** Der Flächeninhalt der Vierecke in den Bildern D 37 a und b ist zu berechnen.
Ⓛ

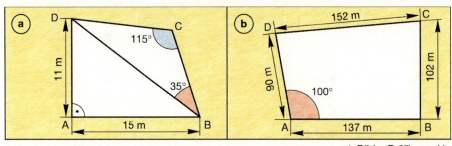

▲ Bilder D 37 a und b

**27.** Das Bild D 38 auf der folgenden Seite zeigt die Skizze eines viereckigen Grund-
Ⓛ stücks, von dem die Seite $\overline{AB}$ und vier Winkel $\alpha$ bis $\delta$ vermessen wurden.

Berechnen Sie die Seitenlängen des Grundstücks und seine Fläche.

**a)** $\overline{AB}=24{,}8$ m; $\alpha=32°$; $\beta=69°$;
$\gamma=51°$; $\delta=108°$

**b)** $\overline{AB}=108{,}4$ m; $\alpha=44°$; $\beta=86°$;
$\gamma=52°$; $\delta=72°$

**c)** $\overline{AB}=63{,}2$ m; $\alpha=58°$; $\beta=104°$;
$\gamma=64°$; $\delta=98°$

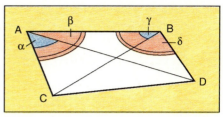

▲ Bild D 38

**28.** Gegeben ist ein Kreis mit dem Radius $r=5$ cm. In den Kreis wird ein regelmäßiges $n$-Eck einbeschrieben. Berechnen Sie jeweils die Seitenlängen des $n$-Ecks und seinen Umfang, wenn

**a)** $n=5$, **b)** $n=8$, **c)** $n=9$, **d)** $n=10$, **e)** $n=6$, **f)** $n=4$.

**29.** **a)** Die Formel zur Berechnung des Flächeninhalts regelmäßiger $n$-Ecke lautet

$$A=\frac{n}{2}\cdot r_u^2\cdot\sin\frac{360°}{n}.$$

Dabei bezeichnet $r_u$ den Radius des Umkreises des regelmäßigen $n$-Ecks und $n$ die Anzahl der Ecken. Berechnen Sie den Flächeninhalt des regelmäßigen Zwölfecks mit $r_u=5$ cm.

**b)** Begründen Sie die in a) gegebene Formel.

---

Bei Vermessungsarbeiten im Gelände wird mitunter ein Gerät verwendet, das sich sowohl zur Ermittlung des Winkels $\varphi$, den ein Peilstrahl mit einer abgesteckten Strecke $\overline{AB}$ bildet, eignet als auch zur Messung von Entfernungen.

Bei der Aufmessung des Punktes $P$ im Gelände kann sich der Vermesser dabei auf die Koordinaten bereits bekannter Punkte $A$ und $B$ in einem gedachten Koordinatensystem stützen (↗ Bild D 39)[1]. In folgenden Schritten werden die Koordinaten von $P$ ermittelt:

① Das Messgerät, welches Winkel und Entfernungen misst, wird im Punkt $A$ aufgestellt. Zuerst wird die „Anschlussrichtung $\varphi$"[2] eingestellt. Sie ergibt sich aus den Koordinaten von $A$ und $B$.

② Es wird der Richtungswinkel $\alpha$ von $A$ nach $P$ gemessen.

③ Es wird $\overline{AP}$ gemessen.

④ Es werden die Koordinaten von $P$ errechnet.

⑤ Zur Kontrolle wird der Messvorgang ① bis ④ vom Punkt $B$ aus wiederholt.

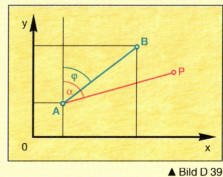

▲ Bild D 39

---

[1] Bei diesem Koordinatensystem wurde die in der Mathematik übliche Achsenbezeichnung verwendet. Bei praktischen Vermessungsarbeiten werden dagegen i. Allg. die $x$- und die $y$-Achse vertauscht, sodass die $x$-Achse in Nordrichtung liegt.

[2] Oft wählt man als Anschlussrichtung $\varphi$ den Winkel zwischen dem Strahl $\overset{\rightharpoonup}{AB}$ und der Nordrichtung. Sind die Koordinaten der Punkte $A$ und $B$ bekannt, so kann man $\varphi$ berechnen und am Messgerät einstellen. Auf diese Weise findet man ohne Kompass (oft sogar genauer als mit einem Magnetkompass) die Nordrichtung.

**30.** Mit einem Messgerät im Punkt $A$ wurden $\alpha$ und $\overline{AP}$ gemessen (↗ Bild D 39), die
Ⓛ Koordinaten von $A$ und $B$ sind bekannt. Ermitteln Sie die Koordinaten von $P$.
**a)** $A(102,2$ m; $21,7$ m); $B(136,8$ m; $36,1$ m); $\alpha = 71,3°$; $\overline{AP} = 41,3$ m
**b)** $A(57,1$ m; $61,8$ m); $B(78,2$ m; $74,3$ m); $\alpha = 47,6°$; $\overline{AP} = 32,9$ m
**c)** $A(34$ m; $5,8$ m); $B(45$ m; $27$ m); $\alpha = 124,2°$; $\overline{AP} = 37,6$ m

■ Es ist die Höhe eines Schornsteins zu ermitteln, dessen Spitze von einem Punkt
$A$ aus unter einem Höhenwinkel $\alpha = 19°$
angepeilt wird. Geht man 220 m näher
an den Fußpunkt des Schornsteins heran, erblickt man seine Spitze unter dem
Höhenwinkel 27°.
Mithilfe des Sinussatzes ergibt sich:

Ein Schornstein
wird angepeilt

$\overline{BS} = \dfrac{220 \cdot \sin 19°}{\sin 8°}$ m $\approx 515$ m. Ferner ist

$\overline{FS} = 515 \cdot \sin 27°$ m. Wir erhalten für die Höhe des Schornsteins: $\overline{FS} \approx 234$ m.

▲ Bild D 40

**31.** Wie viel Meter ist der Punkt $A$ vom Punkt $F$ im Bild D 40 entfernt?

**32.** Wie weit sind die Punkte $A$ und $B$ vom Punkt $C$ entfernt (↗ Bild D 41)?

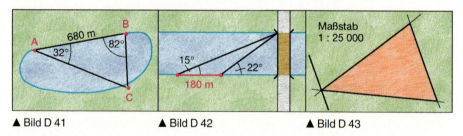

▲ Bild D 41          ▲ Bild D 42          ▲ Bild D 43

**33.** Wie lang ist die Brücke, die im Bild D 42 den Fluss überspannt?

**34.** Ermitteln Sie den Flächeninhalt des im Bild D 43 gekennzeichneten Flurstücks.

**35.*** Die Strecke $\overline{AB}$ im Bild D 44 ist wegen
eines Hindernisses zwischen $A$ und $B$
nicht direkt messbar. Die Länge der
Strecke $\overline{CD}$ ist bekannt, jedoch sind die
Punkte $C$ und $D$ nicht zugänglich. Ermitteln Sie die Länge der Strecke $\overline{AB}$.
Hinweis: Nehmen Sie an, dass die Figur
von $A$ aus mit dem Streckungsfaktor $k$ so
gestreckt wurde, dass $\overline{AB'} = 1000$ m beträgt. Berechnen Sie zuerst $\overline{C'D'}$, dann $k$
und anschließend $\overline{AB}$.

Bild D 44 ▶

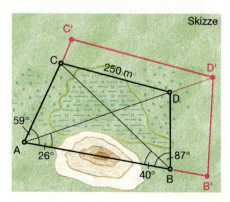

# E Winkelfunktionen

## 1 Drehwinkel; Bogenmaß

**1.** Was für Funktionen sind zur Beschreibung der folgenden Zuordnungen geeignet?
   **a)** Zuordnen des zurückgelegten Weges zur Zeit bei einer Bewegung mit konstanter Geschwindigkeit
   **b)** Zuordnen der Breite eines Rechtecks zur Länge bei festem Flächeninhalt $A$
   **c)** Zuordnen des Weges zur Zeit beim freien Fall
   **d)** Zuordnen des Preises zur Stückanzahl bei festem Stückpreis
   **e)** Zuordnen der Höhe der Telefonrechnung zur Anzahl der Gesprächseinheiten

**2.** Wir betrachten den Befestigungspunkt $P$ einer Gondel des Riesenrades im Bild E 2. Dreht sich das Rad, so verändert sich die Höhe von $P$ über der Erde.
   **a)** Beschreiben Sie die Abhängigkeit der Höhe von $P$ über dem Erdboden von der Zeit, wenn das Riesenrad für jede Umdrehung 30 Sekunden benötigt.
   **b)** Skizzieren Sie eine grafische Darstellung der unter a) genannten Zuordnung in einem Koordinatensystem für das Zeitintervall 0 bis 60 s.

Um eine Drehung eines Punktes $P$ um einen festen Punkt $M$ zu beschreiben, sind die linearen, quadratischen und Potenzfunktionen ungeeignet.
Wir werden erfahren, dass Kreisbewegungen mithilfe der aus den trigonometrischen Berechnungen bekannten Sinusfunktion und Kosinusfunktion dargestellt werden können.
Uns interessiert an dem Riesenrad die Kreisbewegung. Deshalb werden wir das Beispiel „Riesenrad" unter dem Gesichtspunkt betrachten, was für Kreisbewegungen typisch ist.
Die **Höhe des Punktes $P$** hängt nicht nur von der Drehung des Rades, sondern auch vom Radius des Rades und von der Höhe des Mittelpunktes $M$ über dem Erdboden ab. Betrachten wir statt der Höhe des Punktes $P$ über dem Erdboden die Höhendifferenz von $P$ zu $M$, so spielt die Höhe von $M$ über dem Erdboden keine Rolle mehr. Wählen wir als Längeneinheit den Radius des Rades, so hat der Kreis den Radius **1 Längeneinheit** oder kurz **1.** Man spricht dann vom **Einheitskreis.**

Bild E 1: Ein Riesenrad wird aufgebaut. Die Gondeln müssen beweglich an einer Achse aufgehängt sein. ▶

Bild E 2: Der Aufhängepunkt $P$ der Gondel ändert mit der Drehbewegung seine Höhe über dem Grund des Rummelplatzes (rechts). ▶

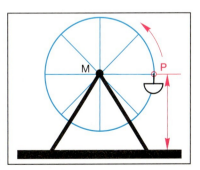

**3.** Beschreiben Sie den Verlauf der Funktion, die die Abweichung der Höhe des Punktes *P* von der Höhe des Mittelpunktes *M* in Abhängigkeit von der Zeit beschreibt, wenn der Radius 1 ist und das Rad für jede Umdrehung 30 s braucht.
Skizzieren Sie den Graphen der Funktion im Intervall von 0 bis 60 s.

Der Verlauf der Funktion, die der Zeit den Höhenunterschied zwischen *P* und *M* zuordnet, hängt davon ab, wie schnell sich das Rad dreht. Je schneller die Drehbewegung, desto schneller ändert sich der Drehwinkel *PMP′* im Bild E 3.
Betrachten wir jetzt den Höhenunterschied zwischen *P* und *M* in Abhängigkeit vom Drehwinkel, so spielt die Geschwindigkeit des Rades keine Rolle mehr.

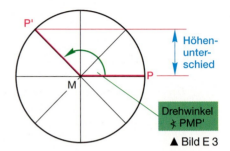

▲ Bild E 3

Wir haben damit folgende idealisierte Situation:
*Ein Punkt P bewegt sich auf einem Kreis mit dem Radius 1 (d.h.: 1 Längeneinheit). Wir legen ein x-y-Koordinatensystem so über den Kreis, dass der Koordinatenursprung mit dem Mittelpunkt des Kreises zusammenfällt. Die Aufgabe besteht darin, die y-Koordinate von P in Abhängigkeit vom Drehwinkel zu untersuchen.*

Bevor wir uns dieser Aufgabe in der Lerneinheit E 2 zuwenden, wollen wir uns genauer mit Drehwinkeln und Winkelmaßen vertraut machen.

**Drehwinkel:** Ein Strahl *s* wird um seinen Anfangspunkt gedreht. Die Endlage sei *s′* (↗ Bild E 4). Wenn wir dabei nicht nur die Ausgangs- und Endlage des Strahls, sondern auch den (physikalischen) Vorgang des Drehens durch die Winkelgröße beschreiben wollen, müssen wir beachten, ob der Strahl links- oder rechtsherum gedreht wurde und nach wie vielen Umdrehungen die Endlage erreicht wurde.

Man legt fest: Bei Linksdrehung (entgegen dem Uhrzeigersinn): **positiv orientierter Winkel;** Angabe der Größe des Winkels durch positive Maßzahlen,
bei Rechtsdrehung (im Uhrzeigersinn): **negativ orientierter Winkel;** Angabe der Größe des Winkels durch negative Maßzahlen.

**a)** Linksdrehung; 2 volle Umdrehungen und eine weitere Drehung um 50°:
$2 \cdot 360° + 50° = 770°$ (↗ Bild E 4a)
**b)** Rechtsdrehung: eine volle Umdrehung und eine weitere Drehung um 120°: $-360° - 120° = -480°$
(↗ Bild E 4b)

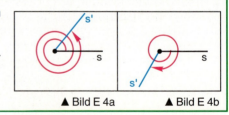

▲ Bild E 4a        ▲ Bild E 4b

**4.** Geben Sie die Winkelgrößen nebenstehender Drehwinkel an.

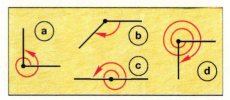

Bild E 5 ▶

**5.** Zeichnen Sie einen Drehwinkel der angegebenen Größe.
**a)** 400°   **b)** −80°   **c)** 650°   **d)** −900°   **e)** −630°   **f)** 360°   **g)** 1000°

**6.** Geben Sie die Koordinaten des Bildpunktes von $P$ bei einer Drehung um $O$ mit dem Drehwinkel φ an (⤴ Bild E 6).
**a)** φ = 270°     **b)** φ = −180°
**c)** φ = 630°     **d)** φ = −270°
**e)** φ = 450°     **f)** φ = 900°
**g)** φ = −810°    **h)** φ = 540°
Ⓛ **i)** φ = 405°     **j)** φ = −225°
**k)** φ = 585°     **l)** φ = −405°

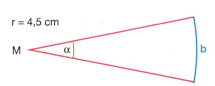
▲ Bild E 6

**7.** Berechnen Sie die Länge des Kreisbogens $b$ für folgende Winkel α. Orientieren Sie sich am Bild E 7.
**a)** α = 90°      **b)** α = −270°
**c)** α = 75°      **d)** α = 120°
**e)** α = 1°       **f)** α = 57,3°

r = 4,5 cm

M   α   b

▲ Bild E 7

Winkel haben wir bisher stets in Grad gemessen. Ein Winkel von 1° ist der 90ste Teil eines rechten Winkels. Im Zusammenhang mit der Beschreibung von Kreisbewegungen ist noch ein anderes Winkelmaß gebräuchlich.

**Bogenmaß:**
Gegeben ist ein Winkel α. Bei einer Drehung der Strecke $\overline{MP}$ um $M$ durchläuft der Punkt $P$ einen Kreisbogen der Länge $b = u \cdot \dfrac{\alpha}{360°}$ ($u$ Umfang des Kreises).

Wählen wir als Länge der Strecke $\overline{MP}$ eine Längeneinheit, so ist $u = 2\pi \cdot 1$, also

$b = 2\pi \cdot 1 \cdot \dfrac{\alpha}{360°}$, d.h. $\boldsymbol{b = \dfrac{\pi}{180°} \cdot \alpha}$.

Die Zahl $b$ ist ein Maß für die Größe des Winkels. Sie heißt **Bogenmaß** des Winkels und wird mit **arc** α (lies: arkus alpha) bezeichnet.

> ▶ **Ist α die Winkelgröße eines Winkels in Grad, so erhält man die Winkelgröße im Bogenmaß durch die nebenstehende Formel:**
>
> $$\mathbf{arc}\ \alpha = \dfrac{\pi}{180°} \cdot \alpha$$
>
> Bei negativ orientierten Winkeln gibt man das Bogenmaß mit einer negativen Zahl an. Als Einheit verwendet man **1 Radiant (1 rad).**
>
> α = 1 rad bedeutet: Der Winkel α ist gerade so groß, dass der zum Zentriwinkel α gehörende Bogen auf dem Einheitskreis genauso lang ist wie der Radius des Einheitskreises (1 LE).
>
> Wenn Missverständnisse ausgeschlossen sind, lässt man die Einheit „rad" weg.

**8.** **a)** Wie groß ist ein Winkel α in Grad, wenn gilt α = 1 rad?
**b)** Geben Sie die folgenden Winkelgrößen in rad an. Rechnen Sie im Kopf.
180°; 270°; −360°; −90°; −720°; 540°; 450°; −45°

**101**

**9.** Legen Sie eine Tabelle mit dem folgenden Tabellenkopf an:

| $\alpha$ in Grad | 0° | 10° | 20° | ... | 180° |
|---|---|---|---|---|---|
| $\alpha$ in rad | | | | | |

Begründen Sie, dass die Zuordnung in der Tabelle eine Proportionalität ist. Geben Sie den Proportionalitätsfaktor an.

**10.** Geben Sie die folgenden Winkelgrößen (rad) in Grad an. Rechnen Sie im Kopf.

**a)** $\pi$    **b)** $-2\pi$   **c)** $6\pi$    **d)** $\dfrac{\pi}{2}$   **e)** $-\dfrac{\pi}{4}$   **f)** $-\dfrac{3}{2}\pi$   **g)** $\dfrac{5}{2}\pi$   **h)** $-\dfrac{9}{2}\pi$

**11.** Geben Sie die Winkel im Bild E 8 in rad an.

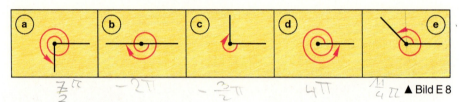

▲ Bild E 8

**12.** Rechnen Sie die Winkelgrößen jeweils in das andere Winkelmaß um. Verwenden Sie einen Taschenrechner oder eine Tabelle aus dem Tafelwerk.

**a)** 46,2°   **b)** 289°   **c)** −23,5°   **d)** −824°   **e)** 457°   **f)** −308°   **g)** 172°
**h)** 2,5 rad   **i)** −0,23 rad   **j)** 4,56 rad   **k)** −1,5 rad   **l)** 4,2 rad   **m)** −π rad

**13.** Geben Sie eine Formel zur Umrechnung der Winkelgrößen von rad in Grad an.

Man kann jede in Grad angegebene Winkelgröße $\alpha$ in eine Summe von ganzzahligen Vielfachen von 360° und einer Restwinkelgröße $\alpha'$ mit $0° \le \alpha' < 360°$ angeben. Entsprechend kann man jede in rad angegebene Winkelgröße $\alpha$ in eine Summe von einem ganzzahligen Vielfachen von $2\pi$ und einer Restwinkelgröße $\alpha'$ mit $0 \le \alpha' < 2\pi$ angeben.

**a)** Es sei $\alpha = 1125°$.
Dann gilt: $\alpha = 3 \cdot 360° + 45°$.

**b)** Es sei $\beta = -643°$.
Dann gilt: $\beta = -2 \cdot 360° + 77°$.

**c)** Es sei $\gamma = 8{,}6$ rad.
Dann gilt:
$\gamma = 1 \cdot 2\pi$ rad $+ 2{,}317$ rad.

**d)** Es sei $\delta = -8{,}3$ rad.
Dann gilt:
$\delta = -2 \cdot 2\pi$ rad $+ 4{,}266$ rad.

Geben Sie für die folgenden Winkel eine Zerlegung wie im Beispiel an.

**14.** ↑ **a)** 1280°   **b)** −90°   **c)** −270°   **d)** 851°   **e)** 460°   **f)** −1000°   **g)** −420°

**15.** ↑ **a)** $3\pi$ rad   **b)** $-13\pi$ rad   **c)** 1,3 rad   **d)** −1,3 rad   **e)** −9 rad Ⓛ

**16.** Bei der Zerlegung eines Winkels $\alpha$ ergab sich der folgende Restwinkel $\alpha'$. Geben Sie drei mögliche Ausgangswinkel $\alpha$ an.

**a)** 34°   **b)** 231°   **c)** 359°   **d)** 180°   **e)** $\pi$ rad   **f)** $\dfrac{\pi}{2}$ rad   **g)** $\dfrac{3\pi}{2}$ rad

## 2   Sinus- und Kosinusfunktion

Wir setzen nun die Beschreibung einer Kreisbewegung von Seite 100 fort. Es sollen die Koordinaten eines Punktes $P$, der sich um den Koordinatensprung dreht, in Abhängigkeit vom Drehwinkel dargestellt werden.

Es handelt sich dabei um zwei Zuordnungen:

| 1. | **Drehwinkel** → **Ordinate von $P$** |
|----|-----------------------------------------|
| **2.** | **Drehwinkel** → **Abszisse von $P$** |

Beide Zuordnungen sind Funktionen. Verwenden wir – wie üblich – für die Argumente (also die Drehwinkel) die Variable $x$ und für die Funktionswerte die Variable $y$, so ist es zweckmäßig, zur Vermeidung von Missverständnissen die Koordinaten von $P$ mit anderen Variablen als $x$ und $y$ zu bezeichnen. Man wählt hierfür oft
die Variablen $u$ und $v$ (↗ Bild E 9).

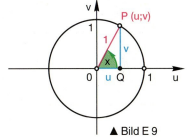

▲ Bild E 9

Der Punkt $(1;0)$ im $u$-$v$-Koordinatensystem werde um den Koordinatenursprung gedreht. Seine Endlage sei der Punkt $P(u; v)$; der Drehwinkel sei $x$.

1.  $P$ liege im 1. Quadranten wie im Bild E 9. Geben Sie die Koordinaten $u$ und $v$ von $P$ mithilfe des Winkels $x$ an.
    *Hinweis:* Beachten Sie, dass $x$ Gegenwinkel der Kathete $\overline{PQ}$ im rechtwinkligen Dreieck $OQP$ ist.

2.  **a)** Begründen Sie: Ist der Winkel $x$ im Bild E 9 ein rechter Winkel oder ist $x = 0°$, so gilt für die Koordinaten $u, v$ von $P$:   $u = \cos x$ und $v = \sin x$.
    **b)** Begründen Sie: Ist dieser Winkel $x$ ein stumpfer Winkel, also $90° < x < 180°$, so gilt für die Koordinaten $u, v$ von $P$:   $u = \cos x$ und $v = \sin x$.
    (*Hinweis:* Ziehen Sie für Ihre Überlegungen die Beziehungen auf den Seiten 85 bzw. 87 hinzu.)

Ist $x$ ein Winkel mit $0° \leq x < 180°$, so ist die Funktion $x{\to}u$ die *Kosinusfunktion,* die Funktion $x{\to}v$ die *Sinusfunktion,* die wir beide bereits von den Dreiecksberechnungen her kennen. Das ist Veranlassung, die Funktionen $x{\to}u$ und $x{\to}v$ auch für beliebige Drehwinkel mit Kosinus bzw. Sinus zu bezeichnen.

> ▶  Die **Sinus- und Kosinusfunktion** werden unabhängig von Dreiecken für beliebige Argumente $x$ durch folgende Festlegung definiert:  ·
> **$P$ sei der Punkt des Einheitskreises, der das Bild einer Drehung des Punktes $(1; 0)$ um den Koordinatenursprung mit dem Drehwinkel $x$ ist. Seine Koordinaten seien $u$ und $v$.**
> **Es ist dann $\cos x = u$ und $\sin x = v$.**

Bei den folgenden Untersuchungen in der Aufgabe 3 gehen wir von einer Darstellung auf Millimeterpapier aus, die auf der Seite 224 oben abgebildet ist. Sie ermöglicht es, zu beliebigen Drehwinkeln $x$ die jeweilige Länge der Ordinate wie auch der Abszisse des Punktes $P$ auf zwei Nachkommastellen genau zu ermitteln.

**3.** Zeichnen Sie einen Kreis mit dem Radius 1 (LE) auf Millimeterpapier (Einheit: 5 cm). Vergleichen Sie mit dem Bild auf der Seite 224. Zeichnen Sie für die folgenden Drehwinkel den Punkt $P$ ein, der durch Drehung um den Koordinatenursprung aus dem Punkt (1; 0) mit dem Drehwinkel $x$ hervorgeht:
$x = 30°$ (45°; 60°; 90°; 120°; 135°; 150°; 180°; 225°; 270°; 315°; 360°).

**a)** Lesen Sie zu den einzelnen Drehwinkeln die Ordinate $v$ (die Abszisse $u$) des zugehörigen Punktes $P$ ab und tragen Sie die Werte in je eine Tabelle ein:

| $x$ | |
|---|---|
| $\sin x$ | |

| $x$ | |
|---|---|
| $\cos x$ | |

**b)** Tragen Sie die Werte aus den Tabellen mit unterschiedlichen Farben in ein $x$-$y$-Koordinatensystem ein. Versuchen Sie durch Verbinden der Punkte die Graphen der Sinus- und Kosinusfunktion im Intervall [0°; 360°] zu zeichnen.

Der Verlauf der Graphen der Sinus- und der Kosinusfunktion kann gut beschrieben werden, wenn man auf beiden Koordinatenachsen die gleiche Einheit wählt und die Argumente $x$ im Bogenmaß angibt. Mit dem Taschenrechner kann man die Funktionswerte beider Funktionen ermitteln, auch wenn die Argumente im Bogenmaß angegeben sind.

---

**Taschenrechner-Einmaleins: Ermitteln von Winkelfunktionswerten**

Beim Ermitteln von Winkelfunktionswerten ist stets zuerst das Winkelmaß einzustellen, in dem man arbeiten will: Gradmaß DEG; Bogenmaß RAD. (Mit der Einschaltung GRD wechselt man in Neugrad über.) Die Umschaltung ist je nach Gerätetyp unterschiedlich. (Häufig: Tastenkombination mit MODE oder 2nd.)

- $\sin 15{,}4°$      DEG 15,4 sin [0.265556117]
- $\sin (0{,}25\,\pi)$      RAD 0,25 × π = sin [0.707106781]
- $\cos x = -0{,}88$ ($x$ in rad)      RAD 0,88 +/− SHIFT cos [2.646658527]

(Für SHIFT trifft man auch die Umschalttaste 2nd oder F an.)

---

**4.** **a)** Ermitteln Sie mit einem Taschenrechner die in der folgenden Tabelle angedeuteten Funktionswerte der Sinusfunktion zu Argumenten im Bogenmaß. Zeichnen Sie den Graphen der Funktion sin im Intervall [0; 2π].

| $x$ (in rad) | 0 | 0,2 | 0,4 | 0,6 | ... | 6,2 | 2π |
|---|---|---|---|---|---|---|---|
| $\sin x$ | | | | | | | |

**b)** Markus äußert sich über diesen Graphen so: „Das sind ja zwei Halbkreise. Der eine liegt oberhalb der $x$-Achse, der andere unterhalb."
Was meinen Sie dazu?

**5.** * Elvira überlegt, wie der Graph der Sinus-
ⓛ funktion zum Graphen der Funktion $y = x$ liegt. Gibt es außer (0; 0) einen weiteren Schnittpunkt der beiden Graphen? Begründen Sie, weshalb $\sin x < x$ für alle $x > 0$ gilt.

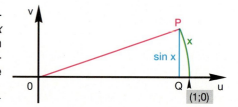

Bild E 10 ▶

**6.** Wenden Sie die Aufgabenstellung von Aufgabe 4 a) auf die Kosinusfunktion an.

Nach einer vollen Umdrehung (360° oder $2\pi$) nimmt der Punkt $P$ wieder seine Ausgangs-lage ein. Drehen wir weiter, so wiederholen sich die Koordinaten von $P$ und damit auch die Funktionswerte der Sinus- und der Kosinusfunktion. Man sagt:

---

▶ **Die Sinusfunktion und die Kosinusfunktion sind periodisch.**
  Es gilt für jede reelle Zahl $x$:   $\sin(x+2\pi) = \sin x$
                  und   $\cos(x+2\pi) = \cos x.$
  Man nennt $2\pi$ eine **Periode** der Sinusfunktion und der Kosinusfunktion.

---

Es ist auch $\sin(x+4\pi) = \sin x$ und $\sin(x+6\pi) = \sin x$, ... allgemeiner
$\sin(x+2g\pi) = \sin x$ $(g \in \mathbb{Z})$.
So ist jede Zahl $2g\pi$ $(g \in \mathbb{Z}, g \neq 0)$ eine Periode der Sinusfunktion. Die *kleinste positive Pe-riode* ist jedoch die Zahl $2\pi$. Das gilt auch für die Kosinusfunktion. Nunmehr können wir die Sinus- und die Kosinusfunktion für ein beliebiges Argumentintervall im Koordinatensys-tem darstellen (↗ Bild E 11).

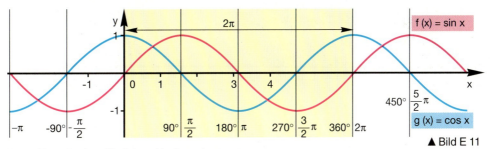

▲ Bild E 11

**7.** Begründen Sie folgende Aussagen.
 **a)** Für alle $x$ ist $\sin(x+4\pi) = \sin x$.
 **b)** Für alle $x \in \mathbb{R}$ und alle $g \in \mathbb{Z}$ ist $\sin(x+2g\pi) = \sin x$.
 **c)** Für alle $x \in \mathbb{R}$ und alle $g \in \mathbb{Z}$ ist $\cos(x+2g\pi) = \cos x$.

**8.** Welche der im Bild E 12 dargestellten Funktionen sind periodisch? Geben Sie für die periodischen Funktionen die kleinste positive Periode an.

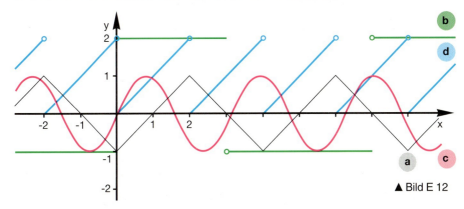

▲ Bild E 12

105

9. Welche der folgenden Zuordnungen sind unter welchen Bedingungen periodisch? Skizzieren Sie jeweils einen Graphen der Zuordnung.
   a) Der Zeit wird Ihr Hunger zugeordnet.
   b) Der Zeit wird die Höhe des Girokontos zugeordnet.
   c) Der Zeit wird die Auslenkung aus der Ruhelage bei einem Federschwinger zugeordnet (↗ Bild E 13).

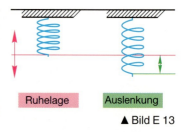

Ruhelage  Auslenkung

▲ Bild E 13

10. Nennen Sie drei Zuordnungen, die periodisch sind. Geben Sie jeweils die kleinste positive Periode an.

11. Beschreiben Sie den im Bild E 14 dargestellten Vorgang, bei dem aus einem Trichter feiner trockener Sand rieselt. Der Trichter führt Schwingungen in einer Ebene aus, die senkrecht zur Bewegungsrichtung eines Papierstreifens liegt, der gleichförmig bewegt wird.

12. Erklären Sie, was es heißt, dass eine Funktion eineindeutig ist. Begründen Sie, dass die Sinus- und die Kosinusfunktion nicht eineindeutig sind.

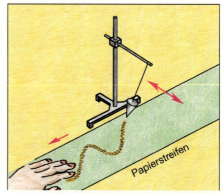

Papierstreifen

▲ Bild E 14

13. Alex, Isolde und Boris untersuchen, ob die Sinus- und die Kosinusfunktion Nullstellen haben. Alex meint, dass die Sinusfunktion eine Nullstelle, nämlich die Zahl 0 hat. Isolde entgegnet, dass die beiden Graphen erkennen lassen, dass noch mehr Nullstellen vorhanden sind. Boris stellt schließlich fest: „Na wenn eine Funktion eine Nullstelle hat und periodisch ist, dann muss sie gleich unendlich viele Nullstellen haben."
Setzen Sie sich mit diesen Argumenten auseinander. Beschreiben Sie alle Nullstellen a) der Sinusfunktion, b) der Kosinusfunktion.

14. Geben Sie den Definitionsbereich und den Wertebereich der Sinus- und der Kosinusfunktion an.

15. Beschreiben Sie anhand des Bildes E 11 das Monotonieverhalten der Sinus- und der Kosinusfunktion. Geben Sie jeweils Intervalle an, in denen die Sinusfunktion (die Kosinusfunktion) monoton wächst bzw. monoton fällt.

16. Beim Betrachten des Bildes E 11 auf Seite 105 können wir vermuten, dass gilt:
Ⓛ

$$\sin(-x) = -\sin x \quad \text{und} \quad \cos(-x) = \cos x.$$

Begründen Sie mit Bezug auf das Bild E 15, dass diese Gleichungen für alle Argumente $x$ gelten.

**17.** *f* sei eine Funktion. Gilt für jedes *x* aus dem Definitionsbereich von *f*, dass auch −*x* zum Definitionsbereich gehört und $f(-x) = f(x)$ ist, so nennt man *f* eine **gerade Funktion** (der Graph von *f* liegt achsensymmetrisch zur *y*-Achse).
Gilt dagegen für jedes *x* aus dem Definitionsbereich von *f*, dass auch −*x* zum Definitionsbereich gehört und $f(-x) = -f(x)$ ist, so nennt man *f* eine **ungerade Funktion** (der Graph von *f* ist punktsymmetrisch zum Koordinatenursprung).

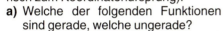

▲ Bild E 15

   **a)** Welche der folgenden Funktionen sind gerade, welche ungerade?

$$f(x) = x^2; \quad f(x) = x; \quad f(x) = \frac{1}{x}; \quad f(x) = x+2$$

   **b)** Ist die Sinusfunktion (die Kosinusfunktion) eine gerade bzw. eine ungerade Funktion? Begründen Sie Ihre Antwort.

Eine Sinustafel enthält nur Funktionswerte der Sinusfunktion für Argumente aus dem Intervall von 0° bis 90°. Wir wollen untersuchen, wie man mithilfe einer solchen Tafel Funktionswerte der Sinusfunktion für beliebige Argumente ablesen kann.

---

■ Mit Hilfe einer Sinustafel soll sin (−479°) ermittelt werden.

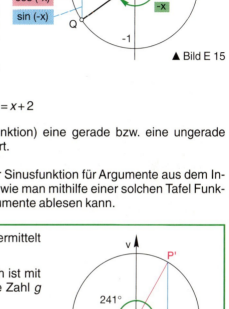

▲ Bild E 16

*Lösung:* Da die Sinusfunktion periodisch ist mit der Periode 360°, finden wir eine ganze Zahl *g* und einen Winkel *x'* (in Grad), sodass
$-479° = g \cdot 360° + x'; 0 \le x' < 360°$.
$g = -2$ und $x' = 241°$ erfüllen diese Bedingung, d.h. es ist
$-479° = -2 \cdot 360° + 241°$.
Wegen der Periodizität ist sin (−479°) = sin 241°.
Damit bleibt das Problem, mithilfe der Sinustafel den Funktionswert für Winkel im Intervall [0°; 360°] zu ermitteln.
Aus dem Bild E 16 entnehmen wir, dass sin 241° = −sin 61°.
Aus der Tafel lesen wir ab:   sin 61° = 0,8746.

Wir erhalten also: sin (−479°) = sin 241° = −sin 61° = −0,8746.

---

**18.** Ermitteln Sie die folgenden Funktionswerte mit der Sinustafel im Tafelwerk.
   **a)** sin 215°   **b)** sin 560°   **c)** sin (−400°)   **d)** cos 930°   **e)** cos (−420°)

Allgemein gilt für beliebige Winkel *x* mit $0° \le x < 90°$:

▶ **sin (180° + *x*) = −sin *x*.**

**19.*** Begründen Sie die folgenden Aussagen: Es sei $0° \leq x < 90°$. Dann gilt
    **a)** $\sin(180° - x) = \sin x$,          **b)** $\sin(360° - x) = -\sin x$.

**20.** Ermitteln Sie die folgenden Funktionswerte mithilfe der Sinustafel.
    **a)** $\sin 1000°$      **b)** $\sin(-580°)$      **c)** $\sin(-390°)$      **d)** $\sin 1426°$

**21.*** Begründen Sie folgende Aussagen.
    **a)** Für beliebige $x$ mit $0° \leq x < 90°$

        gilt $\boxed{\cos(180° + x) = -\cos x}$.

        Hinweis: Verwenden Sie Bild E 17.
    **b)** Für beliebige $x$ mit $0° \leq x < 90°$
        gilt $\cos(180° - x) = -\cos x$.
    **c)** Für beliebige $x$ mit $0° \leq x < 90°$
        gilt $\cos(360° - x) = \cos x$.

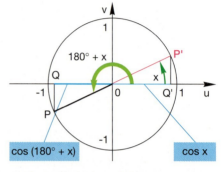

Bild E 17 ▶

**22.** Ermitteln Sie alle $x$ mit $0° \leq x < 360°$, die folgende Bedingung erfüllen:
    **a)** $\sin x = -0{,}8$,      **b)** $\sin x = 0{,}7$,      **c)** $\cos x = 0{,}4$,
    **d)** $\cos x = -0{,}9$,      **e)** $\sin x = 1{,}0$,      **f)** $\sin x = -0{,}1$,

    **g)** $\cos x = 0{,}95$,      **h)** $\cos x = -1$,      **i)** $\sin x = \dfrac{\sqrt{2}}{2}$,

    **j)** $\cos x = \dfrac{\sqrt{3}}{2}$,      **k)** $\sin x = -\dfrac{\sqrt{3}}{2}$,      **l)** $\cos x = -\dfrac{1}{2}\sqrt{2}$.

**23.** Formulieren Sie die Aussagen **a)** aus Aufgabe 19, **b)** aus Aufgabe 21 unter Verwendung des Bogenmaßes anstelle des Gradmaßes.

---

**Zusammenfassung**

| | $f(x) = \sin x$ | $f(x) = \cos x$ |
|---|---|---|
| **Nullstellen** | $x = k \cdot \pi; \ k \in \mathbb{Z}$ | $x = (2k+1)\dfrac{\pi}{2}; \ k \in \mathbb{Z}$ |
| **Quadrantenbeziehungen** <br> II. Quadrant ⎫ <br> III. Quadrant ⎬ $0° \leq x < 90°$ <br> IV. Quadrant ⎭ | $\sin(180° - x) = \sin x$ <br> $\sin(180° + x) = -\sin x$ <br> $\sin(360° - x) = -\sin x$ | $\cos(180° - x) = -\cos x$ <br> $\cos(180° + x) = -\cos x$ <br> $\cos(360° - x) = \cos x$ |

◀ Bild E 17

# 3 Funktionen $f(x) = a \cdot \sin x$ und $f(x) = a \cdot \sin(bx + c)$

1. Vergleichen Sie die Graphen der Funktionen $f(x) = x$, $g(x) = 2x$ und $h(x) = -2x$ miteinander. Welchen Einfluss hat der Faktor $a$ auf den Graphen der Funktion $f(x) = a \cdot x$?

2. Vergleichen Sie die Graphen der Funktionen $f(x) = x^2$, $g(x) = 2 \cdot x^2$ und $h(x) = -2 \cdot x^2$ miteinander. Welchen Einfluss hat der Faktor $a$ auf den Graphen der Funktion $f(x) = a \cdot x^2$?

3. Fertigen Sie eine Wertetabelle für die Funktion $f(x) = 2 \cdot \sin x$ für das Intervall von 0° bis 360° mit einer Schrittweite von 30° an. Skizzieren Sie den Graphen der Funktion und vergleichen Sie ihn mit der Sinusfunktion.

4. Ute zeichnet den Graphen der Funktion $f(x) = 2 \cdot \sin x$, indem sie erst den Graphen der Sinusfunktion zeichnet, dann die Ordinaten verdoppelt (↗ Bild E 19). Was meinen Sie dazu?

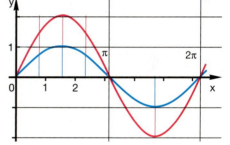

5. Vergleichen Sie den Verlauf des Graphen der Funktion $f(x) = a \cdot \sin x$ mit dem zum Graphen von $g(x) = \sin x$ für **a)** $0 < a < 1$, **b)** $a > 1$, **c)** $a < 0$, **d)** $a = 0$.

▲ Bild E 19

6. Ⓛ Der Radius eines Riesenrades sei 12,50 m. Geben Sie die Höhendifferenz von $P'$ zu $M$ (↗ Bild E 3, Seite 100) in Abhängigkeit vom Drehwinkel an.

7. Vergleichen Sie Definitionsbereich, Wertebereich, Nullstellen, Periodizität, Monotonieverhalten von $f(x) = \sin x$ und $g(x) = a \cdot \sin x$ $(a \neq 0)$ miteinander.

8. Geben Sie für die Funktionen im Bild E 20 je eine Gleichung an.

9. Skizzieren Sie die Graphen der folgenden Funktionen im Intervall $[-2\pi; 2\pi]$.
   **a)** $f(x) = 1,5 \cdot \sin x$      **b)** $f(x) = -2 \cdot \sin x$      **c)** $f(x) = 0,4 \cdot \sin x$

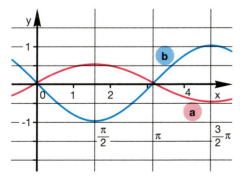
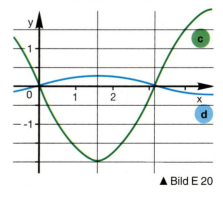

▲ Bild E 20

**10.** René und Kerstin wollen die Funktion $f(x) = \sin\left(\dfrac{1}{2}x\right)$ grafisch darstellen.

René: „Das ist doch ganz einfach. Wir nehmen den Faktor $\dfrac{1}{2}$ ganz nach vorn, also $\dfrac{1}{2} \cdot \sin x$. Das kennen wir doch schon."

Kerstin: „Ich glaube, so geht das nicht. Nimm doch $x = \pi$ als Beispiel.

Dann ist $\sin\left(\dfrac{1}{2}\pi\right) = \sin\dfrac{\pi}{2} = 1$, aber $\dfrac{1}{2} \cdot \sin\pi = 0$."

Was meinen Sie dazu?

Wir wollen jetzt untersuchen, welchen Einfluss der Parameter $b$ auf den Verlauf der Funktion $f(x) = \sin(bx)$ hat. Wir beschränken uns dabei auf den Fall, dass $b > 0$ ist.

---

■ Es sind Eigenschaften und der Graph von $f(x) = \sin(2x)$ zu ermitteln.

*Lösung:* Der Definitionsbereich von $f$ ist die Menge aller reellen Zahlen, der Wertebereich das Intervall $[-1; 1]$.

Wir legen eine Wertetabelle an und skizzieren den Graphen der Funktion.

| $x$ | 0 | $\dfrac{\pi}{6}$ (30°) | $\dfrac{\pi}{4}$ (45°) | $\dfrac{\pi}{3}$ (60°) | $\dfrac{\pi}{2}$ (90°) | $\dfrac{3\pi}{4}$ (135°) | $\pi$ (180°) |
|---|---|---|---|---|---|---|---|
| $\sin(2x)$ | 0 | 0,8660 | 1 | 0,8660 | 0 | $-1$ | 0 |

Selbstverständlich ist auch diese Funktion periodisch, aber die kleinste positive Periode ist jetzt nicht die Zahl $2\pi$, sondern $\pi$. Der Graph der Funktion ergibt sich aus dem Graphen der Sinusfunktion durch eine Stauchung in Richtung der $x$-Achse. Die Nullstellen rücken enger zusammen. Nullstellen sind alle Zahlen $x$ mit

$$x = k\,\frac{\pi}{2}, \quad k \in \mathbb{Z}.$$

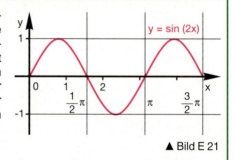

▲ Bild E 21

---

**11.** Untersuchen Sie Eigenschaften der folgenden Funktionen und skizzieren Sie jeweils den Graphen in einem geeigneten Intervall.

**a)** $f(x) = \sin(0{,}5\,x)$      **b)** $f(x) = \sin(3x)$      **c)** $f(x) = \sin\left(\dfrac{1}{4}x\right)$

Um ganz allgemein die kleinste positive Periode von $f(x) = \sin(bx)$ $(b > 0)$ zu ermitteln, vergleichen wir mit der Sinusfunktion. Bei der gegebenen Funktion $f$ ist das Argument, von dem der Sinus gebildet werden soll, $bx$. Ist $x = 0$, so ist auch $bx = 0$. Wenn $x$ wächst, so erreicht $bx$ irgendwann zum ersten Mal den Wert $2\pi$, also die Zahl, die der kleinsten positiven Periode der Sinusfunktion entspricht. Aus $bx = 2\pi$ folgt $x = \dfrac{2\pi}{b}$. Für $x = \dfrac{2\pi}{b}$ erreicht also $bx$ den Wert $2\pi$; es ist die kleinste positive Periode. Wächst $x$ weiter, so wiederholt sich der Verlauf.

**12.** Ⓛ Ermitteln Sie die Nullstellen der Funktion $f(x) = \sin(bx)$, $(b > 0)$.
*Hinweis:*
Gehen Sie von den Nullstellen der Sinusfunktion aus. Überlegen Sie, für welche $x$ das Argument $bx$ eine Nullstelle der Sinusfunktion ist.

**13.** Ⓛ Geben Sie für jede der im Bild E 22 dargestellten Funktionen eine Funktionsgleichung an.

▼ Bild E 22

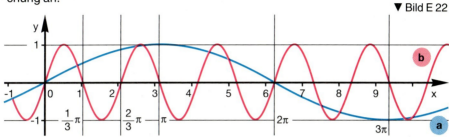

**14.*** Ⓛ Ein Riesenrad mit dem Radius 1 LE (Längeneinheit) drehe sich pro Minute zweimal um seine Achse. Wollen wir die *Höhe von P* in Bezug auf die Drehachse (↗ Bild E 23) in Abhängigkeit von der Zeit angeben, ist es sinnvoll, zuerst den *Drehwinkel* in Abhängigkeit von der Zeit darzustellen. In 30 s vollzieht sich eine volle Umdrehung, d.h. einer Zeit von 30 s entspricht ein Drehwinkel von $2\pi$. Daraus folgern wir, dass zu einer Zeit von

1 s ein Drehwinkel von $\dfrac{2\pi}{30}$ rad gehört.

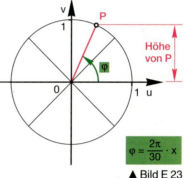

$$\varphi = \frac{2\pi}{30} \cdot x$$

▲ Bild E 23

Ist $x$ die Maßzahl der in Sekunden gemessenen Zeit, so gilt für die Höhe $v$ von $P$ im $u$-$v$-Koordinatensystem die Beziehung $v = \sin\left(\dfrac{2\pi}{30}x\right)$.

**a)** Geben Sie eine Gleichung für die Abhängigkeit der Höhe des Punktes $P$ von der Zeit an, wenn das Riesenrad pro Minute drei Umdrehungen macht.
**b)** Geben Sie eine Gleichung für die Abhängigkeit der Höhe des Punktes $P$ von der Zeit an, wenn das Riesenrad pro Minute nur eine Umdrehung macht.

**15.** Ermitteln Sie Eigenschaften der Funktion $f(x) = 2 \cdot \sin(0{,}5x)$. Skizzieren Sie den Graphen der Funktion.

---

■ Es sind Eigenschaften der Funktion $f(x) = 1{,}2 \cdot \sin(0{,}5x)$ zu ermitteln.

*Lösung:*
Es ist zweckmäßig, Eigenschaften und Graph der Funktion in folgenden Etappen zu erarbeiten:
(1) $f(x) = \sin x \rightarrow$ (2) $f(x) = \sin(0{,}5x) \rightarrow$ (3) $f(x) = 1{,}2 \cdot \sin(0{,}5x)$.

*(Fortsetzung siehe Seite 112)*

---

Die kleinste positive Periode der Funktion $f(x) = \sin(\mathbf{0{,}5}x)$ ist $\dfrac{2\pi}{\mathbf{0{,}5}} = 4\pi$.

Die Nullstellen der Funktion $f$ sind die Zahlen $x$ mit $x = k \cdot \dfrac{\pi}{0{,}5}$, $k \in \mathbb{Z}$.

Der Faktor $\mathbf{a}$ in $\mathbf{a} \cdot \sin x$ bewirkt eine Dehnung in Richtung der $y$-Achse.

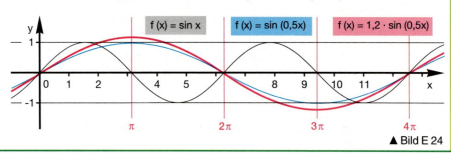

▲ Bild E 24

**16.** Ermitteln Sie Eigenschaften der folgenden Funktionen und skizzieren Sie jeweils den Graphen in einem geeigneten Intervall.

**a)** $f(x) = 3 \cdot \sin(3x)$  **b)** $f(x) = \dfrac{1}{2} \cdot \sin\left(\dfrac{1}{2}x\right)$  **c)** $f(x) = 4 \cdot \sin\left(\dfrac{1}{4}x\right)$

**17.** Ⓛ Geben Sie jeweils eine Gleichung für die im Bild E 25 dargestellten Funktionen an.

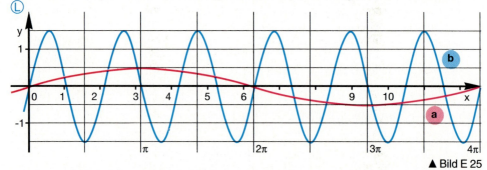

▲ Bild E 25

**18.** Ⓛ Ermitteln Sie Eigenschaften der Funktion $f(x) = \sin\left(x - \dfrac{\pi}{4}\right)$ und zeichnen Sie den Graphen der Funktion im Intervall $[-\pi;\, 2\pi]$.

Vergleichen Sie den Graphen der Funktion $f(x) = \sin\left(x - \dfrac{\pi}{4}\right)$ mit dem der Funktion $g(x) = \sin x$.

■ Es sind Eigenschaften der Funktion $f(x) = 2 \cdot \sin\left(\dfrac{1}{2}x + \dfrac{\pi}{3}\right)$ zu ermitteln.

Der Graph der Funktion $f$ ist im Intervall $[-\pi;\, 3\pi]$ zu zeichnen.
*Lösung:* Neu an diesem Beispiel ist die additive Konstante $\pi/3$ beim Argument von sin. *(Fortsetzung siehe Seite 113)*

■ Wir berücksichtigen die additive Konstante $\frac{\pi}{3}$ in der auf der Seite 111 angegebenen Kette (1) → (3) durch eine weitere Etappe:

(1) $f(x) = \sin x \to$ (2) $f(x) = \sin\left(\frac{1}{2}x\right) \to$

(3) $f(x) = \sin\left(\frac{1}{2}x + \frac{\pi}{3}\right) \to$ (4) $f(x) = 2 \cdot \sin\left(\frac{1}{2}x + \frac{\pi}{3}\right)$

Definitionsbereich:   $D_f = \mathbb{R}$   Eine Einschränkung des Definitionsbereichs ergibt sich in keiner Etappe.

Wertebereich:   $W_f = [-2; +2]$   Beim Übergang von (3) nach (4) ändert sich der Wertebereich von $[-1; +1]$ auf $[-2; +2]$.

Die *kleinste positive Periode* der Funktion verändert sich beim Übergang von (1) nach (2) von $2\pi$ auf $4\pi$.

Die *Nullstellen von f* im Intervall $[-\pi; 3\pi]$ finden wir aus der Überlegung, dass $2 \cdot \sin\left(\frac{1}{2}x + \frac{\pi}{3}\right) = 0$ gilt genau dann, wenn $\frac{1}{2}x + \frac{\pi}{3}$ ein ganzzahliges Vielfaches von $\pi$ ist. Daraus ergibt sich $x_1 = \frac{4\pi}{3}$, $x_2 = -\frac{2\pi}{3}$.

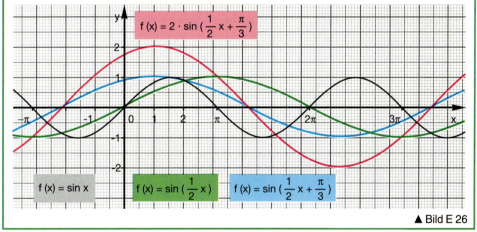

$f(x) = 2 \cdot \sin\left(\frac{1}{2}x + \frac{\pi}{3}\right)$

$f(x) = \sin x$    $f(x) = \sin\left(\frac{1}{2}x\right)$    $f(x) = \sin\left(\frac{1}{2}x + \frac{\pi}{3}\right)$

▲ Bild E 26

Der Übergang von $f(x) = \sin(bx)$ zu $f(x) = \sin(bx + c)$, d.h. die Hinzunahme der additiven Konstante $c$, bewirkt eine Verschiebung des Graphen der Funktion in Richtung der $x$-Achse um $\frac{c}{b}$.

Sind $c > 0$, $b > 0$, so verschiebt sich der Graph nach links, sind $c < 0$, $b > 0$, so verschiebt sich der Graph nach rechts.

Im Beispiel oben wird der Graph von $f(x) = \sin\left(\frac{1}{2}x\right)$ um $\frac{\pi}{3} : \frac{1}{2}$, also um $\frac{2}{3}\pi$, in Richtung der $x$-Achse nach links verschoben, um den Graphen von $f(x) = \sin\left(\frac{1}{2}x + \frac{\pi}{3}\right)$ zu erhalten.

**19.** Ermitteln Sie Eigenschaften der folgenden Funktionen und skizzieren Sie jeweils den Graphen in einem geeigneten Intervall.

**a)** $f(x) = \sin\left(2x + \dfrac{\pi}{2}\right)$  **b)** $f(x) = \sin(3x - \pi)$  **c)** $f(x) = 3 \cdot \sin\left(0{,}5x - \dfrac{\pi}{2}\right)$

**20.** Geben Sie jeweils eine Gleichung für die im Bild E 27 dargestellten Funktionen an.

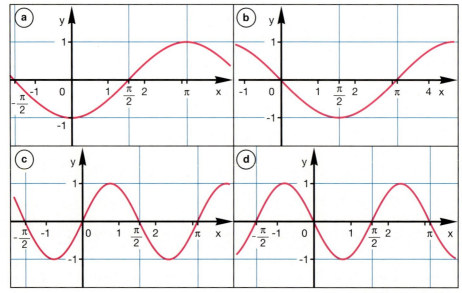

▲ Bilder E 27 a bis d

**21.*** Vergleichen Sie die Graphen folgender Funktionen miteinander.
$f(x) = \sin(2x - 2\pi)$ und $g(x) = \sin(2x + 2\pi)$

**22.*** Ⓛ Ein Riesenrad mit einem Radius von 12,5 m benötigt für eine volle Umdrehung 30 Sekunden. Die Maßzahl der in Metern gemessenen Höhe $h$ der Gondel 1 in Bezug auf die Drehachse des Riesenrades in Abhängigkeit von der Zeit wird durch die Gleichung

$$h = 12{,}5 \cdot \sin\left(\frac{2\pi}{30}t\right)$$

beschrieben, wobei $t$ die Maßzahl der in Sekunden gemessenen Zeit bedeuten soll. Das Bild E 28 gibt die Lage der Gondeln 1 und 2 zum Zeitpunkt $t = 0$ an. Beschreiben Sie die Höhe der Gondel 2 in Abhängigkeit von der Zeit durch eine Funktionsgleichung.

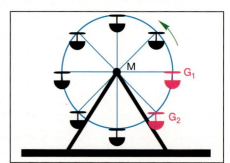

Bild E 28 ▶

# 4 Tangensfunktion

**1.** Bei Wolfgangs Rechner funktioniert die **tan**-Taste nicht. Kennen Sie einen Weg, wie er tan $\alpha$ für $0° < \alpha < 90°$ mithilfe der Tasten $\boxed{\text{sin}}$ und $\boxed{\text{cos}}$ ermitteln kann?

**2. a)** Brigit rechnet $\sin 30° : \cos 30°$ und findet $0{,}57735$. Sie vergleicht das Ergebnis mit $\tan 30°$. Warum ist Brigit erstaunt?
    **b)** Begründen Sie, warum $\sin \alpha : \cos \alpha = \tan \alpha$ für $0° \leq \alpha < 90°$ gilt.
    (Verwenden Sie die Definition von sin, cos, tan am rechtwinkligen Dreieck.)

Für Winkel $\alpha$ mit $0° \leq \alpha < 90°$ gilt $\tan \alpha = \dfrac{\sin \alpha}{\cos \alpha}$. Wir untersuchen jetzt die Funktion, die

jeder Zahl $x$ den Quotienten $\dfrac{\sin x}{\cos x}$ zuordnet.

**3.** Rainer und Elvira wollen das Bild der Funktion $f(x) = \dfrac{\sin x}{\cos x}$ zeichnen. Sie legen eine Wertetabelle an:

| $x$ | $0\ (0°)$ | $\dfrac{\pi}{4}\ (45°)$ | $\dfrac{3\pi}{4}\ (135°)$ | $\pi\ (180°)$ | $\dfrac{5\pi}{4}\ (225°)$ | $\dfrac{7\pi}{4}\ (315°)$ | $2\pi\ (360°)$ |
|---|---|---|---|---|---|---|---|
| $f(x)$ | $0$ | $1$ | $-1$ | $0$ | $1$ | $-1$ | $0$ |

Dann tragen sie die Punkte in ein Koordinatensystem ein. Wie sollen sie die Punkte miteinander verbinden?

**4. a)** Gegeben sind die Funktionen $f(x) = x^2 - 1$ und $g(x) = x + 2$. Geben Sie den größtmöglichen Definitionsbereich der Funktion $h$ mit $h(x) = \dfrac{f(x)}{g(x)}$ an.

    **b)** Für welche $x$ ist der folgende Term jeweils nicht definiert?
$$\frac{x-2}{x^2}; \quad \frac{x+4}{x-5}; \quad \frac{2}{x}; \quad \frac{\sin x}{x+1}; \quad \frac{1}{\sin x}; \quad \frac{1}{\cos x}$$

**5.** Ermitteln Sie den Definitionsbereich der Funktion $f(x) = \dfrac{\sin x}{\cos x}$.

**6.** Ermitteln Sie Funktionswerte der Funktion $f(x) = \dfrac{\sin x}{\cos x}$ zu den Argumenten

    **a)** $\dfrac{\pi}{6}$;     **b)** $\dfrac{\pi}{3}$;     **c)** $\dfrac{2\pi}{3}$;     **d)** $-\dfrac{2\pi}{3}$;     **e)** $-\dfrac{\pi}{3}$;     **f)** $\dfrac{16\pi}{3}$;     **g)** $5\pi$.

**7.** Für welche Zahlen $x$ ist $\dfrac{\sin x}{\cos x}$ gleich 0?

---

▶ Die Tangensfunktion wird unabhängig von Dreiecken für alle $x$ mit $x \neq (2k+1)\,\dfrac{\pi}{2}\ (k \in \mathbb{Z})$ definiert durch      $\tan x = \dfrac{\sin x}{\cos x}$

Wir wollen den Graphen der Tangensfunktion zeichnen. Da die Sinus- und die Kosinus-funktion periodisch sind mit der Periode $2\pi$, muss auch die Tangensfunktion periodisch sein mit der Periode $2\pi$. (Ob dies allerdings die kleinste positive Periode ist, muss noch untersucht werden.) Es genügt vorerst, die Funktion im Intervall $[0; 2\pi]$ darzustellen, um sich ein Bild vom gesamten Verlauf des Graphen zu machen.
Mithilfe eines Taschenrechners ermitteln wir Wertepaare:

| $x$ | 0 | $\dfrac{\pi}{4}$ | $\dfrac{\pi}{3}$ | $\dfrac{\pi}{2}$ | $\dfrac{2\pi}{3}$ | $\dfrac{3\pi}{4}$ | $\pi$ | $\dfrac{5\pi}{4}$ | $\dfrac{4\pi}{3}$ | $\dfrac{3\pi}{2}$ | $\dfrac{5\pi}{3}$ | $\dfrac{7\pi}{4}$ | $2\pi$ |
|---|---|---|---|---|---|---|---|---|---|---|---|---|---|
| $\tan(x)$ | 0 | 1 | 1,73 | — | −1,73 | −1 | 0 | 1 | 1,73 | — | −1,73 | −1 | 0 |

Tragen wir die Punkte in ein Koordinatensystem ein, so erhalten wir das Bild E 29. Die Tabelle lässt vermuten, dass die Tangensfunktion eine noch kleinere positive Periode als $2\pi$ hat, nämlich $\pi$.

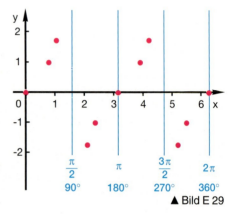
▲ Bild E 29

**8. ***
Ⓛ
**a)** Beweisen Sie, dass die Zahl $\pi$ eine Periode der Tangensfunktion ist. Hinweis: Ermitteln Sie $\tan(x+\pi)$, indem Sie die Definition der Tangensfunktion und die Quadrantenbeziehungen für die Sinus- und Kosinusfunktion anwenden.

**b)** Kann die Tangensfunktion eine kleinere positive Periode als $\pi$ haben? Begründen Sie Ihre Antwort.

**9.** Ermitteln Sie alle Nullstellen der Tangensfunktion.

**10.** Untersuchen Sie, wie der Graph der Tangensfunktion in der Nähe der Nullstellen verläuft. *Hinweis:* Ermitteln Sie die Funktionswerte für Argumente in der Nähe einer Nullstelle, z.B. für 0,1; 0,2; 0,3; −0,1; −0,2; −0,3 (Angaben im Bogenmaß). Welches der Bilder E 30 a bzw. b gibt den Verlauf besser wieder?

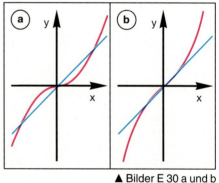
▲ Bilder E 30 a und b

**11.** Untersuchen Sie, wie der Graph der Tangensfunktion in der Nähe von $x=\dfrac{\pi}{2}$ verläuft. Hinweis: Wählen Sie Argumente, die nur wenig kleiner bzw. wenig größer als $\dfrac{\pi}{2}$ sind, und ermitteln Sie für diese Argumente die jeweiligen Funktionswerte.

**12. a)** Beschreiben Sie das Monotonieverhalten der Tangensfunktion.

**b)** Begründen Sie, dass die Tangensfunktion im Intervall $\left[0; \dfrac{\pi}{2}\right)$ monoton wächst.

Im Ergebnis der Untersuchungen in den Aufgaben auf den Seiten 115 und 116 gelangten wir zu Grundlagen, die das Zeichnen des Graphen der Tangensfunktion ermöglichen.

**13.** Begründen Sie die folgenden Quadrantenbeziehungen für die Tangensfunktion im Falle $0° \leq x < 90°$.

▶
$$\tan(180° - x) = -\tan x$$
$$\tan(180° + x) = \tan x$$
$$\tan(360° - x) = -\tan x$$

Bild E 31 ▶

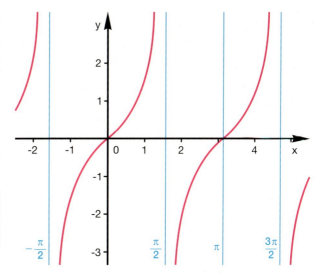

■ Es ist tan 537° mithilfe einer Tangenstafel zu ermitteln.

*Lösung:* Da die Tangensfunktion periodisch ist mit der Periode $\pi$ (im Gradmaß ausgedrückt: 180°), gilt:
$\tan 537° = \tan(2 \cdot 180° + 177°) = \tan 177°$.
Wegen $\tan(180° - x) = -\tan x$ (siehe oben) gilt weiter:
$\tan 177° = \tan(180° - 3°) = -\tan 3°$.
In der Tabelle finden wir $\tan 3° = 0{,}0524$; also ist **tan 537° = −0,0524.**

**14.** Ermitteln Sie mithilfe einer Tangenstafel die nachstehenden Funktionswerte.
**a)** $\tan 140°$ **b)** $\tan 297°$ **c)** $\tan 254°$ **d)** $\tan(-89°)$ **e)** $\tan 167°$ **f)** $\tan(-123°)$

**15.** **a)** Für welche Argumente $x$ ist $\tan x = 0{,}5317$?
ⓛ **b)** Geben Sie alle $x$ im Intervall von 0° bis 360° an, für die $\tan x = -5{,}145$ ist.
**c)** Für welche Zahlen $x$ im Intervall von $-\pi$ bis $\pi$ ist $\tan x = 0{,}3640$?

**16.*** Begründen Sie die folgende Aussage:
Ist $f(x) = mx + n$ die Gleichung für eine lineare Funktion und schneidet ihr Graph die $x$-Achse unter dem Winkel $\alpha$, so gilt $\tan \alpha = m$ (↗ Bild E 32).

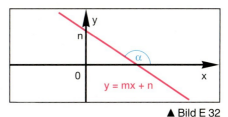

▲ Bild E 32

**17.** Unter welchem Winkel schneidet der Graph der linearen Funktion
**a)** $f(x) = -2{,}7x + 2$, **b)** $f(x) = 8{,}2x - 127$ die $x$-Achse?

Wie die Sinus- und Kosinusfunktion, so lässt sich auch die Tangensfunktion mithilfe des Einheitskreises erklären (↗ Bild E 33). $P$ sei das Bild des Punktes (1; 0) bei der Drehung um $O$ im Koordinatensystem mit dem Drehwinkel $x$. Dann ist die Ordinate des Punktes $T$ gleich tan $x$.

**18.** Begründen Sie, dass die Ordinate des Punktes $T$ im Bild E 33 gleich tan $x$ ist. *Hinweis:* Wenden Sie den zweiten Strahlensatz auf die Figur *OQETP* an. Beachten Sie, dass die Ordinate von $P$ gleich sin $x$ und die Abszisse von $P$ gleich cos $x$ ist.

**19.** Begründen Sie die Quadrantenbeziehungen für die Tangensfunktion (↗ Seite 117), indem Sie die Deutung des Tangens am Einheitskreis einbeziehen.

Bild E 33 ▶

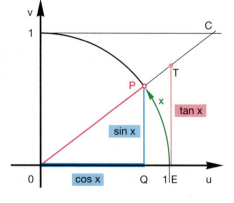

**20.*** Ordnet man im Bild E 33 dem Drehwinkel $x$ die Abszisse des Punktes $C$ zu, so erhält man eine weitere Winkelfunktion, den **Kotangens** des Winkels $x$. (Der Kotangens hat heute keine große Bedeutung mehr und wird deshalb weder bei Taschenrechnern noch in Tafelwerken erfasst.) Das Funktionssymbol ist **cot**.
Begründen Sie, dass gilt cot $x = \dfrac{\cos x}{\sin x}$. Ermitteln Sie Eigenschaften der Kotangensfunktion und skizzieren Sie den Graphen der Funktion.

**21.*** Darüber hinaus werden mitunter auch die folgenden Winkelfunktionen erwähnt:
Sekans (sec) und Kosekans (cosec): sec $x = \dfrac{1}{\cos x}$ und cosec $x = \dfrac{1}{\sin x}$.
Ermitteln Sie jeweils den Definitionsbereich der Funktionen. Stellen Sie fest, ob die Sekansfunktion Nullstellen hat.

| **Zusammenfassung** (Eigenschaften des Tangens) | |
|---|---|
| **Definitionsbereich** | Menge aller reellen Zahlen $x$ mit $x \neq (2k+1) \cdot \dfrac{\pi}{2}$ $(k \in \mathbb{Z})$ <br> bzw. Menge aller Winkelgrößen $x$ mit $x \neq (2k+1) \cdot 90°$ |
| **Wertebereich** | Menge aller reellen Zahlen |
| **Nullstellen** | alle reellen Zahlen $x$ mit $x = k\pi$ $(k \in \mathbb{Z})$ |
| **Monotonieverhalten** | in allen Teilintervallen $(2k-1)\dfrac{\pi}{2} < x < (2k+1)\dfrac{\pi}{2}$ $(k \in \mathbb{Z})$ <br> monoton wachsend |
| **Periodizität** | Für jedes $x$ aus dem Definitionsbereich ist <br> $\tan(x + k\pi) = \tan x$; die kleinste positive Periode ist $\pi$. |
| Bei Annäherung an die Stellen $x = (2k+1)\dfrac{\pi}{2}$ $(k \in \mathbb{Z})$ von links (rechts) werden die Funktionswerte beliebig groß (klein). | |

# 5 Beziehungen zwischen den Winkelfunktionen

**1.** Carmen hat Folgendes herausgefunden:
Ist $P$ das Bild des Punktes $(1; 0)$ bei der Drehung um den Koordinatenursprung mit dem Drehwinkel $\alpha$ (↗ Bild E 34), so hat $P$ die Koordinaten $\cos \alpha$ und $\sin \alpha$. Das Dreieck $OQP$ ist ein rechtwinkliges Dreieck. Nach dem Satz des Pythagoras ist dann die Summe aus dem Quadrat von $\sin \alpha$ und dem Quadrat von $\cos \alpha$ gleich 1.

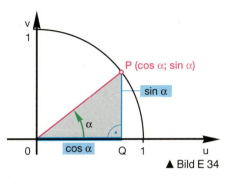

▲ Bild E 34

**a)** Begründen Sie die Behauptung von Carmen.

**b)** Schreiben Sie die Behauptung als Gleichung.

**c)** Anstelle von $(\sin \alpha)^2$ schreibt man kürzer $\sin^2 \alpha$. Weshalb schreibt man nicht einfach $\sin \alpha^2$?

---

▶ **Satz: Für beliebige Winkel $\alpha$ gilt die Gleichung $\sin^2 \alpha + \cos^2 \alpha = 1$.**

---

**2.** Einige Funktionswerte der Winkelfunktionen kann man auf einfache Weise ausrechnen.
Nutzen Sie die Bilder E 35 a bis c, um die Funktionswerte zu bestätigen:

**a)** $\sin 30° = \dfrac{1}{2}$, **b)** $\sin 45° = \dfrac{1}{2}\sqrt{2}$, **c)** $\sin 60° = \dfrac{1}{2}\sqrt{3}$.

Die in Aufgabe 2 genannten Funktionswerte lassen sich in der nebenstehenden Schreibweise besonders leicht einprägen.

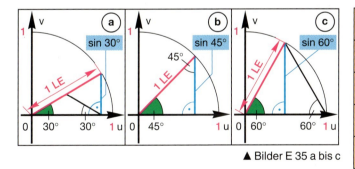

▲ Bilder E 35 a bis c

| $\sin 0°$ | $\dfrac{1}{2}\sqrt{0}$ | $\cos 90°$ |
|---|---|---|
| $\sin 30°$ | $\dfrac{1}{2}\sqrt{1}$ | $\cos 60°$ |
| $\sin 45°$ | $\dfrac{1}{2}\sqrt{2}$ | $\cos 45°$ |
| $\sin 60°$ | $\dfrac{1}{2}\sqrt{3}$ | $\cos 30°$ |
| $\sin 90°$ | $\dfrac{1}{2}\sqrt{4}$ | $\cos 0°$ |

**3.** **a)** Begründen Sie die in der obigen Tabelle angegebenen Funktionswerte für die Kosinusfunktion.

**b)** Nutzen Sie die Werte in der Tabelle, um $\tan 30°$, $\tan 45°$ und $\tan 60°$ zu ermitteln.

**4.** Stimmt das? ① $\sin 30° \cdot \cos 30° = \dfrac{1}{4}\sqrt{3}$; ② $\sin 45° \cdot \cos 45° = 1$

Man kann jede der drei behandelten Winkelfunktionen allein durch jede der beiden anderen Winkelfunktionen ausdrücken.

**5.\*** **a)** Beweisen Sie die Beziehungen (1) und (2).
   **b)** Beweisen Sie die Beziehung (3). *Hinweis:* Dividieren Sie beide Seiten der Gleichung $\sin^2 \alpha + \cos^2 \alpha = 1$ durch $\sin^2 \alpha$ und lösen Sie die Gleichung dann nach $\sin \alpha$ auf.
   **c)** Beweisen Sie die Beziehung (4). *Hinweis:* Dividieren Sie beide Seiten der Gleichung $\sin^2 \alpha + \cos^2 \alpha = 1$ durch $\cos^2 \alpha$ und lösen Sie die Gleichung dann nach $\cos \alpha$ auf.
   **d)** Beweisen Sie die Beziehungen (5) und (6).

| $\sin \alpha$ | | (1) $\sin \alpha = \sqrt{1 - \cos^2 \alpha}$ | (3) $\sin \alpha = \dfrac{\tan \alpha}{\sqrt{1 + \tan^2 \alpha}}$ |
|---|---|---|---|
| $\cos \alpha$ | (2) $\cos \alpha = \sqrt{1 - \sin^2 \alpha}$ | | (4) $\cos \alpha = \dfrac{1}{\sqrt{1 + \tan^2 \alpha}}$ |
| $\tan \alpha$ | (5) $\tan \alpha = \dfrac{\sin \alpha}{\sqrt{1 - \sin^2 \alpha}}$ | (6) $\tan \alpha = \dfrac{\sqrt{1 - \cos^2 \alpha}}{\cos \alpha}$ | |

Zu den besonders wichtigen Beziehungen gehören die sogenannten **Additionstheoreme für die Sinus- und Kosinusfunktion:**

---

▶ **SATZ:** Für beliebige Winkel $\alpha$ und $\beta$ gilt:
   **(1)** $\sin (\alpha + \beta) = \sin \alpha \cdot \cos \beta + \sin \beta \cdot \cos \alpha$
   **(2)** $\sin (\alpha - \beta) = \sin \alpha \cdot \cos \beta - \sin \beta \cdot \cos \alpha$
   **(3)** $\cos (\alpha + \beta) = \cos \alpha \cdot \cos \beta - \sin \alpha \cdot \sin \beta$
   **(4)** $\cos (\alpha - \beta) = \cos \alpha \cdot \cos \beta + \sin \alpha \cdot \sin \beta$

---

**6.\*** Arbeiten Sie den folgenden Beweis für die Beziehung (1) im Fall $0° < \alpha < 90°$ und $0° < \beta < 90°$ durch.

*Beweis* (↗ Bild E 36): Es ist
(1) $\sphericalangle A_2P_2B_3 = \alpha$.
(2) $\overline{B_2P_2} = \overline{B_2B_3} + \overline{B_3P_2}$ und
(3) $\overline{B_2P_2} = \sin (\alpha + \beta)$.
Ferner gilt: (4) $\overline{B_2B_3} = \overline{B_1A_2}$.
$\overline{B_1A_2}$ ist Gegenkathete von $\alpha$ im rechtwinkligen Dreieck $OB_1A_2$. Deshalb gilt

$\sin \alpha = \dfrac{\overline{B_1A_2}}{\overline{OA_2}}$, also $\sin \alpha = \dfrac{\overline{B_1A_2}}{\cos \beta}$ und damit

(5) $\overline{B_1A_2} = \sin \alpha \cdot \cos \beta$.
$\overline{B_3P_2}$ ist Ankathete von $\sphericalangle A_2P_2B_3 (= \alpha)$ im rechtwinkligen Dreieck $A_2P_2B_3$. Folglich gilt

$\cos \alpha = \dfrac{\overline{B_3P_2}}{\overline{A_2P_2}}$, d.h. $\cos \alpha = \dfrac{\overline{B_3P_2}}{\sin \beta}$ und

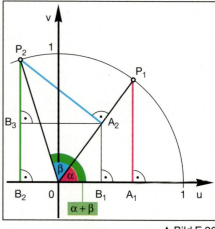

▲ Bild E 36

somit (6) $\overline{B_3 P_2} = \sin \beta \cdot \cos \alpha$. Aus (2), (3), (5) und (6) ergibt sich
$\sin(\alpha + \beta) = \sin \alpha \cdot \cos \beta + \sin \beta \cdot \cos \alpha$.

**7.** *  Begründen Sie die Aussage (2) im rot eingerahmten Satz auf Seite 120, also
$\sin(\alpha - \beta) = \sin \alpha \cdot \cos \beta - \sin \beta \cdot \cos \alpha$, unter Verwendung von (1).
*Hinweis:* $\sin(\alpha - \beta) = \sin(\alpha + (-\beta))$.

Aus den Additionstheoremen lassen sich die Doppelwinkelformeln gewinnen:

> ▶  Für alle Winkel $\alpha$ gilt:  $\sin 2\alpha = 2 \cdot \sin \alpha \cdot \cos \alpha$ und
> $\cos 2\alpha = \cos^2 \alpha - \sin^2 \alpha$.

**8.**  Begründen Sie die Doppelwinkelformeln.

Die Additionstheoreme und die Doppelwinkelformeln waren auch hilfreich bei der Aufstellung von Sinus- und Kosinustafeln. (↗ Das große Tafelwerk, Seite 18)

> ■  Unter Verwendung von $\sin 5° = 0{,}0872$ und $\cos 5° = 0{,}9962$ sollen $\sin 10°$ und $\sin 15°$ berechnet werden. Nach der Doppelwinkelformel ist
> **$\sin 10° = 2 \cdot 0{,}0872 \cdot 0{,}9962 = 0{,}17373728 \approx \mathbf{0{,}1737}$**
> und nach dem Additionstheorem für die Sinusfunktion ist
> **$\sin 15° = \sin(5° + 10°) = \sin 5° \cdot \cos 10° + \sin 10° \cdot \cos 5°$.**
>
> Zur weiteren Berechnung fehlt noch der Wert für $\cos 10°$, zu dessen Berechnung die Doppelwinkelformel für $\cos 2\alpha$ verwendet wird:
> $\cos 10° = \cos^2 5° - \sin^2 5° = 0{,}9962^2 - 0{,}0872^2 \approx 0{,}9848$.
>
> $\sin 15° = 0{,}0872 \cdot 0{,}9848 + 0{,}1737 \cdot 0{,}9962 = 0{,}2589145 \approx \mathbf{0{,}2589}.$

**9.**  **a)** Vergleichen Sie die im Beispiel errechneten Funktionswerte mit denen, die der Taschenrechner bzw. die Sinustafel angibt.
**b)** Wie erklären Sie sich die Abweichungen?

**10.**  Errechnen Sie nach der Methode im Beispiel die folgenden Funktionswerte.
Ⓛ  **a)** $\sin 20°$  **b)** $\cos 15°$  **c)** $\sin 25°$  **d)** $\cos 25°$  **e)** $\sin 50°$  **f)** $\cos 50°$

**11.**  Die Berechnungen im Beispiel oben setzen voraus, dass $\sin 5°$ und $\cos 5°$ bekannt sind. Vera meint, man müsste davon ausgehen, dass nur die in der Tabelle auf der Seite 119 aufgeführten Funktionswerte zur Verfügung stehen, um weitere Funktionswerte zu berechnen.
**a)** Wie kann man unter dieser Voraussetzung $\sin 15°$ berechnen?
**b)** Berechnen Sie unter dieser Voraussetzung $\cos 15°$.
**c)** Wie kann man unter dieser Voraussetzung $\sin 75°$ berechnen?

Auf der Seite 76 wurde schon die Beziehung $\cos \alpha = \sin(90° - \alpha)$ für Winkel mit $0° < \alpha < 90°$ eingeführt. Man nennt den Winkel, der einen gegebenen Winkel $\alpha$ zu einem rechten Winkel ergänzt, **Komplementwinkel zu $\alpha$**. Man kann also sagen:
**Ist $\beta$ der Komplementwinkel zu $\alpha$, so ist $\sin \beta = \cos \alpha$.**
(Mit Bezug auf Komplementwinkel ist auch die Bezeichnung *Kosinus* zu erklären.)

Es gilt sogar für beliebige Winkel $\alpha$ die Aussage: **cos** $\alpha$ = **sin (90° − α)**. Diese Aussage wird ja auch beim Ablesen von Kosinuswerten aus der Sinustafel genutzt.

**12.** Beweisen Sie unter Verwendung der Additionstheoreme die folgenden Aussagen.

> ▶ Für beliebige Winkel $\alpha$ gilt: **cos** $\alpha$ = **sin (90° − α)** und **sin** $\alpha$ = **cos (90° − α)**.

**13.*** Beweisen Sie die Doppelwinkelformel sin $2\alpha = 2 \cdot$ sin $\alpha \cdot$ cos $\alpha$ unter Beachtung des Hinweises für den Fall, dass 0° < 2α < 90° ist.
*Hinweis:* Ermitteln Sie den Flächeninhalt des Dreiecks *ABC* im Bild E 37 einmal mit $\overline{AB}$ als Grundseite und $h_1$ als Höhe (Figur 1) und ein zweites Mal mit $\overline{AC}$ als Grundseite und $h_2$ als Höhe (Figur 2). Drücken Sie die nicht bekannten Streckenlängen durch sin $\alpha$ bzw. cos $\alpha$ bzw. sin 2α aus. Setzen Sie die Inhalte gleich und lösen Sie die Gleichung nach sin 2α auf.

**14.*** Jens hat eine Idee, wie er die Beziehung sin $\alpha$ = cos (90° − α) am Einheitskreis beweisen kann. Er schreibt
cos (90° − α) = cos (−α + 90°).
Nun wählt er einen beliebigen Winkel $\alpha$ und markiert die Ordinate des zu diesem Drehwinkel gehörenden Punktes *P* auf dem Einheitskreis (↗ Bild E 38). Dann sucht er den Drehwinkel − α. Den dazugehörigen Punkt *P'* auf dem Einheitskreis gewinnt er durch Spiegelung von *P* an der *u*-Achse. Schließlich dreht er *P'* noch um 90° um den Koordinatenursprung *O* und erhält den Punkt *P''*. Er behauptet, man würde doch sehen, dass die Ordinate von *P* gleich der Abszisse von *P''* ist. Was meinen Sie dazu?

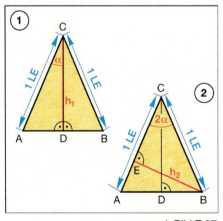

▲ Bild E 37

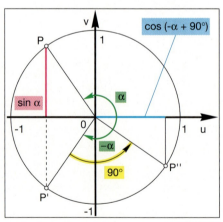

▲ Bild E 38

**15.*** **a)** Begründen Sie nach der Methode von Aufgabe 14 die Aussage:
Für alle Winkel $\alpha$ gilt: cos $\alpha$ = sin (90° − α).
**b)** Erklären Sie unter Verwendung der Aussage unter a), wie man den Graphen der Kosinusfunktion aus dem Graphen der Sinusfunktion gewinnen kann.

**16.*** Begründen Sie nach der Methode von Aufgabe 14 die Aussage:
Für alle Winkel $\alpha$ aus dem Definitionsbereich von **cot** gilt cot $\alpha$ = tan (90° − α).

# 6 Goniometrische Gleichungen

**1.** Für welche $x$ ist $3 \cdot \sin x = 1,42$?

**2.** Für welche $x$ ist $-\pi < x < \pi$ und $\dfrac{1}{\cos x} = -2,1$?

Gleichungen, bei denen die Lösungsvariablen im Argument von Winkelfunktionen vorkommen, nennt man **goniometrische Gleichungen.**[1]

---

■ Es sind alle Lösungen der Gleichung **tan $x - 1 = 100$** zu ermitteln.

$\begin{aligned} \tan x - 1 &= 100 \quad |+1 \\ \tan x &= 101 \\ x &\approx 1,56 \end{aligned}$

Taschenrechner: RAD 101 Shift tan [1.56089566]
Ist der Rechner auf DEG eingestellt, würde man $x \approx 89,4°$ erhalten.

Nun müssen wir aber beachten, dass der Taschenrechner nur eine Lösung angibt, obwohl es möglicherweise weitere Lösungen gibt. Aus der Periodizität der Tangensfunktion folgt, dass alle Zahlen $x$ mit $x = 1,56 + k\pi$ $(k \in \mathbb{Z})$ Lösungen sind.

■ Es sind alle Lösungen der Gleichung **sin $(2x) = 0,4$** mit $0° \leq x < 360°$ zu ermitteln.

$\begin{aligned} \sin(2x) &= 0,4 \\ 2x &\approx 23,6° \end{aligned}$

Taschenrechner: DEG 0,4 Shift sin [23.57817848]

Der Taschenrechner gibt nur eine Lösung an. Die Quadrantenbeziehung $\sin(180° - \alpha) = \sin \alpha$ liefert eine zweite Lösung im Intervall $[0°; 180°)$, nämlich $2x \approx 180° - 23,6°$
$\qquad 2x \approx 156,4°$.

Damit erhalten wir die Lösungen: $x_1 = 11,8°$ und $x_2 = 78,2°$.

Wegen $\sin(2x + 360°) = \sin(2x) = 0,4$ ergeben auch $2x = 23,6° + 360°$ und $2x = 156,4° + 360°$ Lösungen der Gleichung im Intervall $0° \leq x < 360°$, nämlich: $x_3 = 191,8°$ sowie $x_4 = 258,2°$.

---

**3.** Finden Sie alle Lösungen $x$ $(0° \leq x < 360°)$ der folgenden goniometrischen Gleichungen.

a) $\cos x = 0,85$      b) $\sin x - 0,1 = 0$      c) $\cos x = 1,6$

d) $\tan x = 1,6$      e) $\sin x = -0,7$      f) $\cos x = -0,25$

g) $\sin(2x) = -0,6$      h) $\cos(3x) = 1,2$      i) $\tan(2x) = -1,9$

j) $2 \cdot \sin x = 13$      k) $3 \cdot \cos x = 1,2$      l) $\sin \dfrac{x}{3} = -0,7$

**4.** Lösen Sie die folgenden Gleichungen. $(x \in \mathbb{R})$

a) $\sin x = 0,6$      b) $\cos(2x) = 0,5$      c) $2 \cdot \tan x = 2$

d) $\sin^2 x = 0,25$      e) $\dfrac{\cos x}{3} = -0,47$      f) $\cos^2 x - 1 = 0,25$

g) $\sin(3x) = 1,07$      h) $\cos(4x) = -0,3$      i) $0,2 \cdot \sin x = 0,17$

---

[1] Mit *Goniometrie* wird die Lehre von der Winkelmessung bezeichnet. Das Wort ist griechischen Ursprungs: gonia – der Winkel; metrein – messen.

---

■ Es sind alle $x$ aus dem Intervall $0 \le x \le 10$ zu ermitteln, die die Gleichung

$$\cos \frac{\pi}{3} \cdot \sin x = \frac{1}{3} \cdot \tan x \quad \text{lösen.}$$

*Lösung:* Wegen $\tan x = \dfrac{\sin x}{\cos x}$ erhalten wir $\cos \dfrac{\pi}{3} \cdot \sin x = \dfrac{\sin x}{3 \cdot \cos x}$.

Man sieht sofort, dass jede Zahl $x$, für die $\sin x = 0$ gilt, Lösung der Gleichung ist.
Also: $x_1 = k\pi$, $k \in \mathbb{Z}$.
Ist aber $\sin x \ne 0$, können wir beide Seiten der Gleichung durch $\sin x$ dividieren:

$$\cos \frac{\pi}{3} = \frac{1}{3 \cdot \cos x}$$

$$\cos x = \frac{1}{3 \cdot \cos \dfrac{\pi}{3}} \quad \text{und wegen } \cos \frac{\pi}{3} = 0{,}5$$

$$\cos x = \frac{2}{3}. \qquad \boxed{\text{Taschenrechner: } \fbox{RAD}\ 2\ \fbox{÷}\ 3\ \fbox{=}\ \fbox{Shift}\ \fbox{cos}\ [0.841069]}$$

Unter Nutzung der Periodizität und der Quadrantenbeziehungen der Kosinusfunktion gewinnen wir alle Lösungen der Gleichung:
$x_2 = 0{,}84 + k \cdot 2\pi$, $k \in \mathbb{Z}$ und wegen $\cos(2\pi - x) = \cos x$
$x_3 = 5{,}44 + k \cdot 2\pi$, $k \in \mathbb{Z}$.
Da nur nach Lösungen im Intervall [0; 10] gefragt wird, verbleiben die Zahlen 0;
0,84;  $\pi$;  5,44;  $2\pi$;  7,12;  $3\pi$ als Lösungen.

---

**5.** Ermitteln Sie alle Lösungen der Gleichungen im jeweils genannten Intervall.
Ⓛ    **a)** $0{,}4 \cdot \sin x = -1{,}2$; $[0; 2\pi]$      **b)** $\sin x = \cos x$; $[-\pi; +\pi]$

   **c)** $\dfrac{6}{\sin x} = \dfrac{5}{\cos x}$; $[0; \pi]$      **d)** $\dfrac{\sin x}{2} = \cos x$; $[-\pi; 3\pi]$

   **e)** $\tan x = \sin x$; $[0; \pi]$      **f)** $1 - \sin x \cdot \cos x = 0$; $[0; 2\pi]$

---

■ Die Lösungen der Gleichung
**2 · sin x = tan x** im Intervall [0; 2π]
sollen grafisch ermittelt werden.

*Lösung:* Wir lesen die Abszissen der
Schnittpunkte der Graphen von
$f(x) = 2 \cdot \sin x$ und von $g(x) = \tan x$ im
betreffenden Intervall ab. Wir erhalten
auf diese Weise die Näherungswerte:
$x_1 = 0$; $x_2 \approx 1{,}0$; $x_3 = \pi$; $x_4 \approx 5{,}2$; $x_5 = 2\pi$.
Beim Einsetzen zur Probe gibt es we-
gen der Ableseungenauigkeit Differen-
zen ($x_2 \approx 1{,}047$; $x_4 \approx 5{,}236$).

Bild E 39 ▶

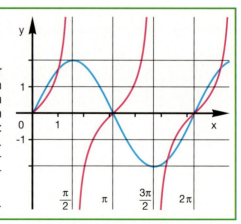

---

**6.** Lösen Sie die folgenden goniometrischen Gleichungen grafisch.
   **a)** $2 \cdot \sin x = \cos x$; $[0; 2\pi]$    **b)** $\tan x = -2x + 2$; $(-\pi; \pi)$    **c)** $\sin x = x^2$; $[-\pi; \pi]$

## 1 Prismen und Zylinder – gerade oder schief

**1.** Quaderförmige Packungen, die 0,2 l eines Getränks enthalten, gibt es mit der Grundfläche 40 mm × 60 mm und mit der Grundfläche 40 mm × 45 mm. Welche dieser Packungen hat die kleinere Oberfläche? Untersuchen Sie an auseinander gefalteten Packungen, ob die gleiche Beziehung auch für den Materialverbrauch gilt.

▼ Bild F 1

**2.** Ein Produktdesigner schlägt vor, bei Kekspackungen die bisherigen geraden Prismen mit gleichseitigen Dreiecken als Grundfläche durch schiefe mit gleichen Kantenlängen zu ersetzen (↗ Bild F 2). Er versichert, dass das Fassungsvermögen gleich bliebe. Die Betriebsleitung befürchtet, dass das Volumen und die Oberfläche vergrößert würden. Was meinen Sie dazu?

▲ Bild F 2

**3.** Anhand eines Stapels Spielkarten lässt sich plausibel machen, dass das Volumen $V$ gemäß der Formel $V = A_G \cdot h$ nicht nur im Falle gerader Prismen berechnet werden kann, sondern auch im Falle **schiefer Prismen** (↗ Bild F 3). Erläutern Sie.

Der Satz des CAVALIERI lautet: *Lassen sich zwei Körper so zwischen zwei parallele Ebenen legen, dass jede zu diesen parallele Ebene in beiden Körpern flächengleiche Schnittfiguren erzeugt, so sind beide Körper volumengleich.*

**4.** Inwiefern veranschaulicht das Bild F3 einen Spezialfall dieses Satzes?

▲ Bild F 3: Verschobener Spielkartenstapel

**5.** Ein schiefes Prisma habe als Grundfläche ein Dreieck, bei dem Seiten von 5,8 cm und 7,3 cm Länge einen Winkel von 106° einschließen. Die Seitenkanten sind 16,5 cm lang und gegenüber der Grundflächenebene um 85° geneigt. Wie groß ist sein Volumen?

125

**6.** **a)** Durch welche Art von (räumlicher) Bewegung kann man sich ein Prisma aus einem ebenen Vieleck erzeugt denken? Welche Bedingung muss erfüllt sein, damit das Prisma gerade ist? (Vgl. hierzu mit Bild F 4.)

**b)** Welche ebene Figur ist statt des Vielecks zu wählen, damit die gleiche Bewegung einen Zylinder erzeugt?

**c)** Durch welche Art von (räumlicher) Bewegung kann ein (gerader) Kreiszylinder aus einem Rechteck erzeugt werden?

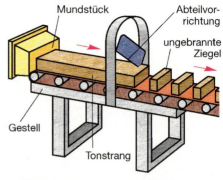

▲ Bild F 4: Strangpresse zur Herstellung von Tonziegeln

**7.*** **a)** Wie ist mittels des Satzes von CAVALIERI zu begründen, dass sich sowohl bei geraden als auch bei schiefen Kreiszylindern das Volumen – wie bei Prismen – als Produkt von Grundflächeninhalt und Länge der Höhe ergibt? Wie lauten die entsprechenden Formeln unter Verwendung von $r$ (Radius) bzw. $d$ (Durchmesser des Grundkreises)?

**b)** Leiten Sie auch die entsprechenden Formeln für den Oberflächeninhalt her. Gelten diese Formeln auch für gerade und schiefe Kreiszylinder?

Ⓛ **c)** Welches Volumen hat ein schiefer Kreiszylinder, dessen Grundkreisdurchmesser 17,2 cm und dessen Mantellinien 20,3 cm lang sind und bei dem der Fußpunkt des Lotes vom Mittelpunkt der Deckfläche auf die Grundkreisebene einen Radius des Grundkreises halbiert?

**8.** **a)** Bei welcher der drei Darstellungen des gleichen Hohlzylinders im Bild F 5 handelt es sich um die sogenannte **Kavalierperspektive** (Verzerrungswinkel $\alpha = 45°$; Verzerrungsverhältnis $q = 0{,}5$)?

**b)** Stellen Sie einen Hohlzylinder mit dem äußeren Durchmesser $D = 60$ mm, dem inneren Durchmesser $d = 40$ mm und der Höhe $h = 70$ mm mit folgenden Verzerrungswinkeln bzw. Verkürzungsverhältnissen dar:
(1) $\alpha = 45°$; $q = 0{,}5$; (2) $\alpha = 90°$; $q = \dfrac{1}{3}$; (3) $\alpha = 45°$; $q = 0{,}75$.

**c)** Verfahren Sie genauso hinsichtlich des Prismas aus Aufgabe 5.

**d)** Welche Masse hat ein Hohlzylinder aus Stahl mit den Maßen aus Aufgabe 8. b)? (Entnehmen Sie die Dichte des Materials dem Tafelwerk.) Erläutern Sie, inwiefern auch bei der Volumenberechnung eines Hohlzylinders gemäß der Formel $V = A_G \cdot h$ verfahren werden kann.

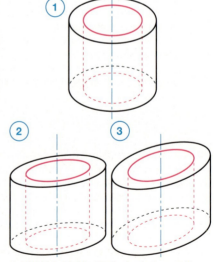

▲ Bild F 5: Hohlzylinder in drei verschiedenen Darstellungsarten

## 2 Pyramiden und Kegel – auch gerade und schief?

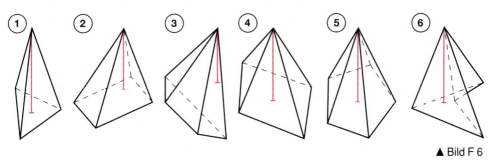

▲ Bild F 6

1. Im Bild F 6 sind Pyramiden in der sogenannten **Militärperspektive** (auch **Vogel-perspektive** genannt) dargestellt. Dabei werden die parallel zur Bildebene liegen-den Grundflächen unverzerrt abgebildet. Die Höhen der Pyramiden wurden rot ein-getragen. Welche der sechs Pyramiden würden Sie **gerade** und welche **schief** nen-nen? Bei welchen Pyramiden scheint Ihnen eine solche Kennzeichnung nicht sinn-voll? Welche Pyramiden sehen Sie außerdem als **regelmäßig** an? Erläutern Sie die Kriterien, nach denen Sie Ihre Entscheidung getroffen haben.

2. Berechnen Sie das Volumen und den Oberflächeninhalt der folgenden Pyramiden.
   a) Die Pyramide ist gerade mit quadratischer Grundfläche; die Grundkanten haben eine Länge von 42 mm, die Seitenkanten von 86 mm.
   b) Die Pyramide ist gerade; ihre Grundfläche ist ein Rechteck mit 9,5 cm und 12 cm langen Seiten; die Höhe ist 25 cm lang.
   Ⓛ c)* Die Pyramide hat nur gleichschenklige Dreiecke als Begrenzungsflächen. Eins dieser Dreiecke hat 65 mm lange Schenkel und 72° große Basiswinkel; die an-deren Dreiecke haben 92 mm lange Schenkel.

3. Ein Turm mit einem regelmäßigen Sechseck als Quer-schnitt hat ein pyramidenförmiges Dach (↗ Bild F 7). Wie viel Quadratmeter Kupferblech sind zum Eindecken er-forderlich, wenn für Verschnitt und Überlappungen zu-sätzlich 12% zu veranschlagen sind?

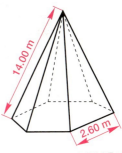

▲ Bild F 7

Statt der Maßangaben im Bild F 7, die das eindeutige Lösen der Aufgabe 3 ermöglichen, wäre auch eine Maßstabangabe möglich. Allerdings könnte man benötigte Längen nur für sol-che Strecken der Zeichnung entnehmen, die unverkürzt er-scheinen. (Welche Strecken sind das?) In anderen Fällen muss man die wahren Längen erst konstruieren und das ist bei einem Zweitafelbild leichter als bei einer Darstellung in Kava-lierperspektive.
Die Bilder F 8 und F 9 auf der Seite 128 zeigen zwei Verfahren am Beispiel einer dreisei-tigen Pyramide. Es wird jeweils die wahre Länge der Strecke $\overline{AS}$ ermittelt.

4. Erläutern und begründen Sie das Vorgehen bei der Ermittlung der wahren Länge einer Strecke nach den in den Bildern F 8 und 9 dargestellten Fällen.

■ Aus dem Zweitafelbild einer dreiseitigen Pyramide ist die wahre Länge der Strecke $\overline{AS}$ zu ermitteln. Zwei Konstruktionsverfahren bieten sich an:

① Das Trapez *A'S'SA* wird im Bild F 8 in die Grundrisstafel umgeklappt (Viereck *A'S'*[*S*] [*A*]). Die Höhen der Punkte *A* und *S* werden im Aufriss abgegriffen.

② Durch eine Drehung im Grundriss wird die Strecke $\overline{AS}$ in eine zur Aufrissebene parallele Lage gebracht (Strecke *A''S''*; ✎ Bild F 9).

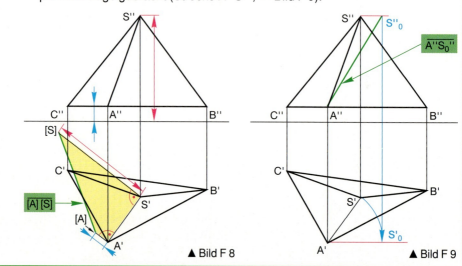

▲ Bild F 8          ▲ Bild F 9

**5.** **a)** Übernehmen Sie das Bild der Pyramide auf Transparentpapier. Ermitteln Sie die wahre Länge der Strecke $\overline{AS}$ durch eine Klappung in die Aufrissebene.

**b)** Wie kann man die wahre Länge der Höhe einer Seitenfläche der Pyramide konstruktiv ermitteln? Führen Sie die Konstruktion aus.

**6.** In der Bildserie auf der dritten Umschlagseite liegt die Grundfläche *ABCD* der Pyramide in der Grundrissebene. Deshalb wurde jeweils ein Dreieck (ein sogenanntes **Stützdreieck**) zur Ermittlung der wahren Länge einer Strecke umgeklappt.

**a)** Wie gelangt man in diesen Fällen zur wahren Länge von $\overline{HS}$ bzw. von $\overline{BS}$?

**b)** Im Teilbild 3 wurde durch die Umklappung die **wahre Größe und Gestalt** der Seitenfläche *ASD* ermittelt. Beschreiben Sie die Konstruktion.

**Zur Berechnung des Volumens von Pyramiden:** Für Pyramiden mit quadratischer Grundfläche, bei denen mit *a* die Länge der Grundkante und mit *h* die Länge der Höhe bezeichnet ist, führt die folgende Überlegung zu einer Formel für das Volumen *V*:

Ein ebener Schnitt in der Höhe $\frac{h}{2}$ zerlegt die Pyramide in eine zu ihr ähnliche Pyramide

als „Spitze" (Volumen $V_S$) und einen Pyramidenstumpf. Dieser wiederum setzt sich zusammen aus einem Quader als „Kernstück" (Volumen $V_Q$), vier (zueinander kongruenten) Prismen mit rechtwinkligen Dreiecken als Grundflächen und vier (ebenfalls zueinander kongruenten) kleinen Pyramiden. Bei passender Zusammensetzung ergeben die Prismen zusammen einen zum „Kernstück" kongruenten Quader, die kleinen Pyramiden eine zur „Spitze" kongruente Pyramide (✎ Bild F 10).

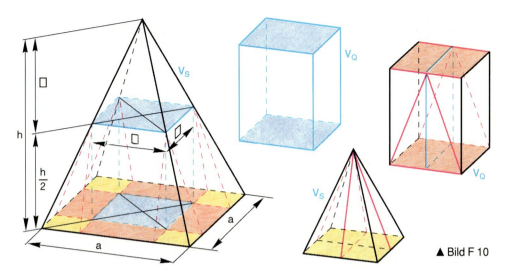

▲ Bild F 10

Es ergibt sich die Gleichung (⋆) $V = 2 \cdot V_S + 2 \cdot V_Q$.

**7.** Ermitteln Sie die im Bild F 10 durch Rechtecke gekennzeichneten Maße und berechnen Sie das Volumen $V_Q$ des „Kernstücks".
Drücken Sie dann aufgrund der Ähnlichkeit der großen Pyramide und der abgeschnittenen Pyramide das Volumen $V_S$ durch das Volumen $V$ der großen Pyramide aus. Setzen Sie dann in die Gleichung (⋆) ein und lösen Sie nach $V$ auf.

Dass die **Berechnung des Volumens für alle Pyramiden** nach der Formel $V = \frac{1}{3} A_G \cdot h$

erfolgen kann, ergibt sich aus folgender Tatsache: Pyramiden mit gleichen Grundflächeninhalten und gleichen Höhen(längen) sind nach dem Satz des CAVALIERI (↗ S. 125; Aufgabe 3) volumengleich.

**8.** Begründen Sie, warum in beiden Pyramiden im Bild F 11 durch jede zur Grundflächenebene parallele Ebene inhaltsgleiche Schnittflächen erzeugt werden.
*Hinweis:* Machen Sie Gebrauch von den Strahlensätzen bzw. von den Eigenschaften (räumlicher) zentrischer Streckungen.

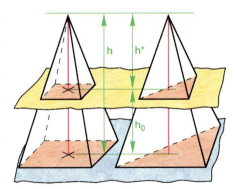

Bild F 11 ▶

**9.** Ermitteln Sie Volumen und Oberflächeninhalt für eine regelmäßige $n$-seitige Pyramide. ($a$ Grundkante; $s$ Seitenkante; $h$ Körperhöhe; $h_S$ Seitenflächenhöhe)
**a)** $n = 4$, $a = 3{,}5$ cm, $h = 9{,}5$ cm   **b)** $n = 4$, $a = 55$ mm, $h_S = 60$ mm
Ⓛ **c)** $n = 3$, $s = 14$ cm, $h = 12$ cm   **d)** $n = 6$, $h = 48$ cm, $h_S = 52$ cm

129

**10.** Das Volumen einer quadratischen Pyramide mit 25 cm langen Grundkanten beträgt 4,4 dm³. Wie hoch ist sie?

**11.**  **a)** Eine 14 cm hohe Pyramide hat als Grundfläche ein Rechteck mit den Seitenlängen 7,5 cm und 10 cm. Wie groß ist ihr Volumen?
  **b)** Wie groß ist der Oberflächeninhalt $A_O$, wenn es sich um eine gerade Pyramide handelt? Ergibt sich für $A_O$ der gleiche (ein kleinerer bzw. größerer) Wert, wenn die Pyramide schief ist?

**12.** Von einer schiefen Pyramide mit quadratischer Grundfläche *ABCD* und Spitze *S* ist
ⓛ bekannt: Die Grundkanten sind 17 cm lang. Die Seitenfläche *ABS* ist ein gleichschenkliges Dreieck (Basis $\overline{AB}$), das um 52° gegen die Grundfläche geneigt ist. Die Seitenfläche *CDS* ist ebenfalls gleichschenklig; ihr Neigungswinkel gegen die Grundfläche beträgt 85°.
Fertigen Sie eine Skizze an und berechnen Sie das Volumen der Pyramide.

**13.** Für das Schrägbild eines geraden Kreiskegels sind
im Bild F 12 das Verzerrungsverhältnis $q = \dfrac{3}{4}$ und der

Verzerrungswinkel $\alpha = 45°$ gewählt worden. Zeichnen Sie das Schrägbild eines Kegels ($r = 42$ mm; $h = 125$ mm) mit

**a)** $q = \dfrac{2}{3}$; $\alpha = 90°$, **b)** $q = \dfrac{1}{2}$; $\alpha = 45°$.

(Beachten Sie: Die dargestellten Mantellinien sind Tangenten an die Ellipse, die das Schrägbild des Grundkreises ist. In Skizzen wird oft irrtümlich die Spitze mit den Endpunkten einer Ellipsenachse verbunden.)

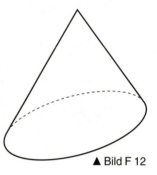

▲ Bild F 12

Das Bild F 13 macht deutlich, dass bei Kreiskegeln – und zwar bei schiefen so wie bei geraden – für das Volumen *V* auch $V = \dfrac{1}{3} A_G \cdot h$ also $\boldsymbol{V = \dfrac{1}{3} \pi r^2 \cdot h}$ gilt.

**14.*** **a)** Welche Seitenlänge muss die quadratische Grundfläche der Pyramide im Bild F 13 haben? Der Grundkreis des volumengleichen Kegels habe den Radius *r*.
  **b)** Geben Sie eine Formel für das Kegelvolumen in Abhängigkeit von *h* und *r* an.

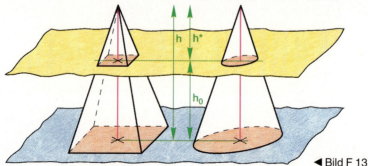

◀ Bild F 13

**15.** Für einen geraden Kreiskegel seien $r$ der Radius, $d$ der Durchmesser, $u$ der Umfang, $A_G$ der Flächeninhalt des Grundkreises, $h$ die Länge der Höhe, $s$ die Länge der Mantellinie und $V$ das Volumen. Berechnen Sie die jeweils fehlenden dieser sieben Größen.

a) $r = 2{,}5$ cm;  $h = 7{,}8$ cm      b) $d = 20{,}6$ cm;  $h = 9{,}7$ cm
c) $d = 117$ mm;  $h = 275$ mm      d) $u = 38$ dm;  $h = 19$ dm
e) $d = 4{,}6$ cm;  $V = 51$ cm$^3$      f) $h = 6{,}8$ cm;  $V = 68$ cm$^3$
g) $A_G = 92$ cm$^2$;  $V = 139$ cm$^3$      h) $d = 65$ mm;  $s = 73$ mm

**16.** Ein rechtwinklig-gleichschenkliges Dreieck rotiert um eine seiner 6,5 cm langen Katheten. Welches Volumen hat der erzeugte Kegel?

**17.** Der Böschungswinkel eines Schüttkegels, wie er beispielsweise unter einem Förderband entsteht, ist eine für das jeweilige Material typische Konstante; für Braunkohle ist er etwa 35° groß.
a) Wie groß ist das Volumen eines 15 m hohen Abraumkegels mit einem Böschungswinkel $\alpha = 38°$?
b) Nachdem ein Förderband 2 Stunden gelaufen ist, ist ein 1 m hoher Schüttkegel entstanden. Wie lange kann das Band noch unverändert weiterlaufen, wenn die Kegelhöhe auf 2,5 m begrenzt ist?
c) Die Höhe eines Abraumkegels mit 4,5 m Grundkreisdurchmesser vergrößert sich von 1,5 m um 0,5 m. Wie viel Abraum ist dazugekommen?

**18.** Erläutern Sie anhand des Bildes F 14, warum für den Inhalt $A_M$ des **Mantels eines geraden Kreiskegels** die Formel
$$A_M = \pi\, r\, s$$
gilt.

**19.** Zeigen Sie ebenfalls anhand des Bildes F 14, dass für die **Berechnung des Oberflächeninhalts eines geraden Kreiskegels** die folgende Formel gilt:
$$A_O = \pi\, r\,(r + s).$$

**20.** Drücken Sie die Formeln zur Berechnung des Mantelinhalts und des Oberflächeninhalts eines geraden Kreiskegels durch $r$ (oder $d$) und durch die Höhe des Kegels aus.

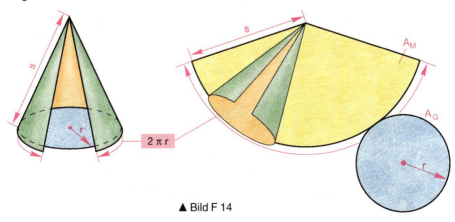

▲ Bild F 14

**21.** Gelten die Formeln, die in den Aufgaben 18 bis 20 zur Berechnung des Mantelinhalts bzw. des Oberflächeninhalts ermittelt wurden, auch für schiefe Kreiskegel?

**22.** Berechnen Sie den Oberflächeninhalt von geraden Kreiskegeln mit den angegebenen Maßen (über die Bezeichnungen ↗ Angaben in Aufgabe 15).
**a)** $s=6$ cm; $r=2,5$ cm
**b)** $u=13$ cm; $s=4,1$ cm
**c)** $s=87$ mm; $d=53$ mm
**d)** $s=75$ mm; $d=175$ mm
**e)** $r=28$ dm; $h=112$ dm
**f)** $d=5,8$ cm; $h=12,4$ cm

**23.** Berechnen Sie für einen geraden Kreiskegel jeweils die fehlenden der acht Größen $r$, $d$, $u$, $h$, $s$, $A_M$, $A_O$, $V$. (Die Bedeutung der Variablen wurde in Aufgabe 15 erläutert.)
**a)** $u=62$ cm; $s=75$ cm
**b)** $u=220$ cm; $h=80$ cm
**c)** $d=4,3$ cm; $A_M=38$ cm$^2$
**d)** $r=48$ mm; $A_O=290$ cm$^2$
**e)** $A_M=250$ cm$^2$; $A_O=375$ cm$^2$
**f)** $V=38,7$ cm$^3$; $u=11,3$ cm

**24.** Aus Blechscheiben mit 120 mm Durchmesser sollen Trichter durch Biegen von Kreisausschnitten mit den Zentriwinkeln **a)** 120°, **b)** 180°, **c)** 270° hergestellt werden.
Wie hoch werden die Trichter und wie groß wird ihr Fassungsvermögen? (Wir setzen voraus, dass beim Zusammenfügen keine Überlappungen vorgenommen werden, dass also beim Aneinandersetzen gleich geschweißt wird.)

**25.** Ⓛ Ein kegelförmiger Becher hat oben einen (inneren) Durchmesser von 120 mm. Wenn er bis 150 mm über der Kegelspitze gefüllt ist, enthält er 500 ml Flüssigkeit. Wie hoch stehen 100 ml (200 ml, 300 ml, 400 ml) Flüssigkeit? In welchem Abstand von der Kegelspitze sind auf der (inneren) Gefäßwand entsprechende Eichstriche anzubringen?

**26.** Wie verändert sich das Volumen eines geraden Kreiskegels, wenn
**a)** bei unverändertem Grundkreisradius die Höhe verdoppelt wird,
**b)** bei unverändertem Grundkreisradius die Mantellinie gedrittelt wird,
**c)** bei unveränderter Höhe der Grundkreisdurchmesser verdoppelt wird,
**d)** der Grundkreisradius verdoppelt und die Höhe halbiert wird,
**e)** bei unveränderter Höhe der Böschungswinkel von 30° auf 60° wächst,
**f)** bei unverändertem Radius der Böschungswinkel von 45° auf 15° abnimmt?
Machen Sie möglichst in allen Teilaufgaben auch Angaben über die Veränderung des Oberflächeninhalts.

**27.** Ⓛ Auf einem Tisch steht eine kegelförmige Schultüte (Höhe 50 cm; Grundkreisdurchmesser 26 cm). Unten am Rand sitzt ein Marienkäfer, der den Ehrgeiz hat, „zu Fuß" auf möglichst kurzem Wege den Kegel auf seinem Mantel einmal vollständig zu umrunden. Wie lang ist dieser Weg?

Bild F 15 ▶

## 3 Kugeln – rundherum rund

1. Nennen Sie Beispiele für das Vorkommen von Kugeln in unserer Umwelt. Geben Sie mutmaßliche Gründe für die Kugelform an.

2. **a)** Einen geraden Kreiszylinder wie auch einen geraden Kreiskegel kann man jeweils durch Drehung einer ebenen Figur um eine nicht durch ihr Inneres verlaufende Achse erzeugen. Man spricht in diesen Fällen von **Rotationskörpern.** Auch die Kugel kann auf diese Weise erzeugt werden. Beschreiben Sie die erzeugende Figur und die Lage der Rotationsachse.
   **b)** Definieren Sie die Kugel als Menge von Punkten mit einer Abstandseigenschaft. Beachten Sie, ob die Kugel als gekrümmte Fläche angesehen wird oder ob die Punkte innerhalb der Fläche zu ihr gehören sollen.

Jede Ebene $\varepsilon$, die vom Mittelpunkt $M$ der Kugel einen kleineren Abstand hat als der Kugelradius $r$, schneidet die Kugel in einem Kreis (↗ Bild F 16). Diejenigen Kreise, deren Radius gleich dem Kugelradius ist, bezeichnet man als **Großkreise** der Kugel (die übrigen als Kleinkreise).

3. **a)** Welche der Längen- und Breitenkreise auf einem Globus sind Großkreise?
   **b)** Wie lang ist bei einer Kugel mit 20 cm Durchmesser der Radius eines Kreises, dessen Schnittebene vom Kugelmittelpunkt den Abstand 6 cm hat?
   **c)** Zeichnen Sie das Zweitafelbild einer Erdkugel mit Längenkreisen von 30° zu 30° und Breitenkreisen von 30° zu 30°. Zeichnen Sie ein weiteres Zweitafelbild mit Längenkreisen von 15° zu 15° und Breitenkreisen von 20° zu 20°.

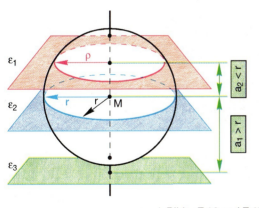

▲ Bilder F 16 und F 17

Die Darstellung von Kugeln im Schrägbild erfolgt der Einfachheit halber i. Allg. so, dass der Umriss ein Kreis ist. Außerdem wird meist der Anschaulichkeit wegen von (wenigstens) einem (weiteren) Großkreis die Bildellipse eingezeichnet. Häufig wählt man diesen Großkreis so, dass die sogenannte Hauptachse der Bildellipse horizontal liegt, und bezeichnet ihn als Äquator. Die Punkte der Kugeloberfläche, deren Verbindungsstrecke durch den Kugelmittelpunkt geht und senkrecht auf der Äquatorebene steht, heißen dann folgerichtig Pole (Nordpol und Südpol).

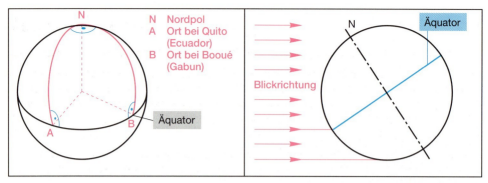

▲ Bilder F 18 und F 19

Wird der Äquator als Ellipse dargestellt, dürfen die Bilder der Pole nicht auf dem Umriss eingezeichnet werden. Im Bild F 18 wurde dieser häufig anzutreffende Fehler nachgestellt. Das Bild zeigt ein Kugeldreieck, das aus Großkreisbögen mit drei rechten Innenwinkeln gebildet wird.

**4.**   **a)** Erläutern Sie am Bild F 19, warum der Betrachter den Nordpol auf der ihm zugewandten Seite der Kugel sieht. Wo müsste $N$ im Bild F 18 liegen?

   **b)*** Welchen Abstand haben die Bilder der Pole vom Bild des Kugelmittelpunktes $M$ bei einer Kugel mit 10 cm Durchmesser, wenn der Äquator als Ellipse mit dem Verzerrungsverhältnis $q = \dfrac{1}{2}\left(\dfrac{1}{4}, \dfrac{2}{3}\right)$ dargestellt ist?

**5.**   **a)** Von welchen Größen wird vermutlich das Volumen der Kugel abhängen?

   **b)** Welche Messungen könnten eine Volumenformel für die Kugel vermuten lassen?

Die Volumenberechnung der Kugel geht auf ARCHIMEDES, einen der bedeutendsten Mathematiker und Techniker des Altertums, zurück. ARCHIMEDES von Syrakus, einer Stadt auf der Insel Sizilien, lebte von etwa 287 bis 212 v.Chr. Er kam zu der Erkenntnis, dass die Volumina einer Kugel und des ihr umbeschriebenen Zylinders (↗ Bild F 20) im Verhältnis 2 : 3 stehen.

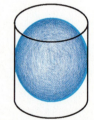

▲ Bild F 20

**6.**   Stützen Sie sich auf das Ergebnis von ARCHIMEDES,

   **a)** wenn Sie das Volumen einer Kugel mit 20 cm Durchmesser berechnen und

   **b)** wenn Sie Formeln für das Kugelvolumen in Abhängigkeit vom Radius und vom Durchmesser aufstellen.

Die Gültigkeit der Formel $V = \dfrac{4}{3}\pi r^3$ für das Kugelvolumen $V$ kann mittels des Satzes von CAVALIERI bewiesen werden. Wegen der Symmetrie kann man sich auf die Halbkugel beschränken und außer den der Halbkugel umbeschriebenen Zylinder auch den einbeschriebenen Kegel betrachten (↗ Bild F 21).

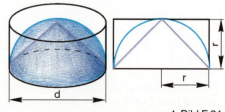

▲ Bild F 21

134

Das Volumen der Halbkugel wäre so $V_{HK} = \frac{2}{3} \pi\, r^3$, also gleich der Differenz des Zylinder-

volumens $V_{Zyl} = \pi\, r^3$ und des Kegelvolumens $V_{Keg} = \frac{1}{3} \pi\, r^3$. Deshalb genügt der Nachweis,

dass **Halbkugel** und **Restkörper** (Zylinder, aus dem der Kegel ausgebohrt wurde) volumengleich sind. Beide haben gleiche Grundflächeninhalte und es bleibt nur zu überprüfen, ob in jeder Höhe $x \neq 0$ zur Grundfläche parallele Ebenen in beiden Körpern inhaltsgleiche Schnittfiguren erzeugen (↗ Bild F 22).

Die Schnittfiguren sind:

bei der **Halbkugel** ein **Kreis** mit dem | beim **Restkörper** ein **Kreisring** mit dem
Radius $\rho$, wobei $\rho^2 = r^2 - x^2$ ist. | Außenradius $r$ und dem Innenradius $x$.

Für die Schnittflächeninhalte gilt dann:

$A_K = \pi\, \rho^2 = \pi\, (r^2 - x^2)$    |    $A_{KR} = \pi\, r^2 - \pi\, x^2 = \pi\, (r^2 - x^2)$

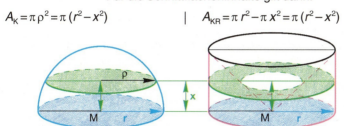

◄ Bild F 22

7. Begründen Sie die einzelnen Schritte in den Überlegungen zur Inhaltsgleichheit der
Schnittfiguren und bedenken Sie auch den Fall $x = r$. Nutzen Sie zur Unterstützung
ein Zweitafelbild anstelle von Bild F 22.

8. Berechnen Sie für eine Kugel (Radius $r$, Durchmesser $d$, Volumen $V$) jeweils die fehlenden dieser drei Werte.
   a) $r = 15{,}4$ cm    b) $d = 15{,}4$ cm    c) $r = 32{,}5$ cm    d) $d = 32{,}5$ cm
   e) $V = 322$ cm³    f) $V = 32{,}2$ dm³    g) $V = 3{,}22$ dm³    h) $V = 736$ cm³

9. Ⓛ Aus einem tropfenden Wasserhahn fallen in 25 Sekunden 10 Tropfen mit etwa
4 mm Durchmesser. Wie viel Liter Wasser werden so in einer Woche vergeudet?

10. Bei einem Luftdruck von 1013 kPa und einer Temperatur von 0 °C weist die Luft
eine Dichte von $1{,}29 \cdot 10^{-3}$ g · cm⁻³ auf. Welche Luftmasse wird unter diesen Bedingungen von einem Ballon mit dem Durchmesser 4,3 m verdrängt?

11. Berechnen Sie die Masse einer ausgehöhlten eisernen Halbkugel, deren äußerer
Durchmesser mit 150 mm und deren Wanddicke mit 10 mm bestimmt wurden.

12. a) Wie viele Schrotkugeln (Durchmesser 2 mm) sind aus 1 kg Blei zu gewinnen?
    b) Von 1000 Schrotkugeln ermittelt man mittels Überlaufgefäß ein Gesamtvolumen
       von 4,5 cm³. Welchen mittleren Durchmesser haben sie?

13. Ⓛ Berechnen Sie die Dichte dreier Kugeln von 15 cm Durchmesser.
    a) Die erste Kugel aus Hartholz hat eine Masse von 2,25 kg.
    b) Die zweite Kugel aus Marmor hat eine Masse von 4,55 kg.
    c) Die dritte Kugel aus Bronze hat eine Masse von 15,60 kg.

**14.** Wie dick ist anfangs die Haut einer Seifenblase von 12 cm (äußerem) Durchmesser, die aus einem Tropfen mit 3 mm³ Volumen entstanden ist?

**15.** Reicht für das vollständige Einwickeln einer Kugel ein Blatt Papier, das so groß wie der Mantel des Zylinders ist, der der Kugel umbeschrieben ist? Vergleichen Sie mit dem Bild F 20.

Während Mantel und Oberfläche von Zylinder und Kegel in die Ebene abgewickelt werden können, trifft dies bei der Kugel nicht zu. (Darum gibt es keine ebenen Landkarten, die Teile der Erdoberfläche völlig unverzerrt wiedergeben.) Dennoch kam bereits ARCHIMEDES zu dem genauen Resultat: Der Oberflächeninhalt einer Kugel ist viermal so groß wie der Inhalt eines Kreises mit gleichem Radius.

**16.** Vergleichen Sie den Oberflächeninhalt einer Kugel mit dem Mantel- und Oberflächeninhalt des der Kugel umbeschriebenen Zylinders (↗ Bild F 20).

**17.** Geben Sie das Resultat von ARCHIMEDES als Formel für den Oberflächeninhalt $A_O$ einer Kugel an, **a)** in Abhängigkeit von $r$, **b)** in Abhängigkeit von $d$.

In den Aufgaben 18 sowie 19 und 20 werden zwei Wege zur Aufstellung von Formeln für den **Oberflächeninhalt der Kugel** angedeutet:

**18.** ↑ Man sucht eine Beziehung zwischen Oberflächeninhalt $A_O$ und Volumen $V$ für gewisse ebenflächig begrenzte Körper, die die Kugel beliebig genau annähern. Dafür werden zum Beispiel solche Körper gewählt, deren Begrenzungsflächen sämtlich die Kugel berühren (↗ Bild F 23). Solche Körper kann man sich aus $n$ Pyramiden (Spitzen im Mittelpunkt, Höhen so lang wie der Kugelradius $r$) zusammengesetzt denken. Alle Pyramidengrundflächen mit den Inhalten $A_1, ..., A_n$ bilden zusammen die Körperoberfläche (Inhalt $A_O$).
**a)** Wie groß muss $n$ mindestens sein?
**b)** Wie folgt aus der Gültigkeit von

$$V_i = \frac{r}{3} A_i \ (i = 1, ..., n) \text{ für jede Pyramide,}$$

$$V = \frac{r}{3} A_O \text{ für den gesamten Körper?}$$

Was ergibt sich daraus für die Kugel?

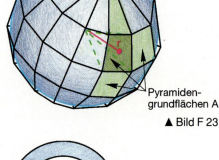

Pyramidengrundflächen A

▲ Bild F 23

**19.** ↑ Das Volumen einer Hohlkugel unterscheidet sich um so weniger von dem Produkt aus Oberflächeninhalt und Wandstärke, je kleiner die Wandstärke ist. Begründen Sie, dass für das Volumen $V'$ einer Hohlkugel mit dem Innenradius $r$ und der Wandstärke $x$

$$(*) \ V' = \frac{4}{3} \pi x (3r^2 + 3rx + x^2) \text{ gilt.}$$

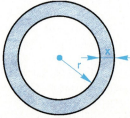

Bild F 24 ▶

**20.** ↑ Ersetzen Sie in der Gleichung (∗) auf der Seite 136 unten $V'$ durch den Näherungswert $A_O \cdot x$. Überlegen Sie, wie sich daraus die folgende Beziehung ergibt und was wohl die symbolische Schreibweise mit Pfeilen andeuten soll.

$$A_O \approx 4\pi r^2 + \underbrace{4\pi r x + \frac{4}{3}\pi x^2}_{\substack{\downarrow \\ 0}} \quad \text{für } x \to 0$$

**21.** Berechnen Sie Oberflächeninhalt und Volumen von Kugeln mit 1 m (2 m, 3 m, 4 m, 5 m, 6 m) Durchmesser und stellen Sie Vergleiche an.

**22.** Berechnen Sie Radius und Volumen für Kugeln mit dem Oberflächeninhalt $A_O$.
**a)** $A_O = 616 \text{ cm}^2$,      **b)** $A_O = 1000 \text{ cm}^2$,      **c)** $A_O = 55{,}44 \text{ m}^2$

**23.** Wie groß sind Oberflächeninhalt und Volumen einer Kugel von 150 cm Umfang?

**24.**∗ Eine Kugel hat das gleiche Volumen
Ⓛ   **a)** wie ein Würfel, **b)** wie ein Zylinder mit quadratischem Achsenschnitt.
In welchem Verhältnis stehen die Oberflächeninhalte von Kugel und Würfel bzw. von Kugel und Zylinder zueinander, die man unter der genannten Bedingung in a) und b) erhält?

| Zusammenfassung | |
|---|---|
| **Prismen** | Für gerade und schiefe Prismen mit der Grundfläche $A_G$, der Mantelfläche $A_M$ und der Höhe $h$ gilt: $V = A_G \cdot h$; $A_O = 2 \cdot A_G + A_M$. |
| **Kreiszylinder** | Für gerade und schiefe Kreiszylinder gilt zur Berechnung des Volumens ebenfalls die Formel $V = A_G \cdot h$, wegen $A_G = \pi r^2$ also $V = \pi r^2 \cdot h$. <br> Für gerade Kreiszylinder gilt: $A_M = 2\pi r h$; $A_O = 2\pi r (r + h)$. |
| **Pyramiden** | Für gerade und schiefe Pyramiden mit der Grundfläche $A_G$, der Mantelfläche $A_M$ und der Höhe $h$ gilt: $$V = \frac{1}{3} A_G \cdot h; \quad A_O = A_G + A_M.$$ |
| **Kreiskegel** | Für gerade und schiefe Kreiskegel gilt zur Berechnung des Volumens ebenfalls die Formel $V = \frac{1}{3} A_G \cdot h$ und folglich $V = \frac{1}{3}\pi r^2 h$. <br> Für gerade Kreiskegel mit der Mantellinie $s$ gilt ferner: $s^2 = r^2 + h^2$; $A_M = \pi r s$; $A_O = \pi r (s + r)$. |
| **Kugeln** | Für Kugeln mit dem Radius $r$ gelten die folgenden Formeln: $$V = \frac{4}{3}\pi r^3; \quad A_O = 4\pi r^2.$$ |

## 4  Zusammengesetzte Körper

Auf der Grundlage unseres Wissens über das Volumen und die Oberfläche sowie über die Darstellung einfacher Körper können wir nun auch Aussagen über kompliziertere Körper treffen.

**1.** Benennen Sie die Körper im Bild F 25. Berechnen Sie jeweils das Volumen und den Oberflächeninhalt unter Beachtung der folgenden Voraussetzungen: Bei den Darstellungen (a), (b), (c) soll es sich um Schrägbilder ($\alpha = 45°$; $q = 0,5$) im Maßstab 1 : 10 handeln, bei (d) um ein Schrägbild ($\alpha = 90°$; $q = 0,5$) im Maßstab 1 : 10.

**2.** Das Bild F 26 zeigt **zusammengesetzte Körper**, die aus dem Quader und der Pyramide der Bilder F 25 a, b gebildet wurden. (Die vier Körper wurden gegenüber dem Bild F 25 verkleinert abgebildet.)

**a)** Begründen Sie die folgenden Lösungsschritte zur Berechnung des Volumens bzw. des Oberflächeninhalts des Körpers im Bild F 26 a. Setzen Sie fort.

$$V = V_{\text{Quader}} + V_{\text{Pyramide}} \qquad A_O = a^2 + 4 \cdot ac + 4 \cdot \frac{a \cdot h_a}{2}$$

$$V = a^2 c + \frac{1}{3} a^2 \cdot h_{\text{Pyramide}} \qquad A_O =$$

$$V =$$

**b)** Geben Sie das Volumen der zusammengesetzten Körper in den Bildern F 26 b bis d an. Schätzen Sie, welcher Körper im Bild F 26 den größten Oberflächeninhalt hat. Begründen Sie und kontrollieren Sie rechnerisch.

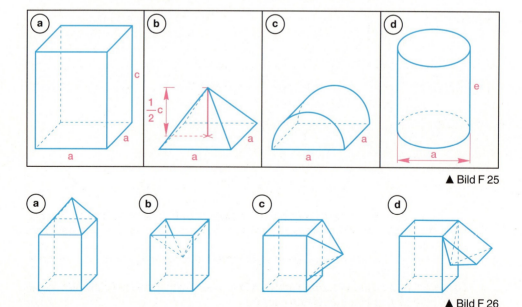

▲ Bild F 25

▲ Bild F 26

**3.** **a)** Skizzieren Sie Schrägbilder von zusammengesetzten Körpern, die Sie aus den Körpern im Bild F 25 bilden könnten.
**b)** Berechnen Sie das Volumen und den Oberflächeninhalt der von Ihnen in a) gebildeten Körper.
Beachten Sie den Maßstab 1:10.

**4.** Im Bild F 27 sind sechs Körper in Zweitafelprojektion dargestellt.
**a)** Skizzieren Sie zu jedem Körper ein Schrägbild.
**b)** Messen Sie in den Darstellungen geeignete Stücke und berechnen Sie jeweils das Volumen und den Oberflächeninhalt.

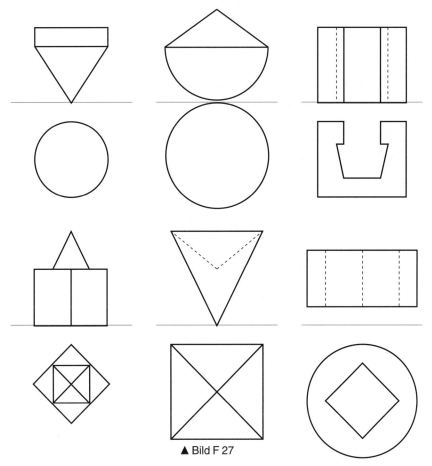

▲ Bild F 27

**5.** Auf die obere Fläche eines Würfels ($a = 4$ cm) wird ein zweiter Würfel so gestellt, dass seine unteren Eckpunkte auf den Mitten der oberen Kanten des ersten Würfels liegen.
**a)** Skizzieren Sie ein Schrägbild des zusammengesetzten Körpers und zeichnen Sie seinen Grundriss.
**b)** Berechnen Sie das Volumen und den Oberflächeninhalt des auf diese Weise gebildeten zusammengesetzten Körpers.

**6.** In Fortsetzung der Aufgabe 5 von Seite 139 soll nun ein Körper aus 3 (aus 4, aus 5, aus *n*) Würfeln zusammengesetzt werden. (Die Würfel werden wieder übereck aufeinander gesetzt.) Ergänzen Sie den in Aufgabe 5 angefertigten Grundriss und berechnen Sie jeweils das Volumen auf rationelle Weise.

**7.** Im Bild F 28 sind neun Körper im Schrägbild ($\alpha = 45°$; $q = 0,5$) dargestellt. Zeichnen Sie die Körper in Zweitafelprojektion. Berechnen Sie für jeden Körper sein Volumen und seinen Oberflächeninhalt (bei (e) nur das Volumen). Messen Sie dazu geeignete Stücke.

*Hinweise:* Der Körper in (e) ist aus einem geraden Kreiszylinder durch Abschneiden zweier Stücke entstanden, wobei die Schnittebenen zueinander parallel waren. Die roten Linien in (a), (e) und (g) zeigen die wahren Längen der Radien, Durchmesser, Ringbreiten bzw. Höhen.

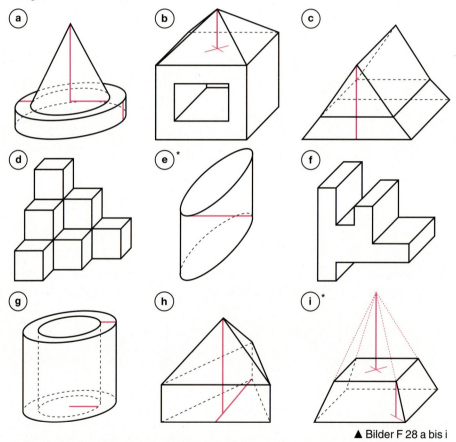

▲ Bilder F 28 a bis i

**8.** Im Bild F 29 auf der folgenden Seite sind die Netze zweier Körper gegeben.
**a)** Skizzieren Sie die Körper im Schrägbild.
**b)** Messen Sie in den Darstellungen geeignete Stücke und berechnen Sie das Volumen sowie den Oberflächeninhalt der jeweiligen Körper, für die die Netze gegeben sind.

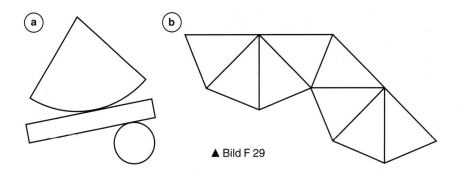

▲ Bild F 29

■ Das folgende Beispiel gibt die Lösung zur Aufgabe 8 (↗ Bild F 29 b) an.
Der Körper ist aus zwei Pyramiden mit quadratischer Grundfläche zusammengesetzt (↗ Skizze Bild F 30).

*Gegeben:* $a = 1,5$ cm; $s = 2$ cm; gesucht: $V$

*Lösung:* $V = 2 \cdot V_{\text{Pyramide}}$

$$V = 2 \cdot \frac{1}{3} a^2 \cdot h$$

$$d^2 = \frac{a^2}{2}; \quad h = \sqrt{s^2 - d^2}; \quad h = \sqrt{s^2 - \frac{a^2}{2}}$$

$$V = \frac{2}{3} a^2 \cdot \sqrt{s^2 - \frac{a^2}{2}}$$

$$V = \frac{2}{3} \cdot (1,5 \text{ cm})^2 \cdot \sqrt{(2 \text{ cm})^2 - \frac{(1,5 \text{ cm})^2}{2}}$$

$$V = 1,5 \text{ cm}^2 \cdot \sqrt{4 \text{ cm}^2 - 1,125 \text{ cm}^2}$$

$$V = 2,543 \text{ cm}^3 \approx 2,5 \text{ cm}^3$$

▲ Bild F 30

**9.** **a)** Skizzieren Sie das im Bild F 31 in Grund- und Aufriss dargestellte Dach im Schrägbild. Entwerfen Sie zusätzlich ein unter das Dach passendes Haus.

ⓛ **b)** Berechnen Sie das Volumen des gesamten Dachraumes.

**c)** Welchen Flächeninhalt hat die insgesamt zu deckende Dachfläche des Gebäudes?

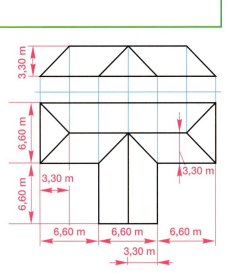

Bild F 31 ▶

## 5 Pyramiden- und Kegelstümpfe

Bei manchen Gebrauchsgegenständen treten Körperformen auf, die man sich als Teil einer Pyramide bzw. eines Kegels vorstellen kann. Auch bei Industrieanlagen und bei kulturellen Bauwerken findet man solche Körperformen (↗ Bild F 32). Ein ebener Schnitt parallel zur Grundfläche einer Pyramide bzw. eines Kegels lässt solche Körperformen entstehen; sie werden als **Pyramidenstümpfe** bzw. **Kegelstümpfe** bezeichnet.

**1.** Nennen Sie Gegenstände, die pyramidenstumpf- oder kegelstumpfförmig geformt sind. Begründen Sie die Zweckmäßigkeit der Form, gehen Sie dabei auch auf alternative Formen ein und beschreiben Sie die Nachteile dieser Formen. (Beispiele: Warum sind Trinkgläser eher Kegel- als Pyramidenstümpfe? Warum sind Eimer eher Kegelstümpfe als Zylinder oder Quader?)

▲ Bild F 32: Alte Zuckermühle auf Teneriffa

**2.** Erläutern Sie anhand des Bildes F 33 b, welche Flächen des dort dargestellten Pyramidenstumpfes als Grundfläche, als Deckfläche bzw. als Seitenflächen bezeichnet werden.

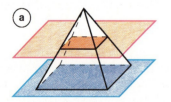 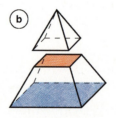 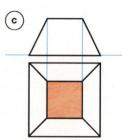

▲ Bilder F 33 a bis c

**3.** Begründen Sie anhand der Bilder F 33 a und c, dass die folgenden Aussagen richtig sind:
  ① Pyramide und Restpyramide sind zueinander ähnlich.
  ② Der Ähnlichkeitsfaktor $k$ ergibt sich aus dem Verhältnis der Höhen von Pyramide und Restpyramide.
  ③ Die Inhalte der Grundflächen von Restpyramide und Pyramide verhalten sich wie $1 : k^2$.
  ④ Die Volumina von Restpyramide und Pyramide verhalten sich wie $1 : k^3$.

**4.** Berechnen Sie das Volumen eines Pyramidenstumpfes, der durch Zerschneiden einer 6 cm hohen Pyramide mit rechteckiger Grundfläche ($a = 3$ cm; $b = 4$ cm) auf $\frac{2}{3}$ der Gesamthöhe parallel zur Grundfläche entstanden ist.

**5.** Ein Pyramidenstumpf mit quadratischer Grundfläche sei 2 cm hoch. Die Inhalte seiner Grund- bzw. Deckfläche betragen 25 cm² bzw. 9 cm².
**a)** Zeichnen Sie ein Zweitafelbild des Pyramidenstumpfes.
**b)** Ergänzen Sie den Aufriss des Stumpfes zur vollständigen Pyramide. Messen Sie die Höhe der Pyramide sowie die der sich ergebenden Restpyramide.
**c)** Erläutern Sie, wie Sie die Höhe der Restpyramide rechnerisch bestimmen können.
**d)** Berechnen Sie das Volumen des Pyramidenstumpfes.

**6.** Das Bild F 34 zeigt den Grundriss eines Pyramidenstumpfes mit der Höhe $h = 2{,}1$ cm.

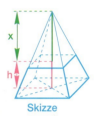
Skizze

**a)** Zeichnen Sie den Aufriss des Pyramidenstumpfes. Ergänzen Sie ihn zum Aufriss einer Pyramide.
**b)** Berechnen Sie die Höhe $x + h$ der vollständigen Pyramide sowie die Höhe $x$ der Restpyramide und geben Sie den Ähnlichkeitsfaktor $k$ an, der die Ähnlichkeit von Pyramide und Restpyramide charakterisiert.
**c)*** Zeigen Sie, dass für die Inhalte $A_D$ bzw. $A_G$ von Deck- und Grundfläche des Pyramidenstumpfes gilt:

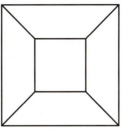

▲ Bild F 34

$$\frac{A_G}{A_D} = k^2 \quad \text{bzw.} \quad \frac{\sqrt{A_G}}{\sqrt{A_D}} = k.$$

**d)*** Das Volumen des Stumpfes kann man als Differenz von Gesamtpyramide und Restpyramide mithilfe der Gleichung

$$V = \frac{1}{3} A_G \cdot (h + x) - \frac{1}{3} A_D \cdot x$$

ermitteln. Zeigen Sie unter Nutzung Ihrer Ergebnisse aus c), dass sich das Volumen eines Pyramidenstumpfes allein aus den Angaben über die Inhalte seiner Grund- und Deckfläche sowie über seine Höhe ermitteln lässt.
**e)** Berechnen Sie das Volumen des Pyramidenstumpfes.

> ▶ **Für das Volumen $V$ eines Pyramidenstumpfes mit der Höhe $h$, der Grundfläche $A_G$ und der Deckfläche $A_D$ gilt:** $\quad V = \frac{1}{3} \cdot \left(A_G + \sqrt{A_G\, A_D} + A_D\right) \cdot h$

**7.** Berechnen Sie von einem Pyramidenstumpf das Volumen, den Mantelflächeninhalt und den Oberflächeninhalt, wenn Folgendes bekannt ist:
**a)** Grund- und Deckfläche sind gleichseitige Dreiecke; Grundkantenlänge: $a_1 = 8{,}0$ cm; Deckkantenlänge: $a_2 = 6{,}0$ cm; Höhe des Stumpfes: $h = 5{,}5$ cm;
**b)** Grund- und Deckfläche sind Quadrate; Grundkantenlänge: $a_1 = 6{,}0$ cm; Deckkantenlänge: $a_2 = 4{,}2$ cm; Länge der Seitenkanten: $s = 3{,}0$ cm;
Ⓛ **c)** Grund- und Deckfläche sind Quadrate; Grundkantenlänge: $a_1 = 4{,}0$ cm; Höhe des Stumpfes: $h = 3{,}0$ cm; Neigungswinkel der Seitenflächen gegenüber der Grundfläche: $\alpha = 60°$.

**8.** Ein Pyramidenstumpf hat als Grundfläche ein Rechteck mit den Seitenlängen $a_1 = 5{,}0$ cm bzw. $b_1 = 4{,}5$ cm. Die Kantenlängen der Deckfläche betragen $a_2 = 4{,}0$ cm bzw. $b_2 = 3{,}6$ cm. Der Neigungswinkel der Seitenkanten gegenüber der Grundfläche beträgt $\alpha = 60°$.
Berechnen Sie das Volumen, den Mantelflächeninhalt und den Oberflächeninhalt des Pyramidenstumpfes.

**9.** **a)** Zeichnen Sie ein Zweitafelbild des zur Pyramide ergänzten Stumpfes aus Aufgabe 7 c).
Konstruieren Sie dann die wahre Länge der Seitenkanten der Gesamtpyramide sowie die wahre Gestalt einer ihrer Seitenflächen.
**b)** Erläutern Sie, wie Sie die wahre Gestalt der Seitenfläche eines Pyramidenstumpfes ermitteln können.

**10.** Das Bild F 35 zeigt ein Schrägbild eines Kegelstumpfes, der durch Zerschneiden eines Kegels ($r = 3{,}6$ cm; $h = 9{,}0$ cm) in 5,0 cm Höhe parallel zur Grundfläche entstanden ist, im Maßstab 1:2.
**a)** Berechnen Sie die Inhalte von Grund- und Deckfläche des Kegelstumpfes.
**b)** Geben Sie das Volumen des Kegelstumpfes an.

**11.** Begründen Sie unter Nutzung des Bildes F 36 die Richtigkeit der folgenden Formel zur Berechnung des Volumens eines Kegelstumpfes.

> ▶ **Für das Volumen $V$ eines Kegelstumpfes mit dem Grundkreisradius $r_1$, dem Deckkreisradius $r_2$ und der Höhe $h$ gilt:**
>
> $$V = \frac{\pi}{3} \cdot (r_1^2 + r_1 r_2 + r_2^2) \cdot h$$

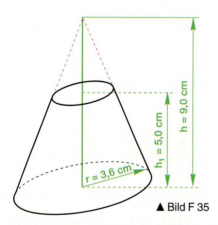

▲ Bild F 35

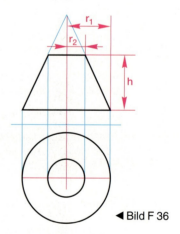

◀ Bild F 36

**12.** Berechnen Sie das Volumen eines Kreiskegelstumpfes, in dem gilt:
**a)** $r_1 = 5{,}0$ cm; $r_2 = 3{,}5$ cm; $h = 4{,}0$ cm;
**b)** $r_1 = 4{,}2$ cm; $r_2 = 3{,}6$ cm; $s = 4{,}0$ cm;
**c)** $A_1 = 25$ cm²; $A_2 = 16$ cm²; $h = 7{,}5$ cm;
**d)** $r_1 = 56$ mm; $h = 35$ mm; $\sphericalangle\,(r_1;\,s) = 70°$;
**e)** $r_1 = 4{,}8$ cm; $h = 2{,}8$ cm; $\sphericalangle\,(r_1;\,s) = 65°$.

**13.** **a)** Zeichnen Sie den Mantel des Kreiskegelstumpfes aus Aufgabe 12 a.
**b)** Zeichnen Sie ein Netz des Kreiskegelstumpfes aus Aufgabe 12 b.

*Lösungshinweis zur Aufgabe 13 a:* Der Kreiskegelstumpf kann durch Zerschneiden eines Kreiskegels parallel zu seiner Grundfläche entstanden sein. Wegen der Ähnlichkeit von Kegel und abgeschnittenem Restkegel muss für das Verhältnis der Längen der Mantellinien $x+s$ bzw. $x$ dieser beiden Kegel gelten:

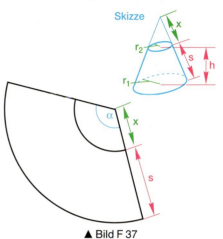

Skizze

▲ Bild F 37

$$\frac{x+s}{x}=\frac{r_1}{r_2} \quad \text{also} \quad \frac{x}{x}+\frac{s}{x}=\frac{r_1}{r_2}$$

und weiter

$$1+\frac{s}{x}=\frac{r_1}{r_2}-\frac{r_2}{r_2}+\frac{r_2}{r_2}$$

bzw.

$$1+\frac{s}{x_2}=\frac{r_1-r_2}{r}+1.$$

Nach Isolation von $x$ erhält man: $x=\dfrac{s\cdot r_2}{r_1-r_2}$.

Dann kann man die Form des Mantels des Kegelstumpfes als Differenz zweier Kreisausschnitte darstellen (↗ Bild F 37), deren Öffnungswinkel den Gleichungen

$$\frac{\alpha}{360°}=\frac{2\pi r_2}{2\pi x} \quad \text{bzw.} \quad \frac{\alpha}{360°}=\frac{2\pi r_1}{2\pi(x+s)} \quad \text{genügt.}$$

---

▶ **Für den Mantelflächeninhalt $A_M$ eines Kreiskegelstumpfes mit den Grund- bzw. Deckkreisradien $r_1$ bzw. $r_2$ und der Mantellinie $s$ gilt:** $\quad A_M=\pi s(r_1+r_2)$

---

**14.*** Leiten Sie die Formel zur Berechnung des Mantelflächeninhalts von Kegelstümpfen unter Nutzung des Bildes F 37 her.

**15.** **a)** Berechnen Sie den Mantelflächeninhalt des Kegelstumpfes aus Aufgabe 10.
**b)** Berechnen Sie den Oberflächeninhalt der Kegelstümpfe aus Aufgabe 12 a und b.

**16.** Eine Näherungsformel zur Berechnung des Volumens eines Pyramiden- bzw. Kegelstumpfes erhält man, indem man das Produkt aus der Körperhöhe und dem arithmetischen Mittel von Grund- und Deckfläche bildet. Schreiben Sie diese Regel als Formel auf. Geben Sie dann den absoluten, den relativen und den prozentualen Fehler des mit der Näherungsformel berechneten Volumens an, und zwar
**a)** von einem Kreiskegelstumpf mit $r_1=10$ cm; $r_2=9$ cm; $h=5$ cm und
**b)** von einem Pyramidenstumpf mit quadratischer Grundfläche ($a_1=6$ cm; $a_2=2$ cm; $h=5$ cm).
Für welche Art Pyramiden- bzw. Kegelstumpf wird der Fehler am geringsten?

145

## 6 Anwendungen und Überlegungen mit Ecken und Kanten

**1.** Berechnen Sie das Fassungsvermögen der Gefäße im Bild F 38 (ohne Berücksichtigung der Tüllen).

Maßstab          1 : 5          1 : 10          1 : 15          ◀ Bild F 38

**2.*** Die in den Bildern F 39 a bis d im Aufriss abgebildeten Gefäße haben alle ein Volumen von genau 1 hl. Bei den Darstellungen ⓐ bis ⓒ handelt es sich um Prismen, bei der Darstellung ⓓ um einen Zylinder. Wie viel Liter Flüssigkeit enthalten die Gefäße bei dem abgebildeten Füllstand?

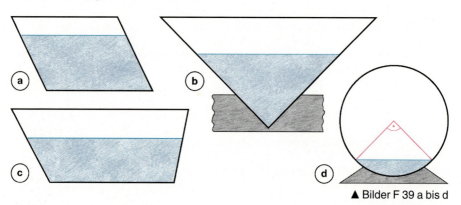

▲ Bilder F 39 a bis d

**3.** Das Bild F 40 zeigt die Skizze eines Rotationskörpers aus Stahl. Die Maßangaben sind in Millimetern erfolgt. Berechnen Sie die Masse dieses Maschinenteils.

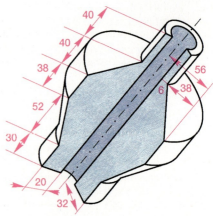

Bild F 40 ▶

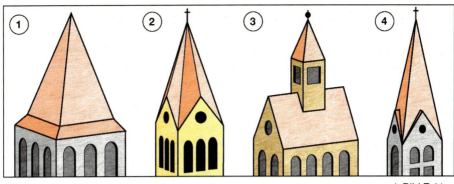

▲ Bild F 41

**4.** **a)** Erläutern Sie, welche Maße Sie benötigen, um den Dachraum sowie die Dach-fläche der im Bild F 41 dargestellten Türme zu berechnen. Rechnen Sie nach Wahl geeigneter Maße.

**b)** Fotografieren Sie in Ihrer Umgebung Dächer und Türme, die Pyramiden- oder Pyramidenstumpfformen enthalten. Bilden Sie selbst Aufgaben.

Einen Körper, den allseitig ebene Vielecke (Polygone[1]) begrenzen, bezeichnet man als **Polyeder**[1] oder **Vielflach** (zuweilen auch als Vielflächner).

**5.** **a)** Das Bild F 42 zeigt ein Prisma, in dem zwei Flächen mit den Ebenen ε und η, denen sie angehören, hervorgeho-ben sind.

Bei η liegen – anders als bei ε – auf je-der Seite Teile des Prismas. Suchen Sie weitere derartige Begrenzungs-ebenen des Prismas.

**b)** Hat ein Polyeder keine Begrenzungs-ebene mit der gleichen Eigenschaft wie η, liegt es also gänzlich auf einer Seite jeder seiner Begrenzungsebe-nen, so ist es ein **konvexes Poly-eder.**

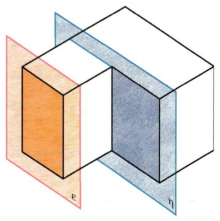

▲ Bild F 42

Entscheiden Sie bei den folgenden Körpern, ob es sich um konvexe oder um nicht konvexe Polyeder handelt:

① Quader, ② dreiseitiges schiefes Prisma, ③ Pyramide (Höhenfußpunkt außer-halb der dreieckigen Grundfläche), ④ Pyramide (Grundfläche Viereck mit über-stumpfem Winkel), ⑤ Zusammensetzung aus Pyramidenstumpf und Würfel (Grundfläche – Deckfläche gemeinsam).

**c)** Fügen Sie zwei zueinander kongruente Quader (Streichholzschachteln) auf ver-schiedene Weise so zusammen, dass ein nicht konvexes Polyeder entsteht. Ver-fahren Sie dann genauso mit zwei zueinander kongruenten Würfeln.

---

[1] poly (griech.) – viel; gonia (griech.) – Winkelmaß, Ecke; hedra (griech.) – Sitzplatz, Sitzfläche

147

**6.** Denken Sie sich verschiedene konvexe Polyeder (↗ Aufgabe 5 b). Prüfen Sie, wie groß die Summe der Innenwinkel begrenzender Flächen, die in einer Ecke des Polyeders zusammentreffen, höchstens sein kann.

**7.** **a)** Die geringste Anzahl von Begrenzungsflächen unter allen Polyedern haben drei-seitige Pyramiden, auch **Tetraeder**[1] genannt. Erläutern Sie, warum eine gerin-gere Anzahl von Begrenzungsflächen nicht möglich ist.

**b)** Tetraeder haben 6 Kanten. Skizzieren Sie Schrägbilder von Polyedern mit (ge-nau) 5, 7, 8, 9 und 10 Kanten. Versuchen Sie dabei, sowohl konvexe als auch nicht konvexe derartige Körper zu finden. Wenn Sie meinen, dass irgendeine Kantenzahl nicht möglich ist, so begründen Sie Ihre Meinung.

**c)** Stellen Sie für verschiedene Polyeder (auch die von Ihnen bei b) angegebenen) jeweils die Anzahlen $e$ ihrer Ecken, $k$ ihrer Kanten und $f$ ihrer Flächen zusam-men und suchen Sie nach einem Zusammenhang zwischen $e$, $k$ und $f$.

Nach EULER[2] ist ein Satz benannt, den vermutlich bereits ARCHIMEDES gekannt hat, der da-nach aber wieder in Vergessenheit geriet:

> ▶ EULERscher Polyedersatz: Für jedes konvexe Polyeder mit $e$ Ecken, $k$ Kanten und $f$ Flächen gilt:  $e + f - k = 2$.

**8.** Die Beziehung $e + f - k = 2$ gilt auch für gewisse nicht konvexe Polyeder.

**a)** Wie groß ist $I = e + f - k$ für die im Bild F 43 dargestellten Polyeder?

**b)** Geben Sie weitere nicht konvexe Polyeder an, für die $I = 2$ ist, und solche mit (möglichst verschiedenen) Werten von $I \neq 2$.

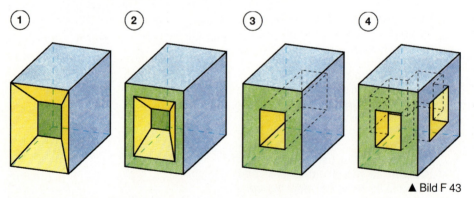

▲ Bild F 43

Im Bild F 44 auf der Seite 149 werden **reguläre Polyeder** dargestellt. Diese fünf Körper werden nach dem griechischen Philosophen PLATO, der in der Zeit von 427 bis 347 v. Chr. lebte, auch **platonische Körper** genannt. Die Begrenzungsflächen der regulären Poly-eder sind zueinander kongruente regelmäßige Vielecke. In jeder ihrer Ecken treffen gleich viele derartige Vielecke zusammen.

---

[1] tetra (griech.) – vier; Tetraeder – Vierflächner
[2] LEONHARD EULER (1707–1783) – Schweizer Mathematiker

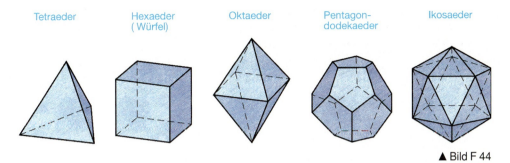

Tetraeder      Hexaeder      Oktaeder      Pentagon-      Ikosaeder
            (Würfel)                      dodekaeder

▲ Bild F 44

**9.** **a)** Führen Sie in einer Tabelle für jeden platonischen Körper die Ecken-, Kanten- und Flächenanzahlen $e$, $k$ und $f$ sowie die Anzahl $m$ der in jeder Ecke zusammentreffenden $n$-Ecke und die Eckenzahl $n$ auf.

**b)** Warum gibt es kein reguläres Polyeder, in dessen Ecken mehr als 5 regelmäßige (d.h. gleichseitige) Dreiecke, mehr als 3 regelmäßige Vierecke (Quadrate) oder Fünfecke zusammenstoßen? Warum gibt es kein reguläres Polyeder, das von regelmäßigen $n$-Ecken mit $n > 5$ begrenzt wird?

**c)** Oliver behauptet, nicht jede regelmäßige dreiseitige Pyramide sei ein reguläres Tetraeder. Sabine meint, auch nicht jedes konvexe Polyeder, das von zueinander kongruenten regelmäßigen Vielecken begrenzt wird, sei ein reguläres Polyeder. Beurteilen Sie die Wahrheit dieser Aussagen.

**10.** Bei jedem platonischen Körper werden die Mittelpunkte der Begrenzungsflächen als Ecken eines neuen konvexen Polyeders gewählt. Was für Körper entstehen?

**11.** **a)** Welches Volumen hat ein reguläres Oktader (Tetraeder) mit 5 cm Kantenlänge?
Ⓛ **b)*** Stellen Sie Formeln für Oberflächeninhalt und Volumen eines regulären Oktaeders (eines regulären Tetraeders) mit der Kantenlänge $a$ auf.

**12.** Bei den Eintafelprojektionen platonischer Körper im Bild F 45 sind unsichtbare Kanten wie sichtbare dargestellt, nur ist eine sichtbare Kante rot gefärbt. Um welche regulären Polyeder handelt es sich?

▼ Bild F 45

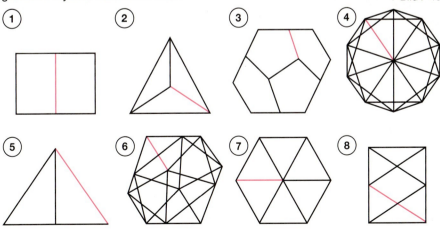

**13.** Gegeben ist ein reguläres Tetraeder mit der Kantenlänge $a$. Wie lang ist dann auf der Oberfläche des Tetraeders der kürzeste Weg vom Mittelpunkt einer Kante zum Mittelpunkt der gegenüberliegenden Kante?

**14.** Wo finden Sie in dem Holzstich mit dem Titel „Sterne" des Holländers Maurits C. Escher (1898–1972) reguläre Polyeder? Charakterisieren Sie auch möglichst genau weitere Polyeder in diesem Bild.

◀ Bild F 46

**15.** In einen Würfel lassen sich zwei reguläre Tetraeder einbeschreiben, die einander durchdringen und die Flächendiagonalen als Kanten haben (↗ Bild F 47). Berechnen Sie das Volumen und den Oberflächeninhalt des aus beiden Tetraedern bestehenden sternförmigen Oktaeders.

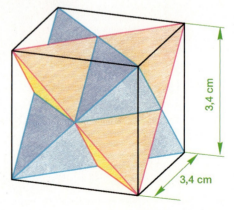

3,4 cm

3,4 cm

Bild F 47 ▶

# G Funktionen im Überblick

## 1 Allerlei über Funktionen

Der Funktionsbegriff ist einer der zentralen mathematischen Begriffe. Mithilfe von Funktionen lassen sich viele Sachverhalte in der Natur, der Technik, aber auch in anderen Bereichen beschreiben.

So werden zum Beispiel in meteorologischen Stationen ständig die Temperatur, die Niederschlagsmenge je Zeiteinheit, die Luftfeuchtigkeit, die Windgeschwindigkeit, der Luftdruck u.a. gemessen. In jedem Fall werden funktionale Zusammenhänge erfasst, wobei mit automatisch arbeitenden Geräten sogar eine kontinuierliche Aufzeichnung in Form von Graphen möglich ist (Thermograph, Hygrograph, Barograph).

1. **a)** Suchen Sie nach weiteren Beispielen für außermathematische Sachverhalte, die mit Funktionen beschrieben werden können. Verwenden Sie dabei neben Beschreibungen mit Worten auch *Wertetabellen, grafische Darstellungen* oder *Funktionsgleichungen*.
   **b)** Erklären Sie anhand eines selbst gewählten Beispiels die Begriffe *Argument* und *Funktionswert*.

2. Stellen Sie für die folgenden Zuordnungen eine Wertetabelle auf. Entscheiden Sie, welche der Zuordnungen Funktionen sind.
   Begründen Sie jeweils.
   **a)** Jeder natürlichen Zahl wird ihre Quersumme zugeordnet.
   **b)** Natürliche Zahl → Teiler der Zahl.
   **c)** Jeder Fußballspieler hat auf seinem Trikot eine Rückennummer.
   **d)** Jeder Schüler der Klasse 10 a schreibt seinen Namen und seinen Geburtstagsmonat an die Tafel.
   **e)** $y = x^2$ mit $x \in \{0; 1; 2; 3; 4\}$
   **f)** Bei einer Verschiebung wird jedem Punkt der Ebene genau ein Punkt der Ebene zugeordnet.

▲ Bild G 1

151

**3.** Geben Sie weitere Beispiele für Funktionen in der Mathematik an. Woran kann man anhand der Wertetabelle erkennen, ob eine Zuordnung *eindeutig* ist?

**4.** Das *Pfeildiagramm* im Bild G 2 gibt Auskunft über die Anzahl der Einsätze einiger deutscher Nationalspieler vor Beginn des Fußballweltmeisterschaftsturniers 1994 in den USA. Wie spiegelt sich die Eindeutigkeit einer Zuordnung hier wider?

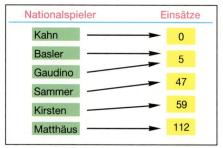

▲ Bild G 2

**5.** Stellen Sie für die Funktionen der vorangegangenen Aufgaben jeweils den *Definitionsbereich* und den *Wertebereich* einander gegenüber. Bei welchen Funktionen handelt es sich um Zuordnungen zwischen Zahlen?

**6.** Stellen Sie die Funktionen mithilfe einer Wertetabelle grafisch dar.
a) $y = 0,5x - 3$ mit $x \in \mathbb{R}$
b) $y = 0,5x - 3$ mit $x \in [-2; 5]$
c) $y = |x| - 2$ mit $x \in \mathbb{R}$
d) $y = 0,25x^2 - 1$ mit $x \in [-4; 4]$
e) $y = x^2 - 6x + 11$ mit $x \in \mathbb{R}$
f) $y = \sqrt{x + 1}$ mit $x \geq -1$
g) $y = 2 \cdot \sin x$ mit $x \in \mathbb{R}$
h) $y = 2^x$ mit $x \in \mathbb{Z}$
i) $y = \dfrac{1}{x}$ mit $x \neq 0$
j) $y = -3x$ mit $x \in \mathbb{Q}$
k) $y = \cos(0,5 \cdot x)$ mit $x \in [0; 2\pi]$
l)* $y = |1 - |x||$ mit $x \in \mathbb{R}$
m) $y = \begin{cases} 0,5x + 1 & \text{für } x \geq 0 \\ x & \text{für } x < 0 \end{cases}$
n) $y = \begin{cases} 1 & \text{für } x > 0 \\ 0 & \text{für } x = 0 \\ -1 & \text{für } x < 0 \end{cases}$
o) $y = \begin{cases} x^2 & \text{für } x \geq 0 \\ -x^2 & \text{für } x < 0 \end{cases}$

**7.** Wie erkennt man die Eindeutigkeit einer Zuordnung an ihrem Graphen?

**8.** Ⓛ Ermitteln Sie die *Nullstellen* von Funktionen der Aufgabengruppe 6. Dabei sollen sowohl grafische als auch rechnerische Methoden Anwendung finden. Welche dieser Funktionen besitzen keine Nullstellen?

**9.** Welche Funktionen aus Aufgabe 6 sind a) im gesamten Definitionsbereich, b) in Teilen des Definitionsbereiches *monoton wachsend*? Geben Sie Intervalle an.

**10.** Ⓛ Geben Sie eine *monoton fallende Funktion* an, die a) keine Nullstelle, b) genau eine Nullstelle, c) mehr als eine Nullstelle besitzt.

**11.** Welche *periodischen Funktionen* kennen Sie? Geben Sie jeweils deren kleinste Periode an. Kennen Sie eine periodische Funktion, die keine Winkelfunktion ist?

**12.** Die Bilder G 3 a bis l auf den Seiten 153 und 154 zeigen zwölf Kurven.
a) Welche der Kurven ist Graph einer Funktion? Begründen Sie.
b) Welche der Kurven stellt eine nicht eindeutige Zuordnung dar? Begründen Sie.
c) Nennen Sie die Kurven, die Graph einer linearen Funktion, Graph einer quadratischen Funktion bzw. Graph einer Winkelfunktion sind. Begründen Sie.
d) Geben Sie, wenn möglich, jeweils eine Funktionsgleichung an.

**13.** Welche der Graphen in den Bildern G 3 a bis l sind **a)** axialsymmetrisch, **b)** zentralsymmetrisch? Geben Sie jeweils die Symmetrieachse(n) bzw. das Symmetriezentrum an.

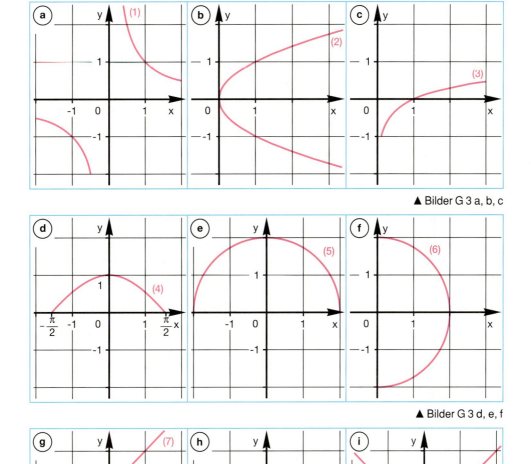

▲ Bilder G 3 a, b, c

▲ Bilder G 3 d, e, f

▲ Bilder G 3 g, h, i

*Hinweis:* Die Bilder G 3 j, k, l befinden sich auf der Seite 154.

153

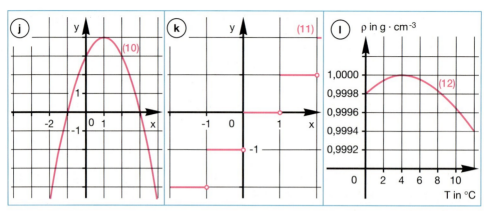

▲ Bilder G 3 j, k, l

Das Bild G 3 k zeigt den Graphen einer Funktion mit mehreren Sprungstellen. Mit dem kleinen Kreis am Ende eines jeden Geradenstücks soll angedeutet werden, dass jeweils der Punkt am rechten Ende nicht mehr zur Kurve zu zählen ist. So ist zum Beispiel $f(x) = 0$ für alle $x$ mit $0 \leq x < 1$ und es ist $f(x) = 1$ für alle $x$ mit $1 \leq x < 2$.

Das Bild G 3 l zeigt den Graphen, der die Abhängigkeit der Dichte $\rho$ des Wassers, gemessen in $g \cdot cm^{-3}$, von der Temperatur $T$ in °C darstellt.

**14.** Geben Sie eine Funktion $f$ an, deren Graph
    **a)** symmetrisch zur $y$-Achse verläuft, also *axialsymmetrisch* ist,
    **b)** symmetrisch zum Koordinatenursprung verläuft, also *zentral-* bzw. *punktsymmetrisch* ist,
    **c)** beiden Koordinatenachsen beliebig nahe kommt, sie aber nicht erreicht, (Die Koordinatenachsen sind damit *Asymptoten* für den Graphen.)
    **d)** die $x$-Achse unendlich oft schneidet,
    **e)*** die $y$-Achse unendlich oft schneidet.

**15.** **a)** Geben Sie eine Funktion $f$ an, für die $f(-x) = f(x)$ für alle $x \in \mathbb{R}$ gilt. Eine solche Funktion wird **gerade Funktion** genannt.
    **b)** Geben Sie eine Funktion $f$ an, für die $f(-x) = -f(x)$ für alle $x \in \mathbb{R}$ gilt. Eine solche Funktion wird **ungerade Funktion** genannt.
    **c)** Geben Sie zwei Funktionen an, die weder gerade noch ungerade sind.

**16.** Gegeben sind die Funktionen $f_1$ und $f_2$ mit
    $f_1(x) = x^2 - 1$ und $D(f_1) = \mathbb{R}$ sowie
    $f_2(x) = x^2 - 1$ und $D(f_2) = \{x \mid x \in \mathbb{R}$ und $x \geq 0\}$.
    **a)** Fertigen Sie eine Übersicht an, in der Sie Eigenschaften von $f_1$ und $f_2$ gegenüberstellen.
    **b)*** Formulieren Sie eine Bedingung für die Gleichheit von Funktionen.

**17.** Stellen Sie für die Funktion $y = 3x$ eine Wertetabelle auf und stellen Sie die Funktion grafisch dar. Vertauschen Sie Argument und Funktionswert. Prüfen Sie, ob diese neue Zuordnung ebenfalls eine Funktion ist. Ist dies der Fall, nennt man die Funktion **eineindeutig**. Wie wirkt sich das Vertauschen auf den Graphen der Zuordnung aus?

**18.** Verfahren Sie mit der Funktion $y = 4x^2$ wie in der Aufgabe 17 mit der Funktion $y = 3x$.

**19.** Untersuchen Sie die folgenden Funktionen auf Eineindeutigkeit.

**a)** $f(x) = x^2$ mit $D(f) = \mathbb{R}$        **b)** $f(x) = x^3$ mit $D(f) = \mathbb{R}$

**c)** $f(x) = \dfrac{1}{x}$ mit $D(f) = \mathbb{R}$; $(x \neq 0)$      **d)** $f(x) = \sin x$ mit $D(f) = \mathbb{R}$

**e)** $f(x) = \sin x$ mit $D(f) = \left[ 0; \dfrac{\pi}{2} \right]$      **f)** $f(x) = \tan x$ mit $D(f) = \left[ 0; \dfrac{\pi}{2} \right)$

**20.** Stellen Sie die Funktionen $f$ und $g$ mit **a)** $f(x) = \dfrac{x}{3} - 1$ und $g(x) = 3x + 3$,

**b)** $f(x) = x^2$ und $g(x) = \sqrt{x}$ grafisch dar. Spiegeln Sie dann die Graphen an der Geraden $y = x$. Was stellen Sie fest? Begründen Sie Ihre Feststellungen.

**21.** Überzeugen Sie sich davon, dass die folgenden über $\mathbb{R}$ definierten Funktionen $f$ eineindeutig sind. Zeichnen Sie jeweils den Graphen der Umkehrfunktion von $f$. Versuchen Sie, für die Umkehrfunktion eine Funktionsgleichung anzugeben.
*Hinweis:* Ersetzen Sie $f(x)$ durch $y$ und stellen Sie die Funktionsgleichung nach $x$ um.

**a)** $f(x) = 2x$       **b)** $f(x) = x$       **c)** $f(x) = 3x - 1$
**d)** $f(x) = 2x^2$ $(x \geq 0)$    **e)** $f(x) = \sqrt{x}$ $(x \geq 0)$    **f)*** $f(x) = x^2 - 2x + 3$ $(x \geq 1)$
*Hinweis zu f)*:* Formen Sie den Term auf der rechten Seite so um, dass ein vollständiges Quadrat enthalten ist.

**g)** $f(x) = x^3$       **h)** $f(x) = \dfrac{3}{x}$ $(x > 0)$       **i)*** $f(x) = 0.2\, x^{\frac{2}{3}}$ $(x \geq 0)$

**22.** Stellen Sie dem Definitionsbereich und dem Wertebereich der Funktion $f$ aus den
Ⓛ   Aufgaben 21 den Definitionsbereich und den Wertebereich der zugehörigen Umkehrfunktion $f^{-1}$ gegenüber.

---

**Zusammenfassung** *(wird auf der Seite 156 fortgesetzt)*

Eine eindeutige Zuordnung heißt **Funktion**.
Gehört das *geordnete Paar* $(x; y)$ zur Funktion $f$, so ordnet die Funktion $f$ dem Element $x$ das Element $y$ zu; man schreibt: $y = f(x)$. $y$ ist der **Funktionswert** zum **Argument** $x$.
Die Menge aller Argumente einer Funktion $f$ heißt der **Definitionsbereich** $D(f)$ der Funktion $f$. Der **Wertebereich** $W(f)$ der Funktion besteht aus allen Funktionswerten. (Wir beschränken uns auf Funktionen, bei denen $D(f)$ und $W(f)$ Mengen von Zahlen sind.)
Darstellungsmöglichkeiten von Funktionen sind: Wortvorschrift, Pfeildiagramm, Wertetabelle, Graph, Funktionsgleichung.
*Achtung:* Mit der Funktionsgleichung allein ist eine Funktion noch nicht eindeutig festgelegt. Erst mit der Angabe des Definitionsbereiches $D(f)$ ist die Festlegung sicher. ( ↗ Aufgabe 16; $f_1$ und $f_2$ sind zwei verschiedene Funktionen.)
*Vereinbarung:* Wenn bei einer Funktion die Angabe des Definitionsbereiches fehlt, so sollen alle die reellen Zahlen $x$ zum Definitionsbereich gehören, für die sich aus der Funktionsgleichung ein Funktionswert $y = f(x)$ berechnen lässt. Es wird also der größtmögliche Definitionsbereich angenommen.

**Nullstellen:** Jede Zahl $x$ aus dem Definitionsbereich einer Funktion $f$, für die $f(x) = 0$ gilt, heißt *Nullstelle* von $f$.

**Umkehrfunktion:** Es sei $f$ eine Funktion mit dem Definitionsbereich $D(f)$ und dem Wertebereich $W(f)$. Vertauscht man in der Menge der zu $f$ gehörenden geordneten Paare $(x; y)$ die Komponenten $x$ und $y$ miteinander, so entsteht eine neue Zuordnung mit dem Definitionsbereich $W(f)$ und dem Wertebereich $D(f)$. Wenn diese Umkehrzuordnung eindeutig ist, also ebenfalls eine Funktion ist, spricht man von der *Umkehrfunktion* (oder der **inversen Funktion**) $f^{-1}$ von $f$. Man sagt dann auch, die Funktion $f$ ist *eindeutig umkehrbar* oder **eineindeutig**.

mit $D(f) = W(f^{-1})$ und $W(f) = D(f^{-1})$
Für alle $x \in D(f)$, $y \in W(f)$ gilt:
$y = f(x)$ **genau dann, wenn** $x = f^{-1}(y)$ **bzw.**
$(x; y) \in f$ **genau dann, wenn** $(y; x) \in f^{-1}$.

**Graphen von $f$ und $f^{-1}$:** Laut Definition fallen die Graphen von $f$ und $f^{-1}$ zusammen. Will man jedoch $f^{-1}$ mit $x = f^{-1}(y)$ in der gewohnten Weise im Koordinatensystem darstellen, also die Argumente auf der Abszissenachse und die Funktionswerte auf der Ordinatenachse abtragen, müssen die Variablen umbenannt bzw. miteinander vertauscht werden.

Die Graphen von $f$ und $f^{-1}$ liegen spiegelbildlich zum Graphen von $y = x$. (Man kann den Graphen der Umkehrfunktion sichtbar machen, indem man das Blatt mit dem Graphen der Funktion wendet, um 90° entgegen dem Uhrzeigersinn dreht und gegen das Licht hält.)

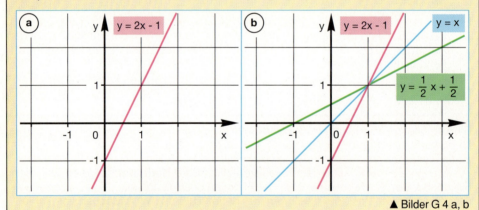

▲ Bilder G 4 a, b

Ermitteln der Funktionsgleichung für $f^{-1}$:

■ Gegeben ist die Gleichung der Funktion $f$ mit $y = 2x - 3$ $(x \in \mathbb{R})$.
Gesucht ist die Gleichung der Umkehrfunktion $f^{-1}$.

*1. Schritt:* Auflösen der Funktionsgleichung nach $x$:
$$y = 2x - 3$$
$$2x = y + 3$$
$$x = 0{,}5\,y + 1{,}5$$

*2. Schritt:* Vertauschen der Variablen
$$y = 0{,}5\,x + 1{,}5$$

**Fragen, deren Beantwortung hilft, eine Funktion *f* gut kennen zu lernen:**

1. Welchen Definitionsbereich und welchen Wertebereich hat die Funktion?
2. Hat die Funktion Nullstellen? Wie viele Nullstellen sind vorhanden? Welche Argumente von *f* sind das?
3. Hat die Funktion einen kleinsten oder einen größten Funktionswert? Wenn ja, welche Funktionswerte sind das? Welche Argumente liefern diese Werte?
4. Gibt es Intervalle, in denen die Funktion monoton wächst oder monoton fällt? Wenn ja, welche Intervalle sind das?
5. Ist die Funktion periodisch? Wenn ja, gibt es eine kleinste positive Periode? Wie groß ist sie?
6. Ist die Funktion gerade oder ungerade? Wenn ja, wie liegen die Symmetrieachse(n) bzw. das Symmetriezentrum?
7. Gibt es Geraden (sogenannte Asymptoten), denen der Graph der Funktion beliebig nahe kommt, ohne sie zu berühren? Wenn ja, welche?
8. Ist die Funktion eineindeutig?
9. Kann von der Funktion eine informative grafische Darstellung angefertigt werden?
10. Passen alle Ergebnisse zusammen?

---

**23.**  **a)** Verknüpfen Sie die Funktionen *f* und *g* mit $f(x) = x^2$ und $g(x) = -6x + 9$ auf folgende Weise zu einer neuen Funktion *s*: $s(x) = f(x) + g(x)$ $(x \in \mathbb{R})$.
Geben Sie für *s* eine Funktionsgleichung an und stellen Sie eine Wertetabelle für diese Funktion $s(x) = (f + g)(x)$ auf.
**b)** Stellen Sie die Funktionen *f*, *g* und *s* in einem gemeinsamen Koordinatensystem grafisch dar.
**c)** Bilden Sie die Funktion $d = f - g$, und stellen Sie diese grafisch dar.
**d)** Bilden Sie die Funktion $p = f \cdot g$, und stellen Sie diese grafisch dar.
**e)\*** Bilden Sie nun auch den Quotienten aus *f* und *g*, also $q = f : g$ $(x \neq 1,5)$. Stellen Sie die Funktion $q(x) = (f : g)(x)$ grafisch dar.

**24.**  Gegeben sind die Funktionen *f*, *g* und *h* mit $f(x) = \sin x$, $g(x) = \cos x$ und $h(x) = 2x$.

Bilden Sie die Funktionen $s = f + g$, $d = h - g$, $p = h \cdot g$, $q = \dfrac{f}{g}$.
**a)** Stellen Sie die Funktionen grafisch dar.
**b)** Katja: „Ist der Tangens nun eigentlich eine Funktion oder der Quotient von zwei Funktionen?" – Antworten Sie Katja.
**c)** Welche Einschränkungen sind bei der *Division von Funktionen* zu beachten?

**25.\***  Gegeben sind die Funktionen
$f_1$ und $f_2$ mit $y = f_1(x) = x - 3$ und $z = f_2(y) = y^2$.
**a)** Verknüpfen Sie die Funktionen $f_1$ und $f_2$ zu einer Funktion *v* mit $v(x) = f_2[f_1(x)]$ für alle $x \in \mathbb{R}$.
(Hilfe finden Sie im Beispiel auf der folgenden Seite oben.)
**b)** Stellen Sie die drei Funktionen $f_1$, $f_2$ und *v* grafisch dar:
$f_1$ in einem *x*-*y*-Koordinatensystem;
$f_2$ in einem *y*-*z*-Koordinatensystem;
*v* in einem *x*-*z*-Koordinatensystem.
**c)** Vergleichen Sie die Funktion *v* mit der Funktion *s* aus Aufgabe 23 a).

Gegeben sind die Funktionen $f_1$ und $f_2$. Gesucht ist die Verkettung $v = f_2 \circ f_1$.

$y = f_1(x) = \dfrac{x}{2} + 3$ und $x \in [-8; 6]$;   $z = f_2(y) = \sqrt{y}$ und $y \in [0; 9]$

Verkettung: $z = v(x) = (f_2 \circ f_1)(x) = f_2[f_1(x)] = \sqrt{\dfrac{x}{2} + 3}$ ; $x \in [-6; 6]$

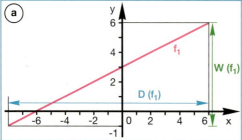

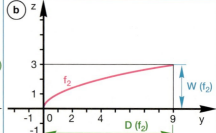

**26.** Bilden Sie wie in diesem Beispiel die Verkettung $v = f_2 \circ f_1$ für die Funktionen $f_1$ und $f_2$ mit
$y = f_1(x) = x^2$ $(x \in \mathbb{R})$ bzw. mit
$z = f_2(y) = y + 1$ $(y \in \mathbb{R})$.
Geben Sie auch den Definitionsbereich und den Wertebereich der Funktion $v$ an.

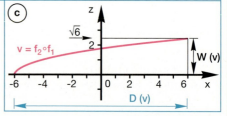

▲ Bilder G 5 a, b, c

**27.** Bilden Sie für die Funktionen $f_1$ mit $y = f_1(x)$ und $f_2$ mit $z = f_2(y)$ die Verkettung $v = f_2 \circ f_1$. Geben Sie jeweils den Definitionsbereich und den Wertebereich von $v$ an. Es gelte jeweils $x \in \mathbb{R}$; zum Teil mit Einschränkungen.

**a)** $y = x + 1$; $z = y^2$      **b)** $y = x - 1$; $z = \sqrt{y}$ $(y \geq 0)$

**c)** $y = x^3$; $z = \dfrac{1}{y-1}$ $(y \neq 1)$   **d)** $y = -|x| - 1$; $z = \sqrt{y}$ $(y \geq 0)$   **e)** $y = \sqrt{x}$ $(x \geq 0)$; $z = y^2$

**28.*** Muss man bei der Verkettung der Funktionen $f_1$ und $f_2$ auf die Reihenfolge der Funktionen achten? Nutzen Sie die Ergebnisse der Aufgaben 26 und 27 a).

### Zusammenfassung

Bei der **Verkettung** (Nacheinanderausführung) zweier Funktionen $f_1$ und $f_2$ entsteht eine neue Funktion $v$, die man mit $f_2 \circ f_1$ bezeichnet (gelesen: $f_2$ nach $f_1$).
Sei $(x; y) \in f_1$, also $f_1(x) = y$, und $(y; z) \in f_2$, also $f_2(y) = z$. Dann gilt:
$(x; z) \in v = f_2 \circ f_1$ genau dann, wenn $v(x) = (f_2 \circ f_1)(x) = f_2[f_1(x)] = f_2(y) = z$.

*Also:* $x$ wird dann durch $f_2 \circ f_1$ auf $z$ abgebildet, wenn es ein $y$ gibt, das einerseits Funktionswert von $x$ bei der Funktion $f_1$ ist, andererseits durch $f_2$ auf $z$ abgebildet wird. Damit also $f_2 \circ f_1$ gebildet werden kann, müssen der Wertebereich von $f_1$ und der Definitionsbereich von $f_2$ gemeinsame Elemente enthalten.

## 2  Überblick über lineare und quadratische Funktionen

**1.** Welche der folgenden Funktionen sind linear, welche quadratisch? Begründen Sie Ihre Entscheidung.

**a)** $y = -2x$  **b)** $y = \dfrac{2}{x}$  **c)** $y = \dfrac{x}{2}$  **d)** $y = \dfrac{0,5}{x}$

**e)** $y = 2$  **f)** $y = 2^x$  **g)** $y = x^3 + x$  **h)** $y = 2x - 3$

**i)** $y = x^2 - 2x + 4$  **j)** $y = |x| - 1$  **k)** $y = \sqrt{2x}$  **l)** $y = -x^2$

**m)** $y = x^2 + 3x - 4$  **n)** $y = 2x^2$  **o)** $y = -\sqrt{2x} + 2,1$  **p)** $y = 0,5\,x^2 - 1$

**2.**  **a)** Fertigen Sie für die Funktionen aus Aufgabe 1 jeweils eine Wertetabelle an. Wie viele und welche Wertepaare nutzen Sie für eine grafische Darstellung?

**b)** Welche der Funktionen aus Aufgabe 1 können Sie grafisch darstellen, ohne eine Wertetabelle aufzustellen?

**c)** Beantworten Sie für jede Funktion aus Aufgabe 1 möglichst alle Fragen, die auf der Seite 157 oben zusammengestellt sind.

**d)** Fassen Sie Funktionen mit mindestens zwei gemeinsamen Eigenschaften jeweils in einer Menge zusammen.

**3.**  **a)** Suchen Sie in der Aufgabe 1 diejenigen Funktionen heraus, die direkte bzw. indirekte Proportionalitäten (Antiproportionalitäten) sind. Geben Sie jeweils den größtmöglichen Definitionsbereich an.

**b)** Geben Sie für die unter a) gefundenen Funktionen jeweils den Proportionalitätsfaktor an.

**c)** Können direkte bzw. indirekte Proportionalitäten Nullstellen haben? Wenn ja, wie viele Nullstellen? Nennen Sie die Nullstellen.

**d)** Sprechen Sie über das Monotonieverhalten der unter a) gefundenen Funktionen.

**4.** Ⓛ  **a)** Suchen Sie in der Aufgabe 1 die linearen Funktionen heraus und geben Sie jeweils den größtmöglichen Definitionsbereich an. Welche Eigenschaften einer linearen Funktion können sich ändern, wenn der Definitionsbereich eingeschränkt wird?

**b)** Geben Sie für die unter a) gefundenen Funktionen jeweils den Anstieg an.

**c)** Wie viele Nullstellen kann eine lineare Funktion höchstens haben? Beschreiben Sie, wie man die Nullstellen linearer Funktionen berechnet. Geben Sie eine lineare Funktion an, die keine Nullstelle hat.

**d)** Sprechen Sie über das Monotonieverhalten linearer Funktionen.

**5.**  **a)** Suchen Sie in der Aufgabe 1 die quadratischen Funktionen heraus und geben Sie jeweils den größtmöglichen Definitionsbereich an.

**b)** Wie viele Nullstellen kann eine quadratische Funktion höchstens haben? Berechnen Sie für die unter a) gefundenen Funktionen die Nullstellen. Erläutern Sie für quadratische Funktionen mit $\mathbb{R}$ als Definitionsbereich die Beziehung zwischen der Anzahl der Nullstellen und der Diskriminante.

**c)** Welches Monotonieverhalten haben die unter a) gefundenen Funktionen?

**6.** Geben Sie für die in der Aufgabe 1 genannten Funktionen Intervalle an, in denen sie **a)** monoton wachsen, **b)** monoton fallen.

**7.** Nennen Sie eine lineare und eine quadratische Funktion, die im Definitionsbereich, im Monotonieverhalten und in den Nullstellen übereinstimmen.

**8.** **a)** Welchen Einfluss haben die Parameter $a$ und $b$ auf die Eigenschaften der linearen Funktionen $f$ mit $f(x) = ax + b$ im Bild G 6?
  **b)** Welchen Einfluss haben die Parameter $a$ und $c$ auf die Eigenschaften der quadratischen Funktionen $f$ mit $f(x) = ax^2 + bx + c$ im Bild G 7?

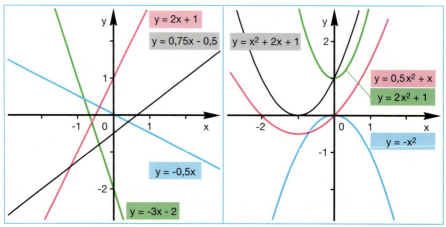

▲ Bilder G 6 und 7

**9.** Stellen Sie die folgenden Funktionen $f$ grafisch dar.
  **a)** $f(x) = |x| + 2$  **b)** $f(x) = 2|x| - 3$  **c)** $f(x) = -0,5|x| - 2$
  **d)** Nutzen Sie Ihre Kenntnisse über lineare Funktionen, um die Funktionen aus a) bis c) zu beschreiben.

**10.** **a)** Stellen Sie für die Funktionen aus Aufgabe 1 jeweils eine Wertetabelle auf, die aus drei Wertepaaren $(x_n; f(x_n))$ besteht.
  **b)** Berechnen Sie jeweils alle möglichen Quotienten $\dfrac{f(x_i) - f(x_j)}{x_i - x_j}$.

  **c)** Bilden Sie zwei Mengen. Die erste Menge besteht aus den Funktionen, für die alle Quotienten jeweils gleich sind. Die zweite Menge besteht aus den Funktionen, für die das nicht der Fall ist. Geben Sie eine Begründung für die Zusammensetzung der ersten Menge.

**11.** Stellen Sie die Funktionen $f$, $g$ und $h$ mit $f(x) = 1,5x - 2$, $g(x) = x^2 + 1$ bzw. $h(x) = 4$ für nicht negative Argumente grafisch dar.
  **a)** Spiegeln Sie die Graphen an der Abszissenachse. Es entstehen Graphen von Funktionen $f^*$, $g^*$ bzw. $h^*$.
  Geben Sie Funktionsgleichungen für diese Funktionen an. Welchen Definitionsbereich haben die Funktionen?
  **b)** Spiegeln Sie die Graphen der Funktionen $f$, $g$, $h$ an der Ordinatenachse. Es entstehen Graphen von Funktionen $f^{**}$, $g^{**}$ und $h^{**}$.
  Geben Sie Funktionsgleichungen für diese Funktionen an. Welchen Definitionsbereich haben diese Funktionen?

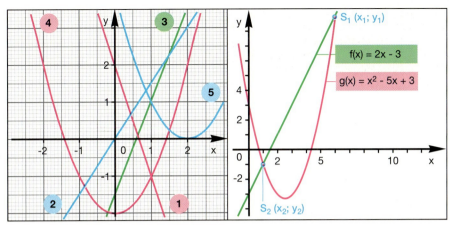

▲ Bilder G 8 und 9

**12.** Im Bild G 8 sind Geraden und Normalparabeln dargestellt. Es sind Graphen von Funktionen. Geben Sie jeweils die Funktionsgleichungen an.

**13.** **a)** Wie viele Schnittpunkte können die Graphen einer linearen und einer quadratischen Funktion haben? Geben Sie für jede Möglichkeit ein Beispiel an.
   **b)** Im Bild G 9 sind eine lineare und eine quadratische Funktion dargestellt. Lesen Sie die Koordinaten der Schnittpunkte ab. Kontrollieren Sie, ob diese Koordinaten genau sind oder ob es sich um Näherungswerte für die Koordinaten der Schnittpunkte handelt. Ermitteln Sie die Koordinaten der Schnittpunkte rechnerisch.

**14.*** **a)** Welches Symmetrieverhalten haben die Graphen konstanter, linearer bzw. quadratischer Funktionen?
   **b)** Untersuchen Sie, ob konstante, lineare bzw. quadratische Funktionen eine Umkehrfunktion besitzen.

**15.** Eine Funktion $f$ mit einer Gleichung $f(x) = ax^2 + bx + c$ wird auch **Funktion 2. Grades** genannt. Dabei sind $a$, $b$, $c$ feste reelle Zahlen und es gilt $a \neq 0$.
   **a)** Was ist eine Funktion 3. Grades? Geben Sie Beispiele für solche Funktionen.
   **b)** Unter welcher speziellen Bezeichnung sind Ihnen die Funktionen 1. Grades und unter welcher Bezeichnung die Funktionen 0. Grades bekannt?
   **c)*** Eine Funktion $n$-ten Grades ($n \in \mathbb{N}$) wird **ganzrationale Funktion** genannt. Versuchen Sie eine Definition für eine Funktion $n$-ten Grades zu geben.

**16.*** Gegeben sind die für alle reellen Zahlen definierten Funktionen $f$ mit $f(x) = x^3 - 1$, $g$ mit $g(x) = x^3 - 2x$ und $h$ mit $h(x) = x^3 - 3x^2 + 2,25x$.
   **a)** Stellen Sie die Funktionen $f$, $g$ und $h$ jeweils in einem Koodinatensystem dar und beschreiben Sie die Graphen.
   **b)** Ermitteln Sie die Anzahl und die Lage der Nullstellen der Funktionen $f$, $g$ und $h$. Versuchen Sie die Nullstellen auch zu berechnen.
   **c)*** Versuchen Sie eine Funktion 3. Grades anzugeben, die keine Nullstellen hat.
   **d)** Wie viele Schnittpunkte können die Graphen einer linearen Funktion und einer Funktion 3. Grades haben? Geben Sie jeweils ein Beispiel an.

**Zusammenfassung**

Jede Funktion $f$ mit einer Gleichung $f(x) = mx + n$ $(m, n \in \mathbb{R}; m \neq 0)$ heißt **lineare Funktion**. Die Zahl $m$ heißt **Anstieg** der Funktion.

Für $m > 0$ ist $f$ monoton wachsend; für $m < 0$ ist $f$ monoton fallend.

Bei uneingeschränktem Definitionsbereich ist der Graph von $f$ eine **Gerade**.

**Schnittpunkte** | mit der Ordinatenachse: $P(0; n)$; mit der Abszissenachse: $Q\left(-\dfrac{n}{m}; 0\right)$

**Nullstelle** | $x_0 = -\dfrac{n}{m}$ ist die einzige Nullstelle der linearen Funktion $f$.

Jede Funktion $f$ mit einer Gleichung $f(x) = ax^2 + bx + c$ $(a, b, c \in \mathbb{R}; a \neq 0)$ heißt **quadratische Funktion**. Bei uneingeschränktem Definitionsbereich ist der Graph von $f$ eine **Parabel**, die für $a > 0$ nach oben und für $a < 0$ nach unten geöffnet ist. Die Parabel hat eine **Symmetrieachse**, die parallel zur Ordinatenachse verläuft und die Parabel in deren Scheitelpunkt schneidet.

Für die quadratische Funktion $f$ mit $f(x) = x^2 + px + q$ $(p, q \in \mathbb{R})$ gilt:

• Definitionsbereich: $D(f) = \mathbb{R}$

• Wertebereich: $W(f) = \left\{ y : y \in \mathbb{R} \text{ und } y \geq q - \left(\dfrac{p}{2}\right)^2 \right\}$

• Kleinster Funktionswert: $f\left(-\dfrac{p}{2}\right) = q - \left(\dfrac{p}{2}\right)^2$; ein größter Funktionswert existiert nicht.

• Für $x \leq -\dfrac{p}{2}$ ist $f$ monoton fallend; für $x \geq -\dfrac{p}{2}$ ist $f$ monoton wachsend.

• Die Diskriminante $D = \left(\dfrac{p}{2}\right)^2 - q$ entscheidet über die Anzahl der Nullstellen:

| $D = 0$; eine Nullstelle | $D > 0$; zwei Nullstellen | $D < 0$; keine Nullstellen |
|---|---|---|
| $x_1 = -\dfrac{p}{2}$ | $x_1 = -\dfrac{p}{2} + \sqrt{D}$; $x_2 = -\dfrac{p}{2} - \sqrt{D}$ | |

• Der Graph ist eine Normalparabel, die die Ordinatenachse im Punkt $(0; q)$ schneidet und den Scheitelpunkt $S\left(-\dfrac{p}{2}; q - \left(\dfrac{p}{2}\right)^2\right)$ hat. Die Parabel schneidet die Abszissenachse für $D = 0$ im Punkt $P\left(-\dfrac{p}{2}; 0\right)$, für $D > 0$ in den Punkten $Q\left(-\dfrac{p}{2} + \sqrt{D}; 0\right)$ und $R\left(-\dfrac{p}{2} - \sqrt{D}; 0\right)$ und für $D < 0$ nirgends.

• Die Symmetrieachse von $f$ verläuft parallel zur $y$-Achse durch $P\left(-\dfrac{p}{2}; 0\right)$.

Jede Funktion $f$ mit einer Gleichung
$f(x) = a_n x^n + a_{n-1} x^{n-1} + a_{n-2} x^{n-2} + \ldots + a_1 x + a_0$ $(a_n, a_{n-1}, \ldots, a_0 \in \mathbb{R}; a_n \neq 0; n \in \mathbb{N})$
heißt **ganzrationale Funktion $n$-ten Grades**.

# 3 Über Potenz-, Exponential- und Logarithmusfunktionen

1. Entscheiden Sie, welche der folgenden Funktionen Potenzfunktionen sind. Begründen Sie Ihre Entscheidung.

a) $y = \dfrac{1}{x}$      b) $y = \sqrt{x}$      c) $y = 2^x$      d) $y = x^2$      e) $y = \ln x$

f) $y = 2x^3$      g) $y = x^0$      h) $y = 2x + 1$      i) $y = \sqrt[3]{x}$      j) $y = 2 \cdot |x|$

k) $y = \left(\dfrac{1}{2}\right)^x$      l) $y = \lg x$      m) $y = \sqrt[3]{x^2}$      n) $y = x$      o) $y = x^2 - 1$

2. a) Geben Sie für jede Funktion aus Aufgabe 1 den maximalen Definitionsbereich an.
   b) Entscheiden Sie, welche der Funktionen aus Aufgabe 1 monoton wachsend sind.
   c) Welche der Funktionen aus Aufgabe 1 ändern ihr Monotonieverhalten?

3. a) Beantworten Sie für jede Potenzfunktion aus der Aufgabe 1 möglichst alle Fragen, die auf der Seite 157 oben aufgeführt sind.
   b) Stellen Sie die Potenzfunktionen aus der Aufgabe 1 grafisch dar.
   c) Beschreiben Sie, wie der Exponent $r$ einer Potenzfunktion $f$ mit $f(x) = x^r$ den Graphen dieser Funktion beeinflusst.

4. a) Beantworten Sie für die Exponentialfunktionen aus der Aufgabe 1 möglichst alle Fragen, die auf der Seite 157 oben aufgeführt sind.
   b) Stellen Sie die Exponentialfunktionen aus der Aufgabe 1 grafisch dar.
   c) Beschreiben Sie, wie die Basis $a$ einer Exponentialfunktion $f$ mit $f(x) = a^x$ den Graphen dieser Funktion beeinflusst.

5. a) Beantworten Sie für die Logarithmusfunktionen aus der Aufgabe 1 möglichst alle Fragen, die auf der Seite 157 oben aufgeführt sind.
   b) Beschreiben Sie, wie die Basis $a$ einer Logarithmusfunktion $f$ mit $f(x) = \log_a x$ den Graphen dieser Funktion beeinflusst.

6. Geben Sie drei Funktionen $f$ mit den folgenden Eigenschaften an: $f(1) = 1$; $f$ ist monoton wachsend und $f$ ist eine ungerade Funktion.

7. a) Bilden Sie für die Funktionen aus der Aufgabe 1 jeweils die Funktionswerte $f(x_1)$, $f(x_2)$, $f(x_1 + x_2)$ und $f(x_1 \cdot x_2)$.
   *Hinweis:* Für die Funktion $y = \dfrac{1}{x}$ in der Aufgabe 1a) ist z.B. $f(x_1) = \dfrac{1}{x_1}$.
   b) Überprüfen Sie für jede Funktion aus der Aufgabe 1, ob sie die Gleichung $f(x_1 + x_2) = f(x_1) + f(x_2)$ erfüllt.
   c) Überprüfen Sie für jede Funktion aus der Aufgabe 1, ob sie die Gleichung $f(x_1 + x_2) = f(x_1) \cdot f(x_2)$ erfüllt.
   d) Überprüfen Sie für jede Funktion aus der Aufgabe 1, ob sie die Gleichung $f(x_1 \cdot x_2) = f(x_1) \cdot f(x_2)$ erfüllt.
   e) Überprüfen Sie für jede Funktion aus der Aufgabe 1, ob Sie die Gleichung $f(x_1 \cdot x_2) = f(x_1) + f(x_2)$ erfüllt.

**8.**  **a)** Fassen Sie in einer Übersicht alle Funktionen aus Aufgabe 1 zusammen, die jeweils dieselbe Gleichung aus den Aufgaben 7 b) bis e) erfüllen.

**b)** Geben Sie weitere Funktionen an, die eine der Gleichungen aus Aufgabe 7 erfüllen. Gibt es Funktionen, die mehrere Gleichungen erfüllen?

**c)*** Geben Sie eine Begründung dafür an, dass alle Funktionen $f$ mit $f(x) = ax$ ($a \in \mathbb{R}$) die Gleichung in der Aufgabe 7 b) erfüllen. Finden Sie auch für andere Funktionsarten Begründungen für die Gültigkeit einer Gleichung.

**9.**  Die Bilder G 10 a, b zeigen Graphen von Funktionen mit den Gleichungen $y = \dfrac{1}{x}$, $y = \log_2 x$, $y = 1{,}5^x$, $y = \sqrt[3]{x}$ (Bild G 10a) sowie von $y = 0{,}5^x$, $y = x^4$, $y = x^{-2}$, $y = \ln x$. Ordnen Sie die Graphen den Gleichungen zu.

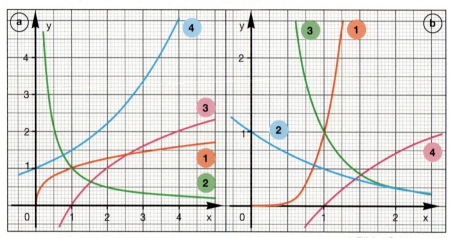

▲ Bilder G 10 a und b

**10.**  **a)** Geben Sie Beispiele für Potenz-, Exponential- und Logarithmusfunktionen an, die keine, genau eine oder mehr als eine Nullstelle haben.

**b)** Fertigen Sie für diese Funktionen eine Übersicht an, aus der das Symmetrieverhalten der Graphen der Funktionen hervorgeht.

**11.***  Versuchen Sie, für die eineindeutigen Funktionen in der Aufgabe 1 eine Gleichung für die zugehörige Umkehrfunktion anzugeben. Für die nicht eineindeutigen Funktionen soll der Definitionsbereich so eingeschränkt werden, dass Eineindeutigkeit gesichert ist. Bilden Sie dann die Umkehrfunktion.

**12.**  Gegeben ist die Funktion $f$ mit $f(x) = \dfrac{e^x + e^{-x}}{2}$.

**a)** Geben Sie den größtmöglichen Definitionsbereich von $f$ an.

**b)** Wie viele Nullstellen hat $f$?

**c)** Zeichnen Sie unter Nutzung einer Wertetabelle den Graphen von $f$.

**d)** Welches Symmetrieverhalten weist der Graph auf? Versuchen Sie Ihre Vermutung zu begründen.

**e)** Mit welchem Funktionstyp weist diese Funktion viele Gemeinsamkeiten auf?

## 4   Einige Anwendungen und etwas Geschichte

**1.**   Eine Zündschnur von 75 cm Länge brennt mit einer Geschwindigkeit von $0,8 \frac{cm}{s}$

ab. Der Sprengmeister hat nach dem Zünden 90 m bis zur Deckung zurückzulegen. Kann er die Zündschnur gefahrlos verwenden, wenn man voraussetzt, dass er mit

einer Geschwindigkeit von $2 \frac{m}{s}$ läuft?

**a)** Geben Sie die Länge der Zündschnur in Abhängigkeit von der Brennzeit an.
**b)** Geben Sie die Weglänge des Sprengmeisters in Abhängigkeit von der Laufzeit an.
**c)** Welchen Definitionsbereich haben die Funktionen aus a) und b)?
**d)** Stellen Sie die beiden Funktionen aus a) und b) grafisch dar. Entscheiden Sie anhand der Graphen, ob die Zündschnur verwendet werden kann.
**e)** Entscheiden Sie rechnerisch, ob die Zündschnur verwendet werden kann.

**2.**   **a)** Ein Auto fährt mit einer Geschwindigkeit von $50 \ km \cdot h^{-1}$. Es wird bis zum Stillstand abgebremst. Schätzen Sie, wie viel Meter es dabei zurücklegt.
Ⓛ   **b)** Fährt ein Fahrzeug mit der Geschwindigkeit $v_0$ und wird es mit der Bremsverzögerung $a$ abgebremst, so gilt für die Geschwindigkeit $v(t)$ nach Ablauf der Zeit $t$: $v(t) = v_0 + at$ ($v$, $v_0$ gemessen in $m \cdot s^{-1}$; $a$ gemessen in $m \cdot s^{-2}$; $t$ gemessen in s).
Nach welcher Zeit kommt das Fahrzeug für $v_0 = 50 \ km \cdot h^{-1}$ und $a = -5 \ m \cdot s^{-2}$ zum Stehen?
**c)** Wodurch wird die Bremsverzögerung beeinflusst? Informieren Sie sich. Berechnen Sie für die Geschwindigkeit $v_0 = 50 \ km \cdot h^{-1}$ die Bremszeiten bei verschiedenen realistischen Bremsverzögerungen.
**d)** Der Bremsweg nach Ablauf der Zeit $t$ kann folgendermaßen berechnet werden:

$s(t) = v_0 \cdot t + \frac{a}{2} \cdot t^2$. Wie viel Meter legt das Fahrzeug in der in b) geschilderten

Situation zurück? Vergleichen Sie mit der Schätzung in a).
**e)** Bei plötzlich auftretenden Hindernissen benötigt der Fahrer eine Reaktionszeit von etwa 0,8 s, bevor er den Bremsvorgang beginnt. Stellen Sie eine Funktionsgleichung für die Funktion auf, die den Anhalteweg in Abhängigkeit von der Zeit beschreibt. Berechnen Sie den Anhalteweg bei $50 \ km \cdot h^{-1}$.

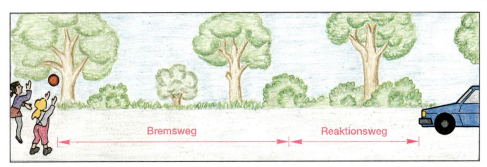

▲ Bild G 11

**3.** Eine an einem Ballon aufsteigende Radiosonde liefert die folgenden (hier gerundeten) Messwerte:

| Höhe über dem Erdboden (in km) | 2 | 3 | 4 | 5 | 6 | 7 | 8 | 9 | 10 |
|---|---|---|---|---|---|---|---|---|---|
| Temperatur (in °C) | 8 | 2 | −5 | −11 | −17 | −24 | −31 | −39 | −46 |

**a)** Geben Sie eine möglichst einfache Funktion für diesen Zusammenhang an.
**b)** Fertigen Sie eine grafische Darstellung an.
**c)** Ein Flugzeug befindet sich in 4400 m Höhe.
Welche Außentemperatur herrscht?

**4.** Die Geschwindigkeit $v$ einer Rakete kann mithilfe der Formel $v = v_a \cdot \ln \dfrac{m_0}{m}$ berech-

Ⓛ net werden. Dabei sind $v_a$ die Ausströmgeschwindigkeit der Verbrennungsgase, $m_0$ die Anfangsmasse der Rakete inklusive Treibstoff und $m$ die aktuelle Masse. Welche Endgeschwindigkeit kann eine Rakete höchstens erreichen, wenn man voraussetzt, dass $v_a = 3000 \dfrac{\text{m}}{\text{s}}$ ist und die Treibstoffmenge beim Start $\dfrac{9}{10}$ der Gesamtmasse der Rakete beträgt? Skizzieren Sie die Abhängigkeit der Geschwindigkeit der Rakete von ihrer Masse.

**5.** Auf einem Konto befinden sich 2000 €, die mit 5% jährlich verzinst werden.
Ⓛ **a)** Welchen Zuwachs weist das Konto nach 10 Jahren auf, wenn die Zinsen jährlich dem Konto gutgeschrieben und folglich im nächsten Jahr auch verzinst werden?
**b)** Welchen Gewinn erzielt man im Verlauf von 10 Jahren, wenn die jährlichen Zinsen sofort abgehoben werden?
**c)** Geben Sie eine Funktion an, die den Zuwachs auf dem Konto nach $n$ Jahren beschreibt, wenn nichts abgehoben wird.
**d)** Geben Sie eine Funktion an, die den Gewinn durch die Verzinsung im Laufe von $n$ Jahren beschreibt, wenn wie in b) die Zinsen schnellstmöglich abgehoben werden.
**e)** Beschreiben Sie den unterschiedlichen Verlauf der beiden Funktionen.
**f)\*** Wie lautet die Funktion in d), wenn $K$ € mit $p$ % verzinst werden?

**6.** Auf einem Oszillographen (↗ Bild G 12) kann man Schwingungen darstellen, zum Beispiel über eine entsprechende Vorrichtung auch akustische Schwingungen. Unterschiedliche Töne zeichnen sich durch unterschiedliche Kurven aus. Erklingen mehrere Töne zur gleichen Zeit, kommt es zu Überlagerungen der Schwingungen.
Zeichnen Sie die Funktionen $f$ und $g$ mit $f(x) = 3 \cdot \sin(2x)$ bzw. mit $g(x) = -\sin(0{,}5x)$ in ein Koordinatensystem. Zeichnen Sie dann den Graphen der Funktion $s$ mit $s(x) = f(x) + g(x)$, die Überlagerung der Funktionen $f$ und $g$.

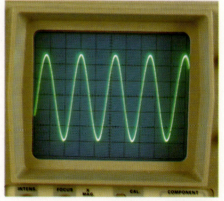

▲ Bild G 12

**7.** Die Schwingungsdauer $T$ eines Pendels hängt von der Pendellänge $l$ ab. Es gilt

$T = 2\pi \sqrt{\dfrac{l}{g}}$ , wobei $g$ die Erdbeschleunigung ist ($g \approx 9{,}80665$ m·s$^{-2}$).

**a)** Stellen Sie die Abhängigkeit grafisch dar.
**b)** Wie lang muss ein Pendel mit einer Schwingungsdauer von 2 s sein?
**c)** Die Genauigkeit einer Penduluhr lässt sich sehr gut regulieren. Die Uhr geht 2 min am Tag vor. Wie lässt sich die Ganggenauigkeit verbessern?

**8.** Gegeben sind die Funktionen $f$, $g$, $h$ und $k$ mit $f(x) = a \cdot 2^x + c$; $g(x) = a \cdot \lg x - c$; $h(x) = a \cdot x^c$ und $k(x) = a \cdot \sin(cx)$.
**a)** Beschreiben Sie die Funktionen für $a = -1{,}5$ und $c = 2$ möglichst genau.
**b)** Welche Eigenschaften haben diese Funktionen für $a = 10$ und $c = -2$?

**9.** Ermitteln Sie zu den folgenden Wertetabellen Funktionsgleichungen. Beachten Sie dabei, dass einige Funktionswerte gerundet sind.
*Hinweis:* Versuchen Sie mithilfe der grafischen Darstellung den Funktionstyp einzugrenzen oder nutzen Sie die Ergebnisse der Aufgaben 7 und 8, Seite 163 f.

**a)**

| $x$ | $-3$ | $-1$ | 0 | 2 | 5 |
|---|---|---|---|---|---|
| $y$ | $-5$ | $-1$ | 1 | 5 | 11 |

**b)**

| $x$ | $-2$ | $-1$ | 0 | 2 | 3 |
|---|---|---|---|---|---|
| $y$ | 0,16 | 0,4 | 1 | 6,25 | 15,6 |

**c)**

| $x$ | $-2$ | $-1$ | 0 | 1 | 2 |
|---|---|---|---|---|---|
| $y$ | 0,5 | 2 | n. defin. | 2 | 0,5 |

**d)**

| $x$ | $-3$ | $-2$ | 0 | 1 | 2 |
|---|---|---|---|---|---|
| $y$ | 15 | 8 | 0 | $-1$ | 0 |

**e)**

| $x$ | 0,5 | 1 | 2 | 3 | 10 |
|---|---|---|---|---|---|
| $y$ | $-0{,}63$ | 0 | 0,63 | 1 | 2,1 |

**f)**

| $x$ | 0,5 | 1 | 2 | 3 | 10 |
|---|---|---|---|---|---|
| $y$ | 1 | 1,4 | 2 | 2,45 | 4,47 |

**g)**

| $x$ | $-1$ | $-0{,}5$ | 0 | 0,5 | 1 |
|---|---|---|---|---|---|
| $y$ | $-0{,}9$ | $-0{,}84$ | 0 | 0,84 | 0,9 |

**h)**

| $x$ | $-3$ | $-1$ | 1 | 4 | 7 |
|---|---|---|---|---|---|
| $y$ | 5 | 3 | 1 | $-2$ | $-5$ |

**10.** Ulf: „Die konstante Funktion $f$ mit $f(x) = a$ ($a$ eine feste reelle Zahl) und die Funktion $g$ mit $g(x) = x$, die also jeder Zahl sich selbst zuordnet, sind besonders langweilige Funktionen."
Ina: „Mit diesen Funktionen kann man aber interessante Funktionen bilden. So erhält man zum Beispiel mit $k = g \cdot g + f$ eine quadratische Funktion."
**a)** Erläutern Sie, wie man mit Inas Methode die Funktionen $l$ mit $l(x) = 2x + 3$ und $q$ mit $q(x) = x^2 + 3x + 4$ bilden kann.
**b)** Knut: „Bis jetzt haben wir nur Summen und Produkte von Funktionen gebildet. Bringt die Differenzbildung eine neue Sorte von Funktionen hervor?"
Was antworten Sie Knut?
**c)** Wie kann auf die angegebene Weise die Funktion $p$ mit $p(x) = 2x^5 - 3x^2 - 1$ gebildet werden? Kann jede ganzrationale Funktion (↗ Zusammenfassung S. 162) so gebildet werden?
**d)** Knut: „Ich kann auch jede Potenzfunktion auf diese Weise bilden."
Karl: „Das stimmt nicht. Die Funktion $w$ mit $w(x) = \sqrt{x}$ ist eine Potenzfunktion, die sich nicht so bilden lässt."
Welche Meinung haben Sie? Welche Potenzfunktionen lassen sich auf diese Weise bilden, welche nicht?
**e)** Wenn Quotienten von ganzrationalen Funktionen gebildet werden, entstehen **gebrochenrationale Funktionen**. Welche Potenzfunktionen gehören dazu?

**Zur Geschichte des Funktionsbegriffes:** Bereits die Babylonier benutzten Rechentafeln, die als Vorstufen von Funktionen in Tabellenform angesehen werden. Aber erst mit der Einführung von Variablen durch die französischen Mathematiker François Viète (1540–1603) – latinisiert Vieta; Pierre de Fermat (1601–1665) und René Descartes (1596–1650) wurde der entscheidende Schritt zur Herausbildung des Funktionsbegriffs getan. Das Wort „function" verwendete erstmals der deutsche Gelehrte G.W. Leibniz (1646–1716) in einer Veröffentlichung im Jahre 1692. Leonhard Euler (1707–1783) formulierte die folgende Definition:

> *Eine Funktion einer veränderlichen Größe ist ein analytischer Ausdruck, der in beliebiger Weise aus dieser veränderlichen Größe und aus Zahlen oder konstanten Größen zusammengesetzt ist.* (1748)

Auf Euler gehen auch die Bezeichnung $f$ für eine Funktion und die Verwendung von Klammern bei $f(x)$ zurück.

Vor allem physikalische Untersuchungen haben danach erneut zu einer Erweiterung des Funktionsbegriffes geführt. An dieser Stelle sei nur auf die Leistungen des Mathematikers P.G.L. Dirichlet (1805–1859) und auf die klassische Definition des Funktionsbegriffs von H. Hankel (1839–1873) aus dem Jahre 1870, die bis weit in das 20. Jahrhundert galt, verwiesen:

> *Eine Funktion heißt y von x, wenn jedem Wert der veränderlichen Größe x innerhalb eines gewissen Intervalls ein bestimmter Wert von y entspricht; gleichviel, ob y in dem ganzen Intervalle nach demselben Gesetze von x abhängt oder nicht; ob die Abhängigkeit durch mathematische Operationen ausgedrückt werden kann oder nicht.*

Das gilt im Wesentlichen auch heute noch. Allerdings hat sich auf der Grundlage der Mengenlehre durchgesetzt, Funktionen als Mengen geordneter Paare aufzufassen. Das geht auf folgende Mathematiker zurück: R. Dedekind (1831–1916), E. Schröder (1841–1902), G. Cantor (1845–1918), G. Peano (1858–1932), F. Hausdorff (1868–1942).

▲ Bild G 13: Teil einer Keilschrifttafel aus Babylon

▲ Bild G 14: Denkmal für G.W. Leibniz in Leipzig

# H Stochastik

## 1 Regeln in der Welt des Zufalls

**1.**
**a)** Schreiben Sie zügig eine Folge aus den Symbolen W und Z auf, die Ihrer Meinung nach für 200 Würfe mit einer Münze typisch ist.

**b)** Teilen Sie die Folge in Vierergruppen und ermitteln Sie die relativen Häufigkeiten der Ereignisse (↗ Bild H 1; W steht für Wappen, Z für Zahl):

$A_0$ kein Wappen in der Vierergruppe
$A_1$ genau ein Wappen in der Vierergruppe
usw.
$A_4$ vier Wappen in der Vierergruppe

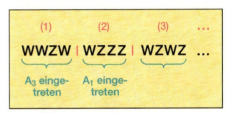

Bild H 1 ▶

**c)** Zeichnen Sie ein Baumdiagramm für den vierfachen Münzwurf.
Berechnen Sie die Wahrscheinlichkeiten der Ergebnisse (= Pfade). Welche Pfade sind günstig für die Ereignisse $A_0$, $A_1$, … bzw. $A_4$? Stellen Sie die Ereignisse als Mengen dar. **BEISPIEL:** $A_1 = \{WZZZ, ZWZZ, ZZWZ, ZZZW\}$

**d)** Berechnen Sie die Wahrscheinlichkeiten der Ereignisse $A_0$, $A_1$,…, $A_4$. Treffen Sie Vorhersagen über die relativen Häufigkeiten dieser Ereignisse in 50 Versuchen. Vergleichen Sie mit den relativen Häufigkeiten aus b). Halten Sie Ihre Münzwurffolge für typisch?

Die Wahrscheinlichkeit eines Ereignisses $A$ erlaubt eine **Vorhersage** über die relative Häufigkeit von $A$ bei vielen Wiederholungen des betrachteten Vorgangs.
Umgekehrt liefert die relative Häufigkeit von $A$ einen **Schätzwert** für die Wahrscheinlichkeit von $A$, der um so „vertrauenswürdiger" ist, je länger die Beobachtungsfolge ist.
Wenn die möglichen Ergebnisse eines **mehrstufigen Vorgangs** durch Pfade in einem Baumdiagramm dargestellt sind, dann sprechen wir kurz von der *Wahrscheinlichkeit des Pfades* und meinen die Wahrscheinlichkeit des Ergebnisses, das durch diesen Pfad repräsentiert wird.

> ▶ **1. Pfadregel (Produktregel): Die Wahrscheinlichkeit eines Pfades ist gleich dem Produkt der Wahrscheinlichkeiten entlang des Pfades im Baumdiagramm.**
>
> **2. Pfadregel (Summenregel): Die Wahrscheinlichkeit eines Ereignisses ist gleich der Summe der Wahrscheinlichkeiten aller der Pfade, die für dieses Ereignis günstig sind.**

Die 2. Pfadregel ist ein Spezialfall der allgemeinen Summenregel (↗ Seite 170).

> ▶ Wenn für ein Ereignis *A* endlich viele Ergebnisse $a_1, a_2, \ldots, a_r$ günstig sind, so gilt:
> **Die Wahrscheinlichkeit von *A* ist gleich der Summe der Wahrscheinlichkeiten der für *A* günstigen Ergebnisse, d.h.**
> $P(A) = P(a_1) + P(a_2) + \ldots + P(a_r)$.

■ Es gibt eineiige (ee) und zweieiige (ze) Zwillinge. Die möglichen Geschlechterkombinationen bezeichnen wir mit J (zwei **J**ungen), M (zwei **M**ädchen) und V (**v**erschiedene Geschlechter). Die Wahrscheinlichkeiten im Baumdiagramm (↗ Bild H 2) sind Schätzwerte aus Beobachtungen in der Bundesrepublik Deutschland in den Jahren 1960–1990. Für das Ereignis *A* „Zwillinge gleichen Geschlechts" sind die Pfade **ee-J, ee-M, ze-J, ze-M** günstig. Das Ereignis wird dargestellt durch die Menge

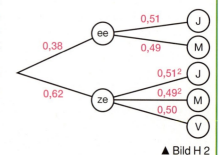

▲ Bild H 2

$A = \{\text{ee-J, ee-M, ze-J, ze-M}\}$.

Nach den Pfadregeln ergibt sich:
$$P(A) = P(\text{ee-J}) + P(\text{ee-M}) + P(\text{ze-J}) + P(\text{ze-M})$$
$$= 0{,}38 \cdot 0{,}51 + 0{,}38 \cdot 0{,}49 + 0{,}62 \cdot 0{,}51^2 + 0{,}62 \cdot 0{,}49^2 \approx 0{,}69.$$

Dieser Wert weicht erheblich von der entsprechenden Wahrscheinlichkeit für „gewöhnliche" Geschwisterpaare ($\approx 0{,}50$) ab.

**2.** Stellen Sie für das obige Beispiel das Gegenereignis $\overline{A}$ zu *A* als Menge dar und berechnen Sie seine Wahrscheinlichkeit.

> ▶ **Die Wahrscheinlichkeiten von *A* und $\overline{A}$ ergänzen sich zu 1:** $P(A) + P(\overline{A}) = 1$.

Im Beispiel „Zwillinge" hängen die Wahrscheinlichkeiten des zweiten Teilvorgangs (Entscheidung über das Geschlecht) vom Ergebnis des ersten Teilvorgangs (eineiig oder zweieiig) ab. Beispielsweise ist bei eineiigen Zwillingen das Ergebnis *V* im zweiten Teilvorgang unmöglich. Die Teilvorgänge sind **abhängig**.
Dagegen hatten in der vorangegangenen Aufgabe 1 (Münzwurf) die Ergebnisse der vorhergehenden Würfe keinen Einfluss auf die Wahrscheinlichkeiten für W bzw. Z im nächsten Wurf. Die Würfe sind unabhängig.
Zwei Teilvorgänge heißen **unabhängig**, wenn jedes Ergebnis des einen Teilvorgangs **keinen Einfluss auf die Wahrscheinlichkeiten** der Ergebnisse des anderen hat. Die Teilvorgänge können sowohl gleichzeitig als auch nacheinander ablaufen.
Wenn die Ereignisse *A* und *B* zu unabhängigen Teilvorgängen gehören, dann heißen die Ereignisse unabhängig und es gilt die

> ▶ **Multiplikationsformel für unabhängige Ereignisse *A* und *B*:**
> $P(A \text{ tritt ein und } B \text{ tritt ein}) = P(A) \cdot P(B)$.

Diese Aussage lässt sich auch für *n* Teilvorgänge bzw. Ereignisse formulieren. Als Beispiel denke man an die **unabhängige Wiederholung** eines Vorgangs, etwa des Münzwurfes. Es besteht hinsichtlich der Chancen kein Zusammenhang z. B. zwischen dem ersten, dem sechsten und dem zehnten Wurf: „Die Münze hat kein Gedächtnis." Wenn die Ereignisse $A_1, A_2, …, A_n$ zu unabhängigen Teilvorgängen gehören, gilt die

---

▶ **Multiplikationsformel für unabhängige Ereignisse $A_1, A_2, …, A_n$:**
   $P(A_1$ tritt ein und $A_2$ tritt ein und $… A_n$ tritt ein$) = P(A_1) \cdot P(A_2) \cdot … \cdot P(A_n)$.

---

■ Die Wahrscheinlichkeit für mindestens drei Richtige (Gewinn) im Lotto „6 aus 49" beträgt auf Tausendstel gerundet 0,019.
Das Gegenereignis „kein Gewinn" hat die Wahrscheinlichkeit $1 - 0,019 = 0,981$.
Wir geben nun jede Woche einen Tipp ab. Die Ziehungen in verschiedenen Wochen sind unabhängige Teilvorgänge. Demzufolge gehen wir mit folgender Wahrscheinlichkeit 52 Ziehungen lang leer aus:
$P$(kein Gewinn in 52 Ziehungen) $= P$(„kein Gewinn in der 1. Ziehung" **und** „kein Gewinn in der 2. Ziehung" **und** … **und** „kein Gewinn in der 52. Ziehung")
$= 0,981 \cdot 0,981 \cdot … \cdot 0,981 = 0,981^{52}$.
$P$(kein Gewinn in 52 Ziehungen) $\approx 0,369$.

---

**3.** Beschreiben Sie das Gegenereignis zu „kein Gewinn in 52 Ziehungen" unter Nutzung der Angaben im Beispiel. Geben Sie dessen Wahrscheinlichkeit an.

**4.\*** Ein Würfel wird *n*-mal geworfen.
Ⓛ **a)** Berechnen Sie für $n = 2, 5, 10, 50$ die Wahrscheinlichkeiten der Ereignisse $A_n$ „keine Sechs in *n* Würfen" und $B_n = \overline{A_n}$.
Stellen Sie $P(A_n)$ und $P(B_n)$ als Funktion von *n* grafisch dar.
**b)** Ermitteln Sie das kleinste *n*, für das mit 99%iger Wahrscheinlichkeit mindestens eine Sechs in *n* Würfen erscheint.
**c)** Gibt es eine Anzahl von Würfen, bei der man sicher sein kann, dass mindestens eine Sechs dabei ist?

Als **Zuverlässigkeit** eines Bauelementes (eines Gerätes, einer Anlage) bezeichnet man die Wahrscheinlichkeit der ausfallfreien Arbeiten während einer bestimmten Zeitdauer *t*. Wir wollen mithilfe der Zuverlässigkeit der Bauelemente die Zuverlässigkeit bestimmter Anlagen, die aus diesen Bauelementen zusammengesetzt sind, berechnen. Dazu fassen wir – zwecks Vereinfachung – die Arbeit der einzelnen Bauelemente als unabhängige Teilvorgänge des Gesamtvorgangs „Arbeit der Anlage" auf.
Als Grundtypen treten die *Reihenschaltung* und die *Parallelschaltung* auf. Sie werden in Anlehnung an elektrische Schaltbilder durch sogenannte Zuverlässigkeitsschaltbilder dargestellt (➚ Bilder H 3 a und b).

ⓐ Reihenschaltung    ⓑ Parallel-schaltung

◀ Bilder H 3 a, b

Eine **Reihenschaltung von $n$ Bauelementen** arbeitet nur dann, wenn alle $n$ Bauelemente arbeiten.

Wir können die Zuverlässigkeit $p_R$ der Reihenschaltung mithilfe der Zuverlässigkeiten $p_1$, $p_2, \ldots, p_n$ der Bauelemente nach der Multiplikationsformel für unabhängige Ereignisse berechnen:

Für $p_R = P$(Bauelement 1 arbeitet **und** Bauelement 2 arbeitet **und** … **und** Bauelement $n$ arbeitet) gilt

▶  $p_R = p_1 \cdot p_2 \cdot \ldots \cdot p_n.$

**5.** a) In einer Reihenschaltung hat ein Bauelement die Zuverlässigkeit 0,7. Von den anderen Bauelementen ist die Zuverlässigkeit nicht bekannt. Was können Sie über die Zuverlässigkeit der Reihenschaltung sagen?

b) Beweisen Sie: Die Zuverlässigkeit einer Reihenschaltung ist höchstens so groß wie die Zuverlässigkeit ihres „schlechtesten" Bauelementes.

**6.** ⓛ Wie viele Bauelemente mit der Zuverlässigkeit 0,95 dürfen höchstens in Reihe geschaltet werden, wenn die Zuverlässigkeit der ganzen Anlage 0,9 nicht unterschreiten soll?

**7.** ⓛ 10 gleichartige Bauelemente werden in Reihe geschaltet. Welche Zuverlässigkeit müssen die Bauelemente besitzen, wenn die Zuverlässigkeit der Reihenschaltung 0,9 nicht unterschreiten soll?

Eine **Parallelschaltung von $n$ Bauelementen** arbeitet, solange noch mindestens ein Bauelement arbeitet.

**8.** Beschreiben Sie das Gegenereignis zum Ereignis „Die Parallelschaltung arbeitet" durch das Verhalten der Bauelemente.

Für die Zuverlässigkeit $p_P$ einer Parallelschaltung gilt:

▶  $p_P = 1 - (1 - p_1) \cdot (1 - p_2) \cdot \ldots \cdot (1 - p_n).$

**9.** In einer Parallelschaltung hat ein Bauelement die Zuverlässigkeit 0,7. Von den anderen Bauelementen ist die Zuverlässigkeit nicht bekannt. Was können Sie über die Zuverlässigkeit der Parallelschaltung sagen?

Es gilt:
Die Zuverlässigkeit einer Parallelschaltung ist mindestens so groß wie die Zuverlässigkeit ihres „besten" Bauelementes. Sei nämlich zum Beispiel das Bauelement 1 das beste Element, so ergibt sich:

Wegen
$$(1 - p_2) \cdot (1 - p_3) \cdot \ldots \cdot (1 - p_n) \le 1 \qquad \text{folgt zunächst}$$
$$(1 - p_1) \cdot (1 - p_2) \cdot (1 - p_3) \cdot \ldots \cdot (1 - p_n) \le (1 - p_1)$$

und hieraus durch Umformen die Ungleichung
$$p_1 \le 1 - (1 - p_1) \cdot (1 - p_2)(1 - p_3) \ldots (1 - p_n), \text{ also } p_P \ge p_1.$$

■ GREGOR JOHANN MENDEL (1822–1884) führte im Klostergarten des Augustinerklosters in Brünn jahrelange Versuche zur Vererbung von Merkmalsanlagen bei Pflanzen durch. Er suchte sich dabei Pflanzen aus, die hinsichtlich der Blütenfarbe, der Farbe oder Gestalt der Samen oder anderer auffälliger Merkmale leicht zu klassifizieren waren.

Einer seiner zahlreichen Versuche betraf die Samenfarbe von Gartenerbsen. Das für die Farbe zuständige Gen kann in zwei Formen, in zwei sogenannten Allelen, auftreten. Wir bezeichnen im folgenden die Allele kurz mit A für die Samenfarbe Gelb und mit a für die Samenfarbe Grün. Pflanzen mit den Genotypen AA und Aa haben gelbe Samen, weil das Gen A dominant (das heißt: bestimmend) ist.

Bei der Fortpflanzung gibt jedes Elternteil unabhängig vom anderen Elternteil mit gleicher Wahrscheinlichkeit ein Gen seines Genpaares an den Nachkommen weiter. Im Fall des Typus AA wie auch des Typus aa ist es ohne Bedeutung, welches Gen weitergegeben wird; man spricht in diesem Fall von in Bezug auf dieses Merkmal reinerbige Pflanzen. Kreuzt man reinerbige Pflanzen vom Genotyp AA mit solchen vom Genotyp aa, so hat der Nachkomme den Genotyp Aa (1. Mendel'sches Gesetz). Kreuzt man dagegen mischerbige Eltern Aa, so ist der Genotyp des Nachkommen zufällig.

Das Baumdiagramm (⤴ Bild H 4) veranschaulicht die Auswahl des mütterlichen Gens in der ersten Stufe und des väterlichen Gens in der zweiten Stufe.

(Es ist eine andere Art der Veranschaulichung der Vererbungsvorgänge nach den Mendel'schen Gesetzen als das aus der Biologie bekannte Schema.)

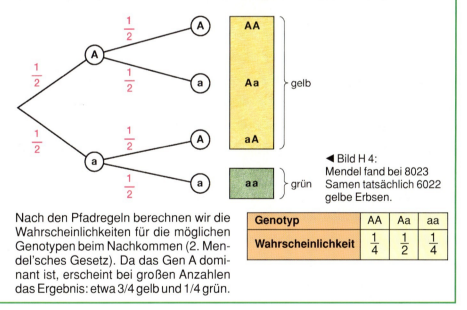

◄ Bild H 4:
Mendel fand bei 8023 Samen tatsächlich 6022 gelbe Erbsen.

Nach den Pfadregeln berechnen wir die Wahrscheinlichkeiten für die möglichen Genotypen beim Nachkommen (2. Mendel'sches Gesetz). Da das Gen A dominant ist, erscheint bei großen Anzahlen das Ergebnis: etwa 3/4 gelb und 1/4 grün.

| Genotyp | AA | Aa | aa |
|---|---|---|---|
| Wahrscheinlichkeit | $\frac{1}{4}$ | $\frac{1}{2}$ | $\frac{1}{4}$ |

10. Beim Menschen kommen die Blutgruppen im AB0-System mit folgenden Genotypen vor: Blutgruppe A mit AA und A0, B mit BB und B0, 0 nur mit 00 sowie AB nur mit AB. Eine Mutter habe den Genotyp AB, ein Vater den Genotyp B0. Welche Blutgruppen können die Kinder haben? Mit welchen Wahrscheinlichkeiten treten diese Blutgruppen auf?

## 2 Bernoulli-Ketten

**1.** Bei einem Würfelspiel benötigen Sie eine 6. Sie dürfen dreimal würfeln. Wie groß ist
Ⓛ die Wahrscheinlichkeit, dass Sie erst beim dritten Wurf Erfolg haben?

**2.** Max hat 5 Samen der Feuerbohne in 50 cm Abstand zum Keimen in die Erde ge-
Ⓛ steckt. Er sorgt für gleiche Bedingungen aller Samen und beobachtet den Keimvor-
gang. Nehmen Sie an, dass jeder Samen unabhängig von den anderen mit der
Wahrscheinlichkeit 0,8 keimt. Mit welcher Wahrscheinlichkeit hat Max mindestens
3 Erfolge?   *Hinweis:* Zeichnen Sie ein Baumdiagramm.

**3.** In einem einfachen Modell für den radioaktiven Zerfall einer großen Anzahl von Ato-
Ⓛ men trifft man folgende Annahmen:
  • Die Kerne zerfallen **unabhängig** voneinander.
  • Während eines Zeitintervalls von der Länge einer Halbwertszeit zerfällt ein
    Atomkern mit der Wahrscheinlichkeit 0,5. Wenn ein Kern nach Ablauf einer Halb-
    wertszeit nicht zerfallen ist, bleibt ihm für die Zeitdauer einer weiteren Halb-
    wertszeit immer noch **dieselbe** Zerfallswahrscheinlichkeit 0,5. Man spricht vom
    **spontanen** (plötzlich geschehenden) Kernzerfall.

  **a)** Wie viele Atomkerne werden durchschnittlich nach einer Halbwertszeit zerfallen
  sein?
  **b)** Mit welcher Wahrscheinlichkeit zerfällt ein Kern innerhalb von zwei Halbwertszeiten nicht? Wie viel Prozent der ursprünglichen Substanz sind nach zwei Halbwertszeiten im Durchschnitt zerfallen?

In allen drei Aufgaben begegnen wir Spezialfällen folgender allgemeiner Situation: Ein
Vorgang setzt sich aus $n$ gleichartigen Teilvorgängen zusammen. Sie sind voneinander
unabhängig. Die $n$ Teilvorgänge können gleichzeitig oder nacheinander ablaufen. In jedem Teilvorgang interessiert nur, ob ein als „Erfolg" bezeichnetes Ereignis eintritt oder
nicht. Der Teilvorgang hat also zwei mögliche Ergebnisse:

  1 – Erfolg   und   0 – Misserfolg.

Bemerkung: Der Name „Erfolg" ist nicht mit einer Wertung verbunden. Wir werden auch
höchst unerfreuliche Ereignisse als Erfolg bezeichnen, wenn wir uns gerade für ihr Ein-
treten interessieren.

Die Wahrscheinlichkeit des Erfolgs ist in allen Teilvorgängen gleich. Sie heißt **Erfolgswahrscheinlichkeit** und wird meistens mit $p$ bezeichnet.

---

▶ **Vorgänge mit zufälligem Ergebnis, bei denen nur zwischen Erfolg (1) oder
Misserfolg (0) unterschieden wird, heißen** *Bernoulli-Experimente* **(oder Ber-
noulli-Versuche). Für die Wahrscheinlichkeiten gilt:**

| Ergebnis | 0 | 1 |
|---|---|---|
| Wahrscheinlichkeit | $1-p$ | $p$ |

**Wird ein Bernoulli-Experiment $n$-mal unabhängig voneinander ausgeführt,
so entsteht eine** *Bernoulli-Kette* **der Länge $n$ mit der Erfolgswahrscheinlichkeit $p$.**

Bernoulli-Experimente erhielten ihren Namen nach dem schweizerischen Mathematiker Jakob Bernoulli (1654–1705), der eines der ersten Bücher zur Wahrscheinlichkeitsrechnung verfasste.

Als Bernoulli-Experimente können wir auffassen:
- Arbeit eines Bauelements: Ausfall/kein Ausfall
- zufällige Auswahl eines Schülers: farbenblind/nicht farbenblind
- Lottoziehung: Sechser/kein Sechser
- Elfmeterschuss: Tor/kein Tor

Es entstehen Bernoulli-Ketten, wenn wir
- 100 unabhängig voneinander arbeitende Bauelemente desselben Typs beobachten,
- 30 Schüler zufällig auswählen,
- die Lottoziehungen eines Jahres betrachten.

▲ Bild H 5

4.  Handelt es sich um Bernoulli-Ketten? Was können Sie über die Erfolgswahrscheinlichkeiten sagen?
    a) Aus einem Gefäß mit 5 roten und 10 blauen Kugeln werden nacheinander auf gut Glück 3 Kugeln gezogen, wobei die gezogene Kugel gleich wieder zurückgelegt wird. Eine rote Kugel bedeutet Erfolg.
    b) Aus einem Gefäß mit 5 roten und 10 blauen Kugeln werden nacheinander auf gut Glück 3 Kugeln gezogen, wobei die gezogene Kugel nicht wieder zurückgelegt wird. Eine rote Kugel bedeutet Erfolg.
    c) Ein Würfel wird 12-mal geworfen. Es wird bei jedem Wurf nach „Sechs geworfen" und „keine Sechs geworfen" unterschieden.
    d) 12 verschiedene Würfel werden gleichzeitig geworfen. Auf jedem Würfel wird nach „Sechs geworfen" und „keine Sechs geworfen" unterschieden.
    e) 50 Ziehungen der Lottozahlen „6 aus 49" werden beobachtet. Als Erfolg gilt, wenn die 13 unter den sechs Glückszahlen ist.
    f) 50 zufällig ausgewählte Schüler werden befragt, ob sie jemals geraucht haben. Als Erfolg wird die Antwort „Nein" gewertet.
    g) 1000 aufeinander folgende Buchstaben eines deutschsprachigen Romans werden ausgewertet. Der Buchstabe c gilt als Erfolg.
    h) 2000 zufällig ausgewählte Wähler werden befragt, ob sie die Partei A wählen würden. Als Erfolg zählt die Antwort „Nein".

Wenn wir einen realen Vorgang als Bernoulli-Kette ansehen, dann ist sowohl die Unabhängigkeit der Teilvorgänge als auch die gleich bleibende Erfolgswahrscheinlichkeit in der Regel eine **idealisierende Annahme.**

5.  Bei der Herstellung einer Schraubensorte entstehe 1,5% Ausschuss. Die Herstellung von $n$ Schrauben wird als Bernoulli-Kette der Länge $n$ aufgefasst. Was ist ein „Erfolg"? Wie groß ist die Erfolgswahrscheinlichkeit? Diskutieren Sie die Annahme der Unabhängigkeit der Teilvorgänge.

**6.** Die Versagerquote (Pearl-Index) beim Kondom als empfängnisverhütende Maß-
nahme liegt bei 4. Das bedeutet: Wenn jeweils 100 Paare 1 Jahr lang Kondome anwenden, dann treten in dieser Zeit im Durchschnitt 4 Schwangerschaften auf. Die
Befragung von $n$ Paaren über den Zeitraum eines Jahres wollen wir als Bernoulli-
Kette der Länge $n$ auffassen. Was ist ein „Erfolg"? Wie groß ist die Erfolgswahrscheinlichkeit? Diskutieren Sie die Annahme der gleich bleibenden Erfolgswahrscheinlichkeit.

---

■ Rund ein Viertel der Deutschen rea-
giert auf irgend etwas allergisch (z.B.
Hausstaub, Pollen, Tierhaare).
100 Personen werden auf gut Glück
ausgewählt und befragt, ob sie unter
einer Allergie leiden. Als „Erfolg" zählen
wir die Antwort „Ja".
Wenn die Auswahl der 100 Personen
„ohne Zurücklegen" erfolgt, dann sind
die einzelnen Teilvorgänge abhängig.
Mit jeder Person, die bereits ausgewählt und befragt wurde, ändert sich
die Erfolgswahrscheinlichkeit für den
nächsten Teilvorgang. Diese Änderung
können wir aber vernachlässigen, weil
die Anzahl der ausgewählten Personen sehr klein im Vergleich zur Ge-

▲ Bild H 6

samtbevölkerung ist. Wir fassen daher den Vorgang näherungsweise als Bernoulli-Kette der Länge $n = 100$ mit der Erfolgswahrscheinlichkeit $p = 0{,}25$ auf.

---

Die Ergebnisse einer Bernoulli-Kette können wir als geordnete $n$-Tupel von Nullen und
Einsen aufschreiben. Beispielsweise bedeutet $(1, 1, 0, 1, 0)$, dass in einer Bernoulli-Kette
der Länge 5 nur das erste, zweite und vierte Bernoulli-Experiment einen Erfolg brachten.
Wegen der Unabhängigkeit der Teilvorgänge können wir mithilfe der Multiplikationsformel
die Wahrscheinlichkeit des Ergebnisses berechnen:

$$P((1, 1, 0, 1, 0)) = p \cdot p \cdot (1-p) \cdot p \cdot (1-p) = p^3 \cdot (1-p)^2.$$

Allgemein schreiben wir $e_1$ für das Ergebnis des ersten Teilversuchs, $e_2$ für das Ergebnis
des zweiten Teilversuchs, …, $e_n$ für das Ergebnis des $n$-ten Teilversuchs.
Die Variablen $e_1, e_2, …, e_n$ können nur die Werte 0 oder 1 annehmen. Die Summe aus der
Anzahl der Einsen und der Anzahl der Nullen ist $n$.
Wir wenden die Multiplikationsformel an und erhalten:

---

▶ **Für die Wahrscheinlichkeiten der Ergebnisse $(e_1, e_2, …, e_n)$ in einer Bernoulli-Kette der Länge $n$ mit der Erfolgswahrscheinlichkeit $p$ gilt:**

$P((e_1, e_2, …, e_n)) = p^{\text{Anzahl der Einsen}} \cdot (1-p)^{\text{Anzahl der Nullen}}$

$= p^{\text{Anzahl der Einsen}} \cdot (1-p)^{n-\text{Anzahl der Einsen}}.$

**Jeder Pfad mit genau $k$ Erfolgen hat folglich die Wahrscheinlichkeit**
$p^k \cdot (1-p)^{n-k}.$

---

**7.** Berechnen Sie für eine Münzwurffolge die Wahrscheinlichkeiten folgender Ergebnisse (Wappen zählt als Erfolg):
**a)** $(1, 0, 1, 0, 1)$;     **b)** $(1, 1, 1, 1, 1)$;     **c)** $(0, 0, 0, 0, 0)$.
Wenn Sie 5000 Münzwürfe in Fünfergruppen aufteilen, ungefähr wie oft werden dann die oben angeführten Muster a) bis c) auftreten?

**8.**
**a)** Familie $X$ hat schon zwei Jungen. Wie groß ist die Wahrscheinlichkeit, dass auch das dritte Kind ein Junge wird?
**b)** Das Ehepaar $Y$ wünscht sich drei Kinder. Mit welcher Wahrscheinlichkeit werden es drei Jungen?
(Wir schließen in dieser Aufgabe Mehrlingsgeburten aus.)

**9.** Bei der Übertragung von Signalen kann ein einzelnes Signal gestört oder nicht gestört werden. Wir nehmen an, dass die Signale unabhängig voneinander mit der Wahrscheinlichkeit 0,1 gestört werden. Mit welchen Wahrscheinlichkeiten treten folgende Ereignisse bei der Übertragung von 20 Signalen ein:
**a)** Alle 20 Signale werden korrekt übertragen,
**b)** mindestens ein Signal wird gestört,
**c)** nur die ersten 10 Signale werden korrekt übertragen,
**d)** nur die letzten 5 Signale werden gestört?

**10.** Bei einem Preisausschreiben können Sie 4 der 12 Fragen nur durch Raten beantworten. Sie haben jeweils 3 Antwortmöglichkeiten, von denen genau eine richtig ist. Wie groß sind Ihre Chancen
**a)** viermal richtig zu raten,
**b)** mindestens einmal falsch zu raten,
**c)** mindestens einmal richtig zu raten?

> ▶ **Die Wahrscheinlichkeit für *mindestens* einen Erfolg in einer Bernoulli-Kette berechnet man, indem man zum entgegengesetzten Ereignis übergeht:**
> $P(\text{mindestens ein Erfolg}) = 1 - P(\text{kein Erfolg})$
> $\qquad\qquad\qquad\qquad\qquad\quad = 1 - P((0, 0, \ldots, 0))$
> $\qquad\qquad\qquad\qquad\qquad\quad = 1 - (1-p)^n.$

**11.** Aus den Bruteiern zweijähriger Hennen schlüpfen mit Wahrscheinlichkeit 0,66 Küken. Wie groß ist die Wahrscheinlichkeit, dass aus 5 Eiern **a)** kein, **b)** mindestens ein Küken schlüpft?

**12.** Beim Roulette bleibt die Kugel mit der Wahrscheinlichkeit $\frac{1}{37}$ auf der Null (Zero) liegen.
**a)** Mit welcher Wahrscheinlichkeit kommt bei 10 Spielen mindestens einmal Zero?
**b)** Würden Sie darauf wetten, dass bei 30 Spielen mindestens einmal Zero kommt? Begründen Sie Ihre Antwort.

**13.** Was ist wahrscheinlicher:
**a)** bei vier Würfen mit einem Würfel mindestens eine Sechs zu würfeln
oder
**b)** bei 24 Würfen mit jeweils zwei Würfeln mindestens eine Doppelsechs zu würfeln?

**14.** a) Wie groß ist die Wahrscheinlichkeit dafür, dass sich unter 4 zufällig ausgewählten
Ⓛ Personen mindestens ein Allergiker befindet (↗ Beispiel auf der Seite 176)?
Schätzen Sie erst und rechnen Sie dann.

b) Wie viele Personen müsste man mindestens zufällig auswählen, um mit vorge-
gebener Wahrscheinlichkeit (z.B. 95%) wenigstens einen Allergiker darunter zu
finden?
*Hinweis:* Sie können diese Aufgabe auch durch Probieren lösen.

**15.** a) Begründen Sie: Je länger eine Bernoulli-Kette ist, desto größer ist die Wahrscheinlichkeit für mindestens einen Erfolg.

b) Es sei $0 < p < 1$. Begründen Sie: Wie lang auch die Bernoulli-Kette sein mag, es
ist niemals *sicher*, dass man mindestens einen Erfolg in $n$ Teilvorgängen hat.
Wie sieht die Bernoulli-Kette für $p = 0$ bzw. $p = 1$ aus?

Wir geben eine Wahrscheinlichkeit $a$ vor und suchen das *kleinste* $n$, sodass die Wahrscheinlichkeit für mindestens einen Erfolg in der Bernoulli-Kette größer oder gleich $a$ ist.
Das heißt: Wir suchen das kleinste $n$, das die Bedingung

$$1 - (1-p)^n \geq a \quad (\ast)$$

erfüllt. Man kann $n$ durch Probieren finden. Haben wir erst einmal ein $n$ gefunden, so
erfüllen auch alle größeren $n$ die Ungleichung ($\ast$). Durch schrittweises Verkleinern tasten
wir uns an das kleinste mögliche $n$ heran.
Man kann das gesuchte $n$ mithilfe von Logarithmen berechnen. Dazu formen wir ($\ast$) äquivalent um in

$$(1-p)^n \leq 1 - a$$

und nehmen von beiden Seiten den natürlichen Logarithmus. Die Ungleichung bleibt erhalten (warum?) und wir haben

$$n \cdot \ln(1-p) \leq \ln(1-a).$$

Division durch $\ln(1-p)$ (das ist eine negative Zahl!) ergibt die Regel:

> ▶ Wenn in einer Bernoulli-Kette mit $0 < p < 1$ die Wahr-
> scheinlichkeit für mindestens einen Erfolg größer oder
> gleich einem vorgegebenen Zahlenwert $a$ $(0 < a < 1)$ sein
> soll, dann muss für die **Länge der Bernoulli-Kette** neben-
> stehende Ungleichung gelten.
>
> $$n \geq \frac{\ln(1-a)}{\ln(1-p)}$$

**16.** Bei einem biologischen Experiment gelingt die Befruchtung einer Pflanzensorte im
Durchschnitt in etwa 40% aller Fälle.
Wie viele Versuche sollte der Biologe planen, um mit einer Wahrscheinlichkeit von
95% wenigstens eine befruchtete Pflanze zu haben?

**17.** 5,8% aller Bundesbürger wohnen im Freistaat Sachsen.
Wie groß ist die Wahrscheinlichkeit dafür, daß in einer zufällig zusammengestellten
Reisegruppe von 30 Jugendlichen aus der Bundesrepublik Deutschland mindes-
tens ein Jugendlicher aus Sachsen vorkommt?
Wie groß müsste die Reisegruppe sein, damit die Wahrscheinlichkeit für die Herkunft
mindestens eines Jugendlichen aus Sachsen auf 0,99 steigt?

**18.** Beim Lotto „6 aus 49" beträgt die Wahrscheinlichkeit für genau drei Richtige rund
Ⓛ 0,018 und für genau vier Richtige rund 0,001.

**a)** Vergleichen Sie diese Chancen beim Lotto mit den Chancen, beim gleichzeitigen Werfen von *n* Münzen *nur Wappen* zu erhalten. Für welches *n* sind die Wahrscheinlichkeiten für einen Dreier bzw. Vierer ungefähr gleich den Wahrscheinlichkeiten für lauter Wappen?

**b)** Wie viele verschiedene Tipps garantieren, dass die Wahrscheinlichkeit für mindestens einen Dreier (Vierer) größer oder gleich 0,90 ist? Was bedeutet die Wahrscheinlichkeit von mindestens 0,90 für *einen* Lottospieler, der die erforderliche Anzahl von unabhängigen Tipps abgibt? Was bedeutet diese Wahrscheinlichkeit für 1000 Lottospieler, die unabhängig voneinander die erforderliche Anzahl von unabhängigen Tipps abgeben?

■ Nach Sir Francis Galton ['Gɔːltn], einem britischen Naturforscher und Schriftsteller des 19. Jh., ist ein Gerät benannt, mit dem man den Ablauf von Bernoulli-Ketten näherungsweise veranschaulichen kann. Auf dem Brett sind Hindernisse (z.B. Nägel) gleichmäßig angeordnet. Das Brett wird geneigt aufgestellt und durch die obere Öffnung lässt man Kugeln rollen, deren Durchmesser nur wenig kleiner ist als der Abstand zwischen zwei benachbarten Hindernissen. Die Kugeln werden durch die Hindernisse nach rechts oder links abgelenkt und sammeln sich schließlich in den Behältern am unteren Ende des Brettes. Die Anzahl der Kugeln, die in einem Behälter ankommen, kann als Maß für die Wahrscheinlichkeit dienen, mit der dieser Behälter erreicht wird.

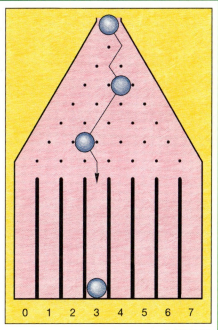

▲ Bild H 7

Das Bild H 7 zeigt das Schema eines Galton'schen Brettes. Jede Kugel stößt 7-mal auf ein Hindernis. Weil die Hindernisse symmetrisch zur Mittellinie des Brettes angeordnet sind, fällt die Kugel nach rechts bzw. nach links im Idealfall jeweils mit der Wahrscheinlichkeit 0,5. Es sei ein Erfolg, wenn die Kugel nach rechts fällt.

Der Lauf einer Kugel durch das Brett stellt eine Bernoulli-Kette der Länge 7 mit der Erfolgswahrscheinlichkeit 0,5 dar. Der eingezeichnete Pfad hat wie jeder andere mögliche Pfad die Wahrscheinlichkeit $0,5^7$.

Eine Kugel, die auf ihrem Weg *k*-mal nach rechts abgelenkt wurde, fällt in den Behälter mit der Nummer *k*. Die im Bild H 7 in mehreren Etappen des Durchlaufs eingezeichnete blaue Kugel hatte genau 3 Erfolge.

**19.** Finden Sie im Beispiel „Galton-Brett" alle Pfade mit genau drei Erfolgen. Mit welcher Wahrscheinlichkeit fällt eine Kugel in den Behälter Nummer 3?

179

**20.*** Ein Galton-Brett habe $n$ Hindernisreihen. Wie viele Pfade mit genau $k$ Erfolgen gibt es? Welche Wahrscheinlichkeit hat jeder Pfad? Mit welcher Wahrscheinlichkeit hat eine Kugel beim Lauf durch dieses Brett genau $k$ Erfolge?

Zu $k$ Erfolgen in $n$ Teilvorgängen gelangen wir auf allen Pfaden, die genau $k$ Erfolge durchlaufen. Die Anzahl dieser Pfade beschreibt folgender Term:

(∗) $\dfrac{n\cdot(n-1)\cdot(n-2)\cdot\ldots\cdot(n-(k-1))}{k\cdot(k-1)\cdot\ldots\cdot2\cdot1}$ .

Diese Darstellung lässt sich verkürzen, indem man für Bruchterme wie $\dfrac{5\cdot4\cdot3}{1\cdot2\cdot3}$ oder $\dfrac{6\cdot5}{1\cdot2}$ die Schreibweise $\binom{5}{3}$ bzw. $\binom{6}{2}$ einführt. Man spricht in diesem Fall von **Binomialkoeffizienten.** Die Gleichung (∗) nimmt in dieser Schreibweise die Gestalt $\binom{n}{k}$ an. Mithilfe der Fakultätsschreibweise ($1\cdot2\cdot3\ldots n=n!$) schreibt man (∗) folgendermaßen:

$\dfrac{n}{k!\cdot(n-k)!}$ .

Es gibt also $\binom{n}{k}$ Möglichkeiten, aus $n$ Teilvorgängen gerade die $k$ Teilvorgänge auszuwählen, die mit einem Erfolg enden. Dies gilt auch für $k=0$, denn $\binom{n}{0}$ ist per Definition 1, und es gibt in der Tat nur eine Möglichkeit, 0 Erfolge zu erzielen: es ist dies der Pfad mit lauter Misserfolgen. Entsprechend gibt es für $n$ Erfolge nur $\binom{n}{n}=1$ Möglichkeiten, und zwar den Pfad mit lauter Erfolgen.

Das symmetrische Galton-Brett veranschaulicht eine Bernoulli-Kette mit der Erfolgswahrscheinlichkeit 0,5. Wollten wir statt 0,5 eine beliebige Erfolgswahrscheinlichkeit $p$ verwirklichen, dann müsste das entsprechende Galton-Brett theoretisch *schief* sein. Die Ausschnittsvergrößerung im Bild H 8 zeigt die Anordnung der Nägel.

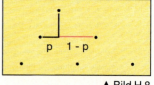

▲ Bild H 8

Wenn die Erfolgswahrscheinlichkeit $p$ ist, dann hat jeder Pfad mit genau $k$ Erfolgen die Wahrscheinlichkeit $p^k\cdot(1-p)^{n-k}$ (↗ Seite 176 unten, eingerahmter Text). Die Anzahl solcher Pfade bleibt unverändert gleich $\binom{n}{k}$. Mithilfe der Summenregel erhalten wir die **Bernoulli-Formel:**

---

▶ **In einer Bernoulli-Kette der Länge $n$ mit der Erfolgswahrscheinlichkeit $p$ treten genau $k$ Erfolge mit der Wahrscheinlichkeit**

$P(\text{genau } k \text{ Erfolge}) = \binom{n}{k}p^k\cdot(1-p)^{n-k}; k=0, 1, 2, \ldots, n$ **auf.**

Der Binomialkoeffizient $\binom{n}{k}=\dfrac{n!}{k!\cdot(n-k)!}=\dfrac{n(n-1)(n-2)\ldots(n-(k-1))}{k(k-1)\cdot\ldots\cdot2\cdot1}$

gibt die Anzahl der Möglichkeiten an, aus $n$ Teilvorgängen $k$ auszuwählen.

---

**21.** Berechnen Sie die Wahrscheinlichkeiten für 0, 1, 2, …, 5 Erfolge in einer Bernoulli-Kette der Länge 5 mit der Erfolgswahrscheinlichkeit **a)** 0,2, **b)** 0,5, **c)** 0,8. Stellen Sie die Wahrscheinlichkeiten als Streckendiagramm grafisch dar. Wie verändert sich die Darstellung, wenn sich $p$ ändert? Was passiert in den Fällen $p=0$ bzw. $p=1$?

**22.** Carsten muss auf dem Weg zur Schule 6 Ampelkreuzungen überqueren. Er geht
Ⓛ davon aus, dass die Ampeln unabhängig voneinander arbeiten und jede in durchschnittlich 2 von 3 Fällen für ihn Rot zeigt. Mit welcher Wahrscheinlichkeit muss er auf dem Weg zur Schule gar nicht (einmal, zweimal, …, 6-mal) warten?

Die Anzahl $X$ der Erfolge in einer Bernoulli-Kette ist eine Zufallsgröße. Die Bernoulli-Formel gibt die Wahrscheinlichkeitsverteilung der Zufallsgröße $X$ an:

$$P(X=k) = \binom{n}{k} p^k \cdot (1-p)^{n-k}; \quad k=0, 1, 2, …, n.$$

Diese Verteilung heißt **Binomialverteilung mit den Parametern $n$ und $p$**. Man sagt: Die Anzahl der Erfolge $X$ in einer Bernoulli-Kette ist **binomialverteilt mit $n$ und $p$**. In Tabellenform sieht die Binomialverteilung folgendermaßen aus:

| Anzahl der Erfolge $k$ | 0 | 1 | … | $k$ | … | $n$ |
|---|---|---|---|---|---|---|
| Wahrscheinlichkeit $p_k$ | $(1-p)^n$ | $\binom{n}{1} p \cdot (1-p)^{n-1}$ | … | $\binom{n}{k} p^k \cdot (1-p)^{n-k}$ | … | $p^n$ |

Für einige Parameterwerte findet man in Tafelwerken Tabellen zur Binomialverteilung. Will man die Wahrscheinlichkeiten berechnen, so kann man folgende **Rekursionsformel** anwenden:

$$p_0 = (1-p)^n,$$

$$p_{k+1} = \frac{n-k}{k+1} \cdot \frac{p}{1-p} \, p_k; \quad k=0, 1, 2, …, n-1. \quad (*)$$

Man beginnt bei $p_0$ und erhält den nächsten Wahrscheinlichkeitswert mithilfe der Formel $(*)$ aus dem vorhergehenden Wahrscheinlichkeitswert.

■ Angenommen, alle Wochentage seien als Geburtstage gleichberechtigt. Dann ist die Wahrscheinlichkeit, als Sonntagskind auf die Welt zu kommen, gleich $\frac{1}{7}$. Wie viele Sonntagskinder gibt es unter 13 zufällig ausgewählten Schülern? Es können 0, 1, 2, …, 13 Sonntagskinder sein. Die Wahrscheinlichkeiten der möglichen Erfolgsanzahlen berechnen wir mit der oben angegebenen Formel. Dabei bezeichnet $p_0$ die Wahrscheinlichkeit des Ereignisses „kein Sonntagskind dabei".

$$p_0 = \left(\frac{6}{7}\right)^{13} \approx 0{,}135; \quad p_{k+1} = \frac{13-k}{k+1} \cdot \frac{1}{6} \, p_k$$

Es ergeben sich die Werte in der Tabelle. Ab $k=8$ betragen alle Wahrscheinlichkeiten auf drei Stellen gerundet 0,000.

*(Fortsetzung ↗ S. 182)*

| $k$ | $p_k$ |
|---|---|
| 0 | 0,135 |
| 1 | 0,292 |
| 2 | 0,292 |
| 3 | 0,178 |
| 4 | 0,074 |
| 5 | 0,022 |
| 6 | 0,005 |
| 7 | 0,001 |
| 8 | 0,000 |
| ……… | |
| 13 | 0,000 |

Fortsetzung des Beispiels von Seite 181:

Die Zwischenergebnisse in der Tabelle wurden auf drei Stellen gerundet. Es wurde aber auf dem Taschenrechner mit möglichst genauen Werten weitergerechnet. Die Summe der Wahrscheinlichkeiten beträgt aufgrund der Rundungsfehler 0,999 anstelle von 1.
Das Streckendiagramm (↗ Bild H 9) zeigt das typische Bild einer Binomialverteilung. Die Wahrscheinlichkeiten steigen bis zu einer gewissen Erfolgsanzahl monoton an. Eventuell wird die maximale Wahrscheinlichkeit für zwei Erfolgsanzahlen erreicht (wie im vorliegenden Fall), dann fallen die Wahrscheinlichkeiten wieder monoton ab. Wegen $p < 0,5$ ist das Diagramm nach links schief.

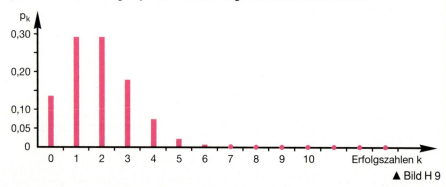

▲ Bild H 9

Die Wahrscheinlichkeit dafür, dass unter den 13 Schülern 4 oder mehr Sonntagskinder sind, ist recht gering. Sie beträgt etwa
$0,074 + 0,022 + 0,005 + 0,001 = 0,102$.

**23.**
Ⓛ In einem Jahr hatten 9% der Abiturienten den Studienwunsch Lehrer. Mit welcher Wahrscheinlichkeit hätte man unter 30 zufällig ausgewählten Abiturienten mindestens zwei (höchstens 5) mit diesem Studienwunsch angetroffen? Stellen Sie die Wahrscheinlichkeiten der Erfolgsanzahlen für 0, 1, …, 5 grafisch dar.

▶ **Für eine Bernoulli-Kette gilt: Am wahrscheinlichsten sind etwa $n \cdot p$ Erfolge.**
Genauer:
**Die wahrscheinlichste Anzahl $k^*$ von Erfolgen erfüllt die Ungleichung**
$n \cdot p - (1 - p) \leq k^* \leq n \cdot p + p.$

**24.** Durch ein symmetrisches Galton-Brett mit 10 Nagelreihen lassen wir zunächst 20 Kugeln rollen. In welchem Behälter erwarten Sie die meisten Kugeln? Kann es sein, dass in einem anderen Behälter die meisten Kugeln landen? Was passiert, wenn wir immer mehr Kugeln rollen lassen? (Die Anzahl der Kugeln in den Behältern wird registriert.)

**25.** Für ein Amt kandidierten A und B. 63% der Stimmberechtigten entschieden sich für B. Wie groß ist die Wahrscheinlichkeit, dass sich unter 10 zufällig ausgewählten Wählern **a)** genau 6, **b)** höchstens 3, **c)** mindestens 4 und höchstens 8 B-Wähler befinden? Welche Anzahl ist am wahrscheinlichsten?

**26.** Karl und Karoline spielen ein Spiel, bei dem es kein Unentschieden gibt und Karolines Gewinnchancen 0,6 betragen. Sie wollen das Spiel 10-mal spielen. Karoline überlegt: „Am wahrscheinlichsten ist es, dass ich 6 Spiele gewinne. Da ich bei jedem Spiel im Vorteil bin, werde ich eher noch mehr als 6 Spiele gewinnen." Deshalb sagt sie: „Wetten, dass ich mindestens 6 Spiele gewinne?"
a) Wie groß sind Karolines Chancen die Wette zu verlieren?
b)* Karoline setzt 3 €. Wie viel sollte Karl dagegen setzen, damit die Wette gerecht ist?

**27.** Ein Versicherungsunternehmen behauptet, dass 1994 rund 46% der ostdeutschen Autofahrer mindestens 10 schadenfreie Jahre hatten. Machen Sie eine Stichprobe in Ihrem Bekanntenkreis. Ist das Ergebnis mit den Angaben der Versicherung verträglich? Mit welcher Wahrscheinlichkeit waren 1994 unter 8 zufällig ausgewählten ostdeutschen Autofahrern mindestens 2 und höchstens 6 Autofahrer mit mindestens 10 schadenfreien Jahren?

**28.** Nach Angaben des Statistischen Bundesamtes besaßen 1992 in den neuen Ländern und Berlin-Ost von jeweils 100 Haushalten (je 4 Personen; mittleres Einkommen) 36,4% ein Telefon und 58,4% einen Videorekorder. Es werden 15 Haushalte dieses Typs zufällig ausgewählt. Mit welcher Wahrscheinlichkeit besaßen davon 1992 **a)** höchstens 3 ein Telefon, **b)** mindestens 4 einen Videorekorder?

**29.** Beim Skatspiel sind unter 32 Karten 4 Buben. Beim Kartengeben kommen zwei Karten in den Skat. Als Erfolg sehen wir es zunächst an, wenn mindestens ein Bube im Skat liegt. Wie groß ist die Erfolgswahrscheinlichkeit? Wie wahrscheinlich ist es, dass bei 9 Spielen niemals (einmal, zweimal) zwei Buben im Skat sind?

**30.** Ein Teilchen bewegt sich zufällig in einem Gitter. Es startet in *A* und läuft in unabhängigen Schritten in jeder Zeiteinheit zum nächsten Gitterpunkt nach oben oder nach rechts (↗ Bild H 10). Als Erfolg zählt ein Schritt nach rechts. Die Erfolgswahrscheinlichkeit beträgt 0,3.
a) Wo kann sich das Teilchen nach 7 Schritten befinden? Welche Position ist am wahrscheinlichsten?
b) Mit welcher Wahrscheinlichkeit gelangt es zum Punkt *B*?

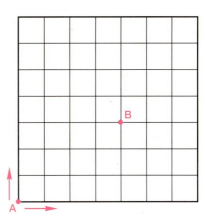

Bild H 10 ▶

**31.** Auf 80 Geburten kommt beim Menschen im Durchschnitt eine Zwillingsgeburt. Wenn eine Zwillingsgeburt als Erfolg zählt, wie groß ist dann die Erfolgswahrscheinlichkeit? Unter den ersten 150 Geburten eines Jahres war in einem Krankenhaus nur eine Zwillingsgeburt. Ist das ungewöhnlich? Berechnen Sie die Wahrscheinlichkeit für höchstens eine Zwillingsgeburt unter 150 Geburten. Welches ist die wahrscheinlichste Anzahl von Zwillingsgeburten unter 150 (300, 500) Geburten?
Berechnen Sie die Wahrscheinlichkeiten dieser wahrscheinlichsten Anzahlen.

Wenn die Bernoulli-Kette sehr lang ist, dann ist die Wahrscheinlichkeit jeder einzelnen Erfolgsanzahl sehr klein. Das liegt daran, dass sich die Gesamtwahrscheinlichkeit 1 auf sehr viele mögliche Erfolgsanzahlen, nämlich auf 0, 1, … $n$, verteilt.

Das Bild H 11 zeigt die Wahrscheinlichkeiten der Erfolgsanzahlen für Bernoulli-Ketten mit $p = 0,4$ und $n = 10$ (rot), $n = 100$ (grün) und $n = 300$ (blau) als Streckendiagramme.

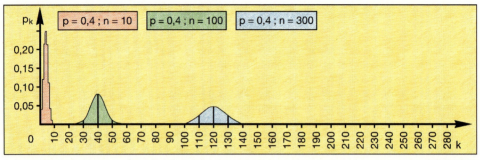

▲ Bild H 11

Für große $n$ ist es sinnvoller, nach der Wahrscheinlichkeit dafür zu fragen, dass die Anzahl der Erfolge $X$ in einem bestimmten Bereich liegt.

So zum Beispiel:

$P$(Anzahl der Erfolge größer als $a$) = $P(X > a)$,
$P$(Anzahl der Erfolge kleiner als $b$) = $P(X < b)$,
$P$(Anzahl der Erfolge größer als $a$ und kleiner als $b$) = $P(a < X < b)$.

**32.** Sei $X$ die Anzahl der Sechsen beim dreimaligen Würfeln.
Ermitteln Sie die Verteilung von $X$ und den Erwartungswert $E(X)$. (Vergleichen Sie mit der Bildserie H 12 bis H 14.)

Der **Erwartungswert** ist ein mittlerer Wert. Er charakterisiert die Lage der Verteilung der Anzahl der Erfolge:

Wenn wir die Wahrscheinlichkeiten $p_k$ als Streckendiagramm darstellen und die Streckenlängen als Massen deuten, dann markiert $E(X)$ die Lage des Schwerpunktes auf der $k$-Achse.

Die Bilder H 12 bis 14 zeigen die Verteilungen der Anzahl der Erfolge in einer Bernoulli-Kette der Länge 20 mit den Erfolgswahrscheinlichkeiten 0,2 bzw. 0,5 bzw. 0,8. Der jeweilige Erwartungswert ist auf der $k$-Achse markiert.

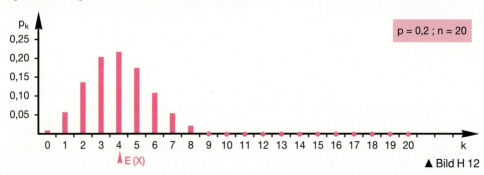

▲ Bild H 12

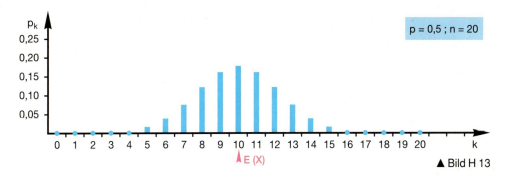

▲ Bild H 13

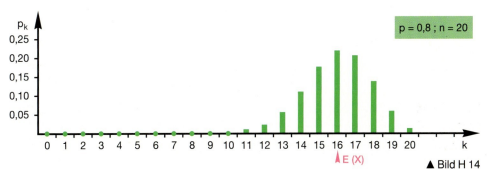

▲ Bild H 14

Die Gestalt der Binomialverteilung im Streckendiagramm legt es nahe, den Erwartungswert in der Nähe des wahrscheinlichsten Wertes zu vermuten.
In der Tat gilt:

> ▶ **Der Erwartungswert einer binomialverteilten Zufalls-**
> **größe $X$ mit den Parametern $n$ und $p$ beträgt:**   $E(X) = n \cdot p$

$E(X)$ gibt auch an, welchen Wert wir im Durchschnitt etwa erhalten, wenn wir die Zufallsgröße $X$ sehr häufig beobachten.
Mit anderen Worten: Wenn wir die Bernoulli-Kette sehr oft ausführen, dann beobachten
wir im Durchschnitt etwa $n \cdot p$ Erfolge.

Zur Rechtfertigung der Formel $E(X) = n \cdot p$ betrachten wir zunächst den Fall $n = 1$. Die Bernoulli-Kette reduziert sich auf *ein* Bernoulli-Experiment. Die Anzahl der Erfolge $X$ besitzt
die Verteilung:

| Wert | 0 | 1 |
|---|---|---|
| Wahrscheinlichkeit | $1-p$ | $p$ |

Es gilt $E(X) = 0 \cdot (1-p) + 1 \cdot p$. Wenn wir ein Bernoulli-Experiment sehr oft ausführen, beobachten wir im Durchschnitt etwa $p$ Erfolge. Diese Eigenschaft haben wir das *Stabilwer-
den der relativen Häufigkeit* genannt. Führen wir nun eine Bernoulli-Kette ($n > 1$) aus, so
beobachten wir im ersten Teilvorgang (Bernoulli-Experiment) im Durchschnitt $p$ Erfolge,
im zweiten Teilvorgang im Durchschnitt $p$ Erfolge, ..., insgesamt also im Durchschnitt
$p + p + \ldots + p = n \cdot p$   Erfolge.

185

**33.** Wie groß ist der Erwartungswert der Anzahl der Mädchen in Familien mit drei Kindern, wenn die Wahrscheinlichkeit einer Mädchengeburt 0,486 beträgt? Deuten Sie den berechneten Zahlenwert (↗ Bild H 15).

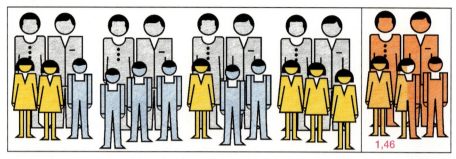

1,46

▲ Bild H 15

**34.** Eine Skatrunde spielt an einem Abend 60 Spiele. Wie groß ist der Erwartungswert der Anzahl der Spiele, bei denen kein Bube im Skat liegt?

**35.** Ⓛ Bei einem Würfelspiel darf man fünfmal würfeln und bekommt für jede Drei einen Euro. Wie hoch sollte der Einsatz sein, damit der Betreiber des Spiels auf lange Sicht keinen Verlust macht? Mit welcher Wahrscheinlichkeit ist der Gewinn in einem Spiel größer als der Erwartungswert?

**36.** In Deutschland haben etwa 11% der Menschen die Blutgruppe B. Wievielmal tritt die Blutgruppe B durchschnittlich in Klassen mit $n$ Schülern auf? Wie viele Schülerinnen und Schüler Ihrer Klasse haben die Blutgruppe B? Wie wahrscheinlich ist es, dass genau diese Anzahl (mindestens diese Anzahl; höchstens diese Anzahl) auftritt?

**37.** Bei einem Medikament treten mit der Wahrscheinlichkeit 0,08 Nebenwirkungen auf. Es nehmen 60 zufällig ausgewählte Personen das Medikament ein. Wie groß ist der Erwartungswert der Anzahl der Personen mit Nebenwirkungen? Deuten Sie den berechneten Zahlenwert. Mit welcher Wahrscheinlichkeit treten bei keinem (bei höchstens zwei) Patienten Nebenwirkungen auf?

**38.*** Ⓛ Durch ein symmetrisches Galton-Brett mit 5 Nagelreihen lassen wir 100 Kugeln rollen. Wie groß ist der Erwartungswert der Anzahl der Kugeln in den einzelnen Behältern? Wie groß ist die Summe der berechneten Erwartungswerte? Erklären Sie das Ergebnis.

**39.** Im Jahre 1993 lag die Arbeitslosenquote in den neuen Bundesländern bei 15%.
  **a)** Informieren Sie sich, wie die Arbeitslosenquote berechnet wird.
  **b)** Wie groß war der Erwartungswert der Anzahl der registrierten Arbeitslosen unter 1500 zufällig ausgewählten Erwerbspersonen?

Wenn – wie in der Aufgabe 39 – die Erfolgswahrscheinlichkeit als Prozentsatz angegeben ist, dann ist der Erwartungswert der Anzahl der Erfolge gerade der Prozentwert zum Grundwert $n$. Der Erwartungswert entspricht hier der inhaltlichen Vorstellung, dass man im Durchschnitt in der Stichprobe dieselben Verhältnisse wie in der Gesamtheit vorfindet.

**40.** **a)** Eine Münze wird 10-mal geworfen. Geben Sie ein Intervall an, von dem Sie ziemlich (nicht 100%ig) sicher sind, dass es die Anzahl der zu erwartenden Wappen enthalten wird.
Berechnen Sie die Wahrscheinlichkeit dafür, dass die Anzahl der Wappen in Ihr Intervall fällt.
**b)** Lösen Sie die entsprechende Aufgabe für eine „schlechte" Münze mit $p = P(\text{Wappen}) = 0{,}1$.

Bei $p = 0{,}5$ ist die Ungewissheit über den Ausgang des Bernoulli-Experiments am größten.

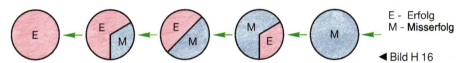

E - Erfolg
M - Misserfolg

◀ Bild H 16

Je weiter sich $p$ von 0,5 entfernt, desto eher wären wir bereit, auf ein bestimmtes Ergebnis zu wetten. Bei $p = 0$ wetten wir auf Misserfolg, bei $p = 1$ auf Erfolg. Diese Situation überträgt sich auf die Anzahl der Erfolge in der Bernoulli-Kette: Bei $p = 1$ treten mit Wahrscheinlichkeit 1 nur Erfolge ein. Je näher $p$ bei 0,5 liegt, desto breiter streut die Verteilung um den Erwartungswert $E(X)$. Die Bilder H 17 bis 19 zeigen die Verteilung der Anzahl der Erfolge für $n = 50$ und $p = 0{,}05$ sowie $p = 0{,}5$ und $p = 0{,}9$.

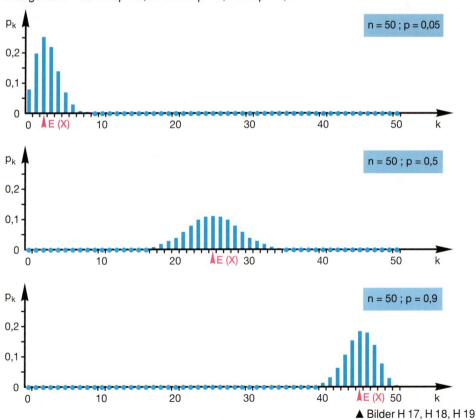

▲ Bilder H 17, H 18, H 19

187

Die Bilder H 17 bis 19 machen deutlich, dass große Abweichungen vom Erwartungswert $E(X)$ noch ansehnliche Wahrscheinlichkeiten haben, je näher $p$ bei 0,5 liegt. Bei $p$-Werten nahe 0 oder 1 können große Abweichungen vom Erwartungswert $E(X)$ zwar auch auftreten, haben aber kleinere Wahrscheinlichkeiten. Wir sehen, dass die Verteilung für $p = 0,5$ am meisten um den Erwartungswert streut. Größere Abweichungen vom Erwartungswert sind wahrscheinlicher als bei $p = 0,05$ oder bei $p = 0,9$.

Ein Maß für die Streuung der Verteilung einer Zufallsgröße $X$ um ihren Erwartungswert $E(X)$ ist die **Varianz $V(X)$.**

Für die Anzahl der Erfolge $X$ mit der Verteilung

| Anzahl der Erfolge | 0 | 1 | ... | $k$ | ... | $n$ |
|---|---|---|---|---|---|---|
| Wahrscheinlichkeit | $p_0$ | $p_1$ | ... | $p_k$ | ... | $p_n$ |

heißt

$$V(X) = (0 - E(X))^2 \cdot p_0 + (1 - E(X))^2 \cdot p_1 + \ldots + (k - E(X))^2 \cdot p_k + \ldots + (n - E(X))^2 \cdot p_n$$

die Varianz von $X$ und $\sigma(X) = \sqrt{V(X)}$ die **Standardabweichung von $X$.**

---

■ Sei $X$ die Anzahl der Erfolge in einer Bernoulli-Kette der Länge 5 mit der Erfolgswahrscheinlichkeit von **a)** 0,1 und **b)** 0,5. Der Erwartungswert von $X$ beträgt im Fall **a)** $E(X) = 5 \cdot 0,1 = 0,5$ und im Fall **b)** $E(X) = 5 \cdot 0,5 = 2,5$.

Wir berechnen schrittweise die Varianz von $X$. Die Wahrscheinlichkeiten werden mithilfe der Bernoulli-Formel (⬈ S. 180) ermittelt. Die Tabelle zeigt, welche unterschiedlichen Wahrscheinlichkeiten die möglichen Abweichungsquadrate in den Fällen a) und b) besitzen. Die Verteilung streut bei $p = 0,5$ mehr um den Erwartungswert als bei $p = 0,1$. Folglich ergibt sich in diesem Fall ein größerer Wert für $V(X)$.

| $k$ | $(k-0,5)^2$ | $p=0,1$, $E(X)=0,5$ $\binom{5}{k} 0,1^k \cdot 0,9^{5-k}$ | $(k-0,5)^2 p_k$ | $(k-2,5)^2$ | $p=0,5$, $E(X)=2,5$ $\binom{5}{k} 0,5^5$ | $(k-2,5)^2 p_k$ |
|---|---|---|---|---|---|---|
| 0 | 0,25 | 0,5905 | 0,1476 | 6,25 | 0,0313 | 0,1956 |
| 1 | 0,25 | 0,3281 | 0,0820 | 2,25 | 0,1563 | 0,3517 |
| 2 | 2,25 | 0,0729 | 0,1640 | 0,25 | 0,3125 | 0,0781 |
| 3 | 6,25 | 0,0081 | 0,0506 | 0,25 | 0,3125 | 0,0781 |
| 4 | 12,25 | 0,0005 | 0,0061 | 2,25 | 0,1563 | 0,3617 |
| 5 | 20,25 | 0,0000 | 0,0000 | 6,25 | 0,0313 | 0,1956 |
| | | Summe: | 0,4503 | | Summe: | 1,2508 |
| | | $V(X) \approx 0,45$ | | | $V(X) \approx 1,25$ | |

---

Die Varianz können wir als stabilen Wert der mittleren quadratischen Abweichung

$$s^2 = (0 - \bar{k})^2 h_0 + (1 - \bar{k})^2 h_1 + \ldots + (k - \bar{k})^2 h_k + \ldots + (n - \bar{k})^2 h_n$$

der beobachteten Erfolgsanzahlen $k$ vom arithmetischen Mittel $\bar{k}$ interpretieren:

Wenn wir die Zufallsgröße $X$ sehr häufig beobachten, dann stimmt $s^2$ recht gut mit $V(X)$ überein.

Die Varianz der Anzahl der Erfolge $X$ in einer Bernoulli-Kette muss nicht mühsam nach der Definition berechnet werden.

Es gilt nämlich:

> ▶ Die Anzahl der Erfolge $X$ in einer Bernoulli-Kette der Länge $n$ mit der Erfolgswahrscheinlichkeit $p$ besitzt die
> **Varianz** $V(X) = n \cdot p \cdot (1 - p)$ und die
> **Standardabweichung** $\sigma(X) = \sqrt{n \cdot p \cdot (1 - p)}$.

**41.** Berechnen Sie $V(X)$ für $n = 5$ und $p = 0,1$ bzw. $p = 0,5$. Vergleichen Sie mit den nach der Definition berechneten Werten im vorigen Beispiel.

**42.** Sei $X$ die Anzahl der Wappen bei 10 Würfen mit einer Münze.
Ⓛ   **a)** Geben Sie die Intervalle $[E(X) - \sigma(X); E(X) + \sigma(X)]$,
   $[E(X) - 2\sigma(X); E(X) + 2\sigma(X)]$ und $[E(X) - 3\sigma(X); E(X) + 3\sigma(X)]$
   explizit an.
   **b)** Mit welchen Wahrscheinlichkeiten fällt die Anzahl der Wappen $X$ in die Intervalle aus Teilaufgabe a)?
   **c)** Zeichnen Sie ein Streckendiagramm der Verteilung von $X$ und veranschaulichen Sie die Intervalle aus a).

**43.** Sei $X$ die Anzahl der Einsen bei 24 Würfen mit einem Würfel.
   **a)** Geben Sie die Intervalle $[E(X) - \sigma(X); E(X) + \sigma(X)]$
   $[E(X) - 2\sigma(X); E(X) + 2\sigma(X)]$ und $[E(X) - 3\sigma(X); E(X) + 3\sigma(X)]$
   explizit an.
   **b)** Mit welchen Wahrscheinlichkeiten fällt die Anzahl der Einsen $X$ in diese Intervalle? (Hinweis: Verwenden Sie die Rekursionsformel von S. 181.)
   **c)** Zeichnen Sie ein Streckendiagramm der Verteilung von $X$ und veranschaulichen Sie die Intervalle.

Die Anzahl der Erfolge $X$ schwankt in Abhängigkeit von der Größe der Standardabweichung $\sigma(X)$ mehr oder weniger um den Erwartungswert $E(X)$. Ähnlich wie bei der Auswertung von Messreihen im Physikunterricht möchte man Toleranzgrenzen (Intervalle) für $X$ angeben. Da der Zufall im Spiel ist, sind diese Intervalle mit Wahrscheinlichkeiten behaftet. (Sicher ist lediglich, dass $X$ Werte aus dem Intervall $[0; n]$ annimmt.) Es werden Intervalle um den Erwartungswert betrachtet, weil dort die Werte von $X$ mit den größten Wahrscheinlichkeiten liegen.

Die Wahrscheinlichkeiten der Ereignisse
   $E(X) - \sigma(X) \leq X \leq E(X) + \sigma(X)$,
   $E(X) - 2\sigma(X) \leq X \leq E(X) + 2\sigma(X)$ und
   $E(X) - 3\sigma(X) \leq X \leq E(X) + 3\sigma(X)$
hängen i. Allg. von $n$ und $p$ ab. Wenn aber $n \cdot p \cdot (1 - p)$ groß genug ist, dann kann man allgemein gültige Aussagen formulieren. Die Wahrscheinlichkeiten der Intervalle ermitteln wir nach folgender **Faustregel:**

> ▶ Wenn $n \cdot p \cdot (1 - p) > 9$ erfüllt ist, dann gilt näherungsweise:
> $P(E(X) - \sigma(X) \leq X \leq E(X) + \sigma(X)) \approx 0,683$,
> $P(E(X) - 2\sigma(X) \leq X \leq E(X) + 2\sigma(X)) \approx 0,954$,
> $P(E(X) - 3\sigma(X) \leq X \leq E(X) + 3\sigma(X)) \approx 0,997$.

■ Zur Veranschaulichung der Faustregel auf der Seite 189 betrachten wir eine Bernoulli-Kette mit $n = 50$ und $p = 0{,}3$. Wir erhalten in diesem Fall
$E(X) = n \cdot p = 15$ sowie $\sigma(X) = \sqrt{n \cdot p \cdot (1-p)} \approx 3{,}24$.
Die konkreten Intervalle sind [12; 18], [9; 21] und [6; 24], wenn wir beachten, dass $X$ nur ganzzahlige Werte annehmen kann. Da $50 \cdot 0{,}3 \cdot 0{,}7 = 10{,}5$ und $10{,}5 > 9$ ist (Faustregel), gilt also näherungsweise (↗ Bild H 20):
$P(12 \leq X \leq 18) \approx 0{,}683$;   $P(9 \leq X \leq 21) \approx 0{,}954$;   $P(6 \leq X \leq 24) \approx 0{,}997$.

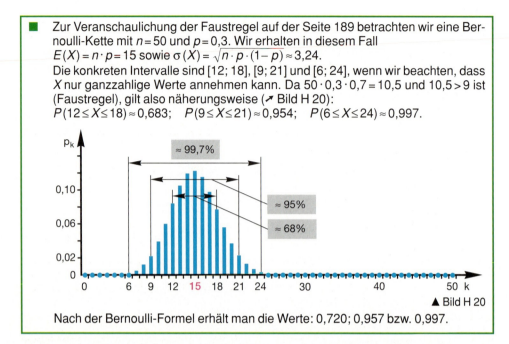

▲ Bild H 20

Nach der Bernoulli-Formel erhält man die Werte: 0,720; 0,957 bzw. 0,997.

Die Näherung ist um so besser, je größer $n$ ist und je näher $p$ bei 0,5 liegt.

■ Bei der Glühlampenproduktion entstehen 2% Ausschuss. Mit wie vielen Ausschussstücken muss man in einer Stichprobe von 1000 Glühlampen rechnen? Wir beschreiben den Vorgang als Bernoulli-Kette mit $n = 1000$ und $p = 0{,}02$. Die Zufallsgröße $X$ gibt die Anzahl der Ausschussstücke in der Stichprobe an.
Wir erhalten: $E(X) = 1000 \cdot 0{,}02 = 20$; $V(X) = 1000 \cdot 0{,}02 \cdot 0{,}98 = 19{,}6$ und $\sigma(X) \approx 4{,}43$. Die Anzahl der Ausschussstücke liegt
im Intervall [16; 24] mit einer Wahrscheinlichkeit von etwa 0,683,
im Intervall [12; 28] mit einer Wahrscheinlichkeit von etwa 0,954 und
im Intervall [7; 33] mit einer Wahrscheinlichkeit von etwa 0,997.

Wir sagen: Das Intervall [12; 28] besitzt eine Sicherheit von rund 95%. Wenn nun tatsächlich unter den 1000 Glühlampen mindestens 36 Ausschussstücke gefunden würden, dann wäre ein sehr unwahrscheinliches Ereignis eingetreten. Man sagt: Der beobachtete Wert 36 weicht *signifikant* vom erwarteten Wert ab. Die Wahrscheinlichkeit so großer Abweichungen ist kleiner als 0,01. Das löst Zweifel am Ausschussprozentsatz von 2% aus. Man wird vermuten, dass der Prozentsatz höher ist.

▲ Bild H 21

(↗ Fortsetzung S. 191)

■ *Fortsetzung des Beispiels:*  Ein höherer Ausschussprozentsatz würde die große Abweichung besser erklären. Wie immer, wenn Entscheidungen auf Stichproben beruhen, kann man sich irren. Denn: Der Ausschussanteil kann tatsächlich 2% betragen und in die Stichprobe können zufällig so viele Ausschussstücke gelangt sein, dass wir die 2% verwerfen. Der Ausschussanteil kann höher als 2% sein und in die Stichprobe können zufällig so wenig Ausschussstücke gelangt sein, dass wir die 2% akzeptieren.

Die **Aufgabe der beurteilenden Statistik** ist es, Entscheidungsverfahren bereitzustellen, bei denen die Irrtumswahrscheinlichkeiten berechenbar und im Rahmen der Möglichkeiten gering sind.

**44.** Eine Münze wird $n$-mal geworfen. Geben Sie ein Intervall an, in dem die Anzahl der Wappen mit etwa 95,4% Sicherheit liegen wird, wenn **a)** $n = 50$, **b)** $n = 100$, **c)** $n = 1000$ ist. Wie lang sind die Intervalle? Was passiert, wenn $n$ noch größer wird?

▶ Je mehr Versuche man macht, mit desto größeren Abweichungen vom Erwartungswert muss man rechnen. Bei $n$ Versuchen ist die Standardabweichung der Anzahl der Erfolge proportional zu $\sqrt{n}$.

**45.** Es wird behauptet, dass 60% der Schüler der 10. Klassen studieren möchten. Wenn diese Behauptung richtig ist, wie viele Schülerinnen und Schüler mit Studienwunsch sind dann unter 100 zufällig ausgewählten Jugendlichen zu erwarten? Geben Sie ein Intervall an, das rund 68% (95%) Sicherheit besitzt.

**46.** Unter 1000 Neugeborenen waren 552 Jungen. Ist das ungewöhnlich, wenn die
Ⓛ Wahrscheinlichkeit einer Jungengeburt 0,514 beträgt?

**47.** 1991 war ungefähr jeder achte männliche Einwohner der Bundesrepublik Deutschland zwischen 40 und 50 Jahre alt. Unter den 300 Teilnehmern eines Laufwettbewerbs waren damals nur 18 Läufer in dieser Altersklasse. Ist das ungewöhnlich?
Ⓛ

**48.** Bei einem Konzert möchten die Veranstalter jedem Geburtstagskind einen Blumenstrauß überreichen. Es wurden 2000 Karten verkauft. Wie viele Blumensträuße
Ⓛ sollte der Veranstalter bereithalten, um mit großer Sicherheit nicht in Verlegenheit zu kommen?

▼ Bild H 22

# 3  Simulieren von Vorgängen mit zufälligem Ergebnis

**1.** Erfahrungsgemäß gewinnt Martin im Schachspiel gegen seinen Vater durchschnittlich 2 von 3 Partien. Imitieren Sie den Ausgang von 10 Schachpartien mithilfe eines Würfels.

Martin           Vater

▲ Bild H 23

**2.** Ein Bauelement falle innerhalb eines Jahres mit der Wahrscheinlichkeit $\frac{1}{12}$ aus. Spielen Sie das Verhalten von 50 Bauelementen dieser Art innerhalb eines Jahres mithilfe von zwei Würfeln nach. Werten Sie Ihre Versuchsreihe aus.

**3.** Während einer Halbwertszeit zerfällt ein Atomkern einer radioaktiven Substanz mit der Wahrscheinlichkeit 0,5 unabhängig von den anderen Kernen.
   **a)** Wie kann man durch Werfen vieler Münzen ganz schnell den Zerfall vieler Kerne nachahmen?
   **b)** Spielen Sie mehrere Halbwertszeiten nacheinander durch, indem Sie die nicht „zerfallenen" Münzen erneut werfen.
   **c)** Tragen Sie die Anzahl der nicht zerfallenen Kerne in Abhängigkeit von der Anzahl der abgelaufenen Halbwertszeiten in ein Koordinatensystem ein.
   **d)** Wiederholen Sie den Versuch mehrmals. Erkennen Sie eine Gesetzmäßigkeit?

Das Nachspielen (Simulieren) eines Vorgangs mithilfe von Zufallsgeräten (auch Zufallsgeneratoren genannt) nennt man **Simulation.** Die bei der Simulation erhaltenen relativen Häufigkeiten und Mittelwerte liefern Schätzwerte für unbekannte Wahrscheinlichkeiten und Erwartungswerte.
Zufallsgeneratoren sind z.B. Würfel, Münzen, Urnen, Glücksräder und Zufallsziffern.
Beim Drehen des Glücksrades (↗ Bild H 23) erhalten wir als Ergebnis eine Ziffer. Jede Ziffer tritt mit der Wahrscheinlichkeit 0,1 auf, unabhängig vom Ergebnis der vorherigen Drehungen. Folgen solcher Ziffern heißen **Zufallsziffernfolgen.** In Tafelwerken ist oft eine Tabelle mit Zahlen enthalten, die mithilfe eines Zufallsgenerators ermittelt wurden. Zur Simulation benutzt man häufig Zufallsziffernfolgen.

▲ Bild H 24

---

■ Wir wollen das **Würfeln mit einem Spielwürfel** simulieren. (Es soll also nicht der Würfel als Zufallsgenerator fungieren, sondern es soll mit der Zufallszifferntabelle das Würfeln nachgespielt werden.)
Wir ermitteln durch blindes „Tippen" auf die Tabelle einen Startpunkt.
Wenn wir zum Beispiel in der entsprechenden Tafel des TAFELWERKS auf die Ziffer 7 in der 8. Spalte der 13. Zeile getippt haben, erhalten wir die Folge 721 67419 01523 62544 90206 …
Wir übergehen jetzt die Ziffern 0, 7, 8, 9 und ordnen den Ziffern 1, 2, …, 6 die Augenzahlen 1, 2, …, 6 zu. Wir erhalten als Würfelergebnis:
21 641 1523 62544 26 …

**4.** Unter 10 Pfannkuchen sind 3 mit Senf gefüllte Pfannkuchen. Tanja wählt sich auf gut Glück zwei Pfannkuchen aus. Mit welcher Wahrscheinlichkeit ist mindestens ein mit Senf gefüllter Pfannkuchen dabei?
Simulieren Sie den Vorgang 50-mal. Wie viele mit Senf gefüllte Pfannkuchen waren im Mittel dabei? *Hinweis:* Wählen Sie die Pfannkuchen nacheinander aus. Lassen Sie eine bereits gezogene Nummer aus.

**5.** Simulieren Sie mithilfe einer Zufallsszifferntabelle den Lauf von 100 Kugeln durch ein symmetrisches Galton-Brett mit 5 waagerechten Nagelreihen. Ermitteln Sie die Häufigkeitsverteilung der Anzahl der Erfolge.
*Hinweis:* Zufallsziffern sind in den Tabellen meistens in Fünferblöcken gruppiert. Benutzen Sie jeweils einen Block für den Lauf einer Kugel.

Wenn man einen Vorgang mit mehr als zehn möglichen Ergebnissen simulieren möchte, reichen die Ziffern von 0 bis 9 nicht aus. Man bildet dann z.B. aus zwei aufeinander folgenden Ziffern eine Zufallszahl, die Werte zwischen 0 (Paar 00) und 99 annehmen kann. Nicht benötigte Zufallszahlen lässt man wieder aus. Wir können uns diese Zufallszahlen als Ergebnis von zwei Drehungen des Glücksrades vorstellen.

**6.** Begründen Sie: Jeder Wert zwischen 0 und 99 besitzt dieselbe Wahrscheinlichkeit $\frac{1}{100}$. Wenn z.B. nur die Zahlen von 01 bis 85 beachtet werden, so besitzt jeder Wert die Wahrscheinlichkeit $\frac{1}{85}$.

> ■ Mit den Zufallszahlen zwischen 0 und 99 kann man z.B. Ziehungen im Zahlenlotto „6 aus 49" simulieren. Man gruppiert die Ziffern in der Tabelle zu Paaren und übergeht die „Nichtlottozahlen" und alle bereits vorher gezogenen Zahlen. Wir benutzen einen anderen Startpunkt in der Tabelle als im vorigen Beispiel „Würfeln" und schreiben zunächst die Zufallszahlen auf:
>
> 31  41  61  12  31  27  90  45  73  83  31  85  26  91  37  96  66  71.
> Die Glückszahlen lauten: 31  41  12  27  45  26; Zusatzzahl: 37.

**7.** Geben Sie Ihren Tipp in der Spielart „6 aus 49" ab. Simulieren Sie danach 52 Ziehungen. Wie viel Glück hatten Sie?

**8.** Simulieren Sie 10-mal eine Bernoulli-Kette der Länge 50 mit der Erfolgswahrscheinlichkeit 0,37. Ermitteln Sie die Häufigkeitsverteilung der Anzahl der Erfolge und stellen Sie diese Verteilung grafisch dar. Wie viele Erfolge gab es im Durchschnitt bei den 10 Simulationen? Welches war die kleinste bzw. größte Anzahl von Erfolgen? Berechnen Sie die Standardabweichung $s = \sqrt{s^2}$.
Vergleichen Sie Ihre Ergebnisse mit denen Ihrer Mitschüler und Mitschülerinnen.

**9.** Die Gewinnwahrscheinlichkeit bei einem Spiel sei $\frac{1}{4}$. Simulieren Sie mit einem Zufallsgerät 100 Spiele und notieren Sie jeweils, wie viele verlorene Spiele zwischen zwei gewonnenen liegen. Ermitteln Sie für diese Anzahl die Häufigkeitsverteilung. Wie viele verlorene Spiele liegen im Durchschnitt zwischen zwei Gewinnen?

## 4 Stichproben

1. Eine Partei möchte vor der Wahl den Anteil „ihrer" Wähler in einer Stadt mit 65 000 Einwohnern schätzen. Stellen Sie sich vor, Sie seien dafür verantwortlich. Wie würden Sie vorgehen?

2. Ein Züchter möchte die Milchleistung einer Rinderrasse untersuchen. (Die Milchleistung ist die Milchmenge – in kg –, die eine Kuh im Verlaufe eines Jahres gibt.) Was schlagen Sie ihm vor?

Ein **Merkmal** (Stimmabgabe; Milchleistung, …) soll untersucht werden. Die Menge von Subjekten oder Objekten, bei der dieses Merkmal interessiert, bildet die **Grundgesamtheit.**

■ Die folgende Übersicht zeigt Beispiele für Merkmale und entsprechende Grundgesamtheiten, bei denen das jeweilige Merkmal interessiert.

| Merkmal | Grundgesamtheit |
|---|---|
| ① Stimmabgabe für Partei A | wahlberechtigte Bürger einer Stadt in einem Wahljahr |
| ② Kinderzahl | Familien des Bundeslandes Sachsen 1993 |
| ③ Berufswunsch | Schüler der 10. Klassen einer Gemeinde im Jahre 1995 |
| ④ durchschnittlicher Benzinverbrauch eines PKW | alle Autos dieses Typs |
| ⑤ Körperlänge bei der Geburt | männliche Neugeborene in der Bundesrepublik Deutschland |
| ⑥ Milchleistung | Kühe einer Rasse |

In den Beispielen ① bis ③ gibt es eine reale endliche Grundgesamtheit.
Im Beispiel ④ gehören alle Autos des betreffenden Typs zur Grundgesamtheit, und zwar die bereits hergestellten und die künftig noch zu produzierenden.
In den Beispielen ④ bis ⑥ „entstehen" die Grundgesamtheiten gewissermaßen durch beliebige (unabhängige) Wiederholungen eines Vorgangs mit zufälligem Ergebnis.

3. Inwiefern kann man sagen, dass die Untersuchung der Merkmale ④ bis ⑥ einen Vorgang mit zufälligem Ergebnis darstellt?

Wenn eine Grundgesamtheit in Bezug auf ein Merkmal untersucht werden soll, so können unter anderem interessieren:

– die möglichen Merkmalswerte (die Ergebnisse),
– die relativen Häufigkeiten/Wahrscheinlichkeiten der Ergebnisse,
– Kenngrößen der Lage und der Streuung.

Um die Verhältnisse in einer Grundgesamtheit zu untersuchen, muss man sich in der Regel mit Stichproben begnügen. Eine **Stichprobe** ist eine Teilmenge der Grundgesamtheit. Oft bezeichnet man auch die Beobachtungsergebnisse des Merkmals in dieser Teilmenge als Stichprobe.

**4.** Beschreiben Sie Situationen, in denen es
**a)** ökonomisch nicht vertretbar, **b)** sinnlos oder **c)** unmöglich ist,
ein interessierendes Merkmal bei *allen* Elementen der Grundgesamtheit zu beobachten.

Der **Mikrozensus** ist eine jährliche, amtliche Haushaltsbefragung, bei der Merkmale der wirtschaftlichen und sozialen Lebenslage der Bevölkerung ermittelt werden. Im Unterschied zur Volkszählung werden nicht alle, sondern nur 1% aller Haushalte befragt.

■ Im Mikrozensus 1992 fragte das *Landesamt für Datenverarbeitung und Statistik Brandenburg* u.a. nach den Rauchgewohnheiten der Brandenburger.
Das Kreisdiagramm (↗ Bild H 25) veranschaulicht die Ergebnisse.

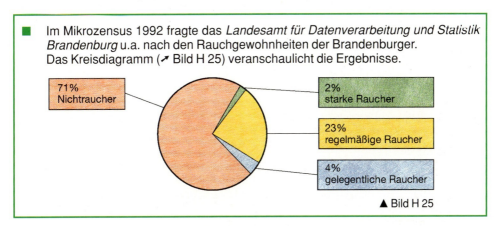

71%
Nichtraucher

2%
starke Raucher

23%
regelmäßige Raucher

4%
gelegentliche Raucher

▲ Bild H 25

Eine Stichprobe soll die Verhältnisse in der Grundgesamtheit gut widerspiegeln. Man sagt: Die Stichprobe soll eine **repräsentatives Bild** der Grundgesamtheit liefern oder kurz: Sie soll **repräsentativ sein.**

Es gilt:
Je größer die Stichprobe ist, desto zuverlässiger sind die Aussagen. Allerdings bedeuten größere Stichproben auch einen größeren Aufwand.

■ **Wahlprognose:** Am Wahltag werden im Fernsehen laufend Hochrechnungen bekannt gegeben, bevor sämtliche Stimmen ausgezählt sind. Diese Hochrechnungen beruhen auf Stichproben ausgewählter Wahlkreise. Aufgrund der Stimmenanteile der Parteien in der Stichprobe werden Voraussagen für das Gesamtwahlergebnis getroffen. Im Verlaufe eines Wahlabends kann man die zunehmend bessere Übereinstimmung der Hochrechnungen von immer umfangreicheren Stichproben mit der tatsächlichen Häufigkeitsverteilung in der Grundgesamtheit beobachten.

Die Aufgabe der **beurteilenden Statistik** besteht darin, aus dem Befund in der Stichprobe und mittels eines Modells begründete Schlüsse über die Verhältnisse in der Grundgesamtheit zu ziehen. Fehler sind dabei prinzipiell nicht vermeidbar.
Ein wichtiges Aufgabenfeld der beurteilenden Statistik sind Qualitätskontrollen im Rahmen einer laufenden Produktion eines Artikels, bei der z.B. aus Kostengründen nicht jedes einzelne Erzeugnis auf Mängel überprüft werden kann. In einem solchen Fall stützt man sich auf Stichproben, die komplett geprüft werden. Aus der Anzahl der darin enthaltenen Mängelexemplare versucht man auf die Zusammensetzung der gesamten Produktionsmenge hinsichtlich des Auftretens von Mängeln zu schließen.

■ **Qualitätskontrolle:** In einem Posten von 10 000 Erzeugnissen befindet sich ein unbekannter Anteil von $p \cdot 100\%$ defekten Erzeugnissen. Der Posten erfüllt die Qualitätsnorm, wenn $p < 0,05$ ist. Man möchte sich aus Kostengründen auf eine Stichprobe von 100 Erzeugnissen stützen. Die Entscheidung über Annahme oder Ablehnung des Postens fällt dann aufgrund des Befundes in der Stichprobe. Wenige defekte Teile in der Stichprobe sprechen für die Annahme, viele für die Ablehnung des Postens. Was „viele" bzw. „wenige" bedeutet, muss festgelegt werden. Vermutlich wird man den Posten als qualitätsgerecht annehmen, wenn sich kein einziges defektes Erzeugnis in der Stichprobe befindet. Das kann aber auch passieren, wenn tatsächlich $p = 0,1$ ist, wenn der Posten also die Qualitätsnorm *nicht* erfüllt. Dann wird der schlechte Posten fälschlicherweise angenommen. Man wird dafür sorgen, die Wahrscheinlichkeiten solcher Fehler klein zu halten.

Die Wahrscheinlichkeiten von Fehlern, die durch die Stichprobe bedingt sind, lassen sich berechnen, wenn die Stichproben nach dem Prinzip der **Zufallsauswahl** erhoben werden. Das bedeutet: Jedes Element der Grundgesamtheit bzw. jeder Merkmalswert kann mit einer gewissen Wahrscheinlichkeit in die Stichprobe gelangen („gezogen" werden). Die Berechnung von Fehlerwahrscheinlichkeiten und Aussagen über die Genauigkeit von Schätzwerten sind am einfachsten, wenn eine sogenannte zufällige Stichprobe vorliegt.

Eine Stichprobe heißt **zufällige Stichprobe vom Umfang $n$,** wenn sie $n$ Elemente enthält, die

    **(a)** auf gut Glück aus einer endlichen Grundgesamtheit gezogen wurden, von denen also jedes Element dieselbe *Chance* hatte, ausgewählt zu werden,

oder

    **(b)** Ergebnisse von $n$ unabhängigen Wiederholungen eines Vorgangs sind, bei denen das Merkmal an Elementen der Grundgesamtheit beobachtet wurde.

■ Auf 20 verschiedenen Versuchsfeldern wurde eine neue Sorte Winterweizen angebaut. Die erzielten Hektarerträge (in dt/ha) bilden eine zufällige Stichprobe vom Umfang 20:
55, 54, 41, 49, 35, 61, 46, 56, 46, 59, 43, 32, 41, 52, 50, 41, 42, 55, 42, 49.

**5.** Planen Sie die Erhebung einer zufälligen Stichprobe zum Merkmal „Wöchentliche Ausgaben für Lebensmittel in unserer Familie". Wie verwirklichen Sie annähernd die Unabhängigkeit der Beobachtungen?

**6.** In einer Stichprobe des Mannheimer Instituts für Angewandte Sozialforschung antworteten 1992 auf die Frage
„Würden Sie auch bei Verteuerung des Benzinpreises auf 1,50 € je Liter mit dem eigenen Auto zur Arbeitsstelle fahren?"
74% der befragten Bundesbürger im Westen und 66% der Bundesbürger im Osten mit „Ja".
Wer bildete die Grundgesamtheit? Glauben Sie, dass es sich um eine zufällige Stichprobe handelt?
Welche Gesichtspunkte hätten Ihrer Meinung nach bei der Auswahl der Stichprobe berücksichtigt werden müssen?

7. *Studieren oder nicht?*
   Planen Sie die Durchführung einer Stichprobe zu diesem Merkmal unter 16-jährigen Schülerinnen und Schülern.

Eine Auswahl auf gut Glück aus einer endlichen Grundgesamtheit ist gar nicht so leicht zu verwirklichen. Wenn die Stichprobe $n$ Elemente enthalten soll, muss jede $n$-elementige Teilmenge der Grundgesamtheit dieselbe Chance haben, als Stichprobe „gezogen" zu werden. Sind die Elemente der Grundgesamtheit durchnummeriert, dann kann man eine zufällige Stichprobe mithilfe von **Zufallszahlen** ziehen.

8. Ziehen Sie mithilfe von Zufallszahlen 10 zufällige Stichproben vom Umfang 5 aus allen Schülern Ihrer Klasse. Vergleichen Sie Ihre Ergebnisse mit denen Ihrer Mitschüler.
   Wie oft wurden die einzelnen Schüler gezogen?

9. Stellen Sie sich vor, aus den 50 000 Einwohnern einer Stadt sollen Sie eine zufällige Stichprobe vom Umfang 1000 ziehen. Ihnen stehen eine anonym gehaltene Einwohnerkartei und eine Zufallszifferntabelle zur Verfügung. Wie würden Sie vorgehen?

Bei einer umfangreichen Grundgesamtheit ist die Erzeugung einer zufälligen Stichprobe mithilfe von Zufallszahlen recht mühsam. Oft liegt auch keine lücken- und fehlerlose Liste der Elemente der Grundgesamtheit vor. In der Praxis werden dann Auswahlverfahren angewendet, die einer Zufallsauswahl ähnlich sind und ein repräsentatives Bild der Grundgesamtheit erwarten lassen.
Sehr häufig zerfällt eine endliche Grundgesamtheit in „Teile", sogenannte **Schichten**, das sind Teilmengen mit gewissen Gemeinsamkeiten, die für das untersuchte Merkmal von Bedeutung sind. Dann kann es sinnvoll sein, eine **geschichtete Stichprobe** zu erheben.

■ Die Höhe der Spareinlagen einer Person wird vermutlich auch vom Alter abhängen. Für die Bundesrepublik Deutschland gibt das Statistische Bundesamt folgende Anteile der Altersschichten im Jahre 1991 an:

| Altersschichten | unter 15 | 15 bis 39 | 40 bis 64 | 65 und älter |
|---|---|---|---|---|
| Anteil (relative Häufigkeit) | 0,163 | 0,369 | 0,318 | 0,150 |

Es soll die durchschnittliche Höhe der Spareinlagen der Bürger der Bundesrepublik Deutschland geschätzt werden.
Für eine geschichtete Stichprobe entnimmt man aus der ersten Schicht eine zufällige Stichprobe vom Umfang $n_1$, aus der zweiten Schicht eine zufällige Stichprobe vom Umfang $n_2$ usw.
Die arithmetischen Mittel der beobachteten Werte in den einzelnen Stichproben $\overline{x_1}, \overline{x_2}, \overline{x_3}$ bzw. $\overline{x_4}$ sind Schätzwerte für die durchschnittliche Höhe der Spareinlagen innerhalb der einzelnen Altersschichten.
Das **gewichtete Mittel**

$$\overline{x} = 0{,}163 \cdot \overline{x_1} + 0{,}369 \cdot \overline{x_2} + 0{,}318 \cdot \overline{x_3} + 0{,}150 \cdot \overline{x_4}$$

ist ein Schätzwert für die durchschnittliche Höhe der Spareinlagen in der Grundgesamtheit. Die Durchschnittswerte der Schichten gehen entsprechend den Anteilen der Schichten in den Gesamtdurchschnitt ein.

**10.** Das Statistische Bundesamt teilte im Jahre 1991 Angaben über die Erwerbstätig-
Ⓛ keit in den neuen Bundesländern mit (Ergebnisse des Mikrozensus):

| Bundesland | Erwerbstätige (in 1000) | Arbeitslosenquote |
|---|---|---|
| Brandenburg | 1270 | 10,3 |
| Mecklenburg-Vorpommern | 906 | 12,5 |
| Sachsen | 2283 | 9,1 |
| Sachsen-Anhalt | 1382 | 10,3 |
| Thüringen | 1295 | 10,2 |

Was ist die Grundgesamtheit? Was sind die Schichten? Ermitteln Sie einen Schätzwert für die damalige Arbeitslosenquote in den fünf neuen Bundesländern.

Eine wichtige Frage ist bisher offen geblieben: **Wie groß soll man den Stichprobenumfang _n_ wählen?** Es leuchtet ein, dass unsere Schlüsse aufgrund der Stichprobe umso zuverlässiger sind, je größer der Stichprobenumfang ist. Dies verdeutlichen etwa die Beispiele _Wahlprognose_ (↗ S. 195) und _Qualitätskontrolle_ (↗ S. 196).
Der notwendige Stichprobenumfang hängt also von der gewünschten Sicherheit und Genauigkeit der Schlüsse ab. Im Beispiel _Mikrozensus_ (↗ S. 195) betrug der Anteil der Nichtraucher in der Stichprobe rund 71% bzw. 0,71. Man kann daraus nur Aussagen folgender
Art über die Grundgesamtheit ableiten:

Der Anteil der Nichtraucher unter allen Brandenburgern beträgt $0{,}71 \pm \Delta$.

Die Grenzen des Intervalls $0{,}71 \pm \Delta$ hängen vom Zufall (d.h. von der Stichprobe) ab. Der
unbekannte Anteil _p_ der Nichtraucher in Brandenburg kann von diesem zufälligen Intervall
erfasst werden _oder auch nicht_. Man wählt $\Delta$ so, dass das zufällige Intervall mit großer Sicherheit den unbekannten Anteil erfasst. Natürlich wird die Sicherheit größer, wenn $\Delta$
größer gewählt wird. Dann ist aber die Schätzung von _p_ zugleich ungenauer. Die drei
Größen **Sicherheit, Genauigkeit** und **Stichprobenumfang** hängen zusammen.

---

■ In einer zufälligen Stichprobe fand man unter 500 Erwachsenen 27 Linkshänder.
Wir schätzen die unbekannte Wahrscheinlichkeit _p_ des Ereignisses _A_ „Eine zufällig ausgewählte Person ist Linkshänder" mithilfe der relativen Häufigkeit von _A_ in
der Stichprobe. Es ergibt sich als Schätzwert:

$\hat{p} = \dfrac{27}{500} = 0{,}054$. Die Genauigkeit dieses Schätzwertes bestimmt man mit der

Faustregel: _Wenn in n unabhängigen Versuchen k-mal das Ereignis A beobachtet_

_wurde und_ $k\left(1 - \dfrac{k}{n}\right) > 9$ _ist, dann ist_ $\dfrac{k}{n} \pm \dfrac{1}{\sqrt{n}}$ _ein Intervall für p bei beobachtetem_

_k. Ein solches Intervall besitzt eine Sicherheit von mindestens 96%._ Im Beispiel er-

mitteln wir für _p_ das Intervall $0{,}054 \pm \dfrac{1}{\sqrt{500}} \approx 0{,}054 \pm 0{,}045$. Bei der angegebenen

Sicherheit beträgt die Genauigkeit der Schätzung 0,045. Möchten wir sie auf 0,01

verbessern, so muss _n_ die Forderung $\Delta = \dfrac{1}{\sqrt{n}} \leq 0{,}01$ erfüllen. Es ergibt sich die

Bedingung $n \geq 10\,000$.

# Komplexe Übungen

## Alles dreht sich ums liebe Geld und um Prozente

**1.**  **a)** Zu einem Betrag von 1500 € sind 7% zu addieren, zum Ergebnis 8% und dazu nochmals 5%. Untersuchen Sie, wie sich das Endergebnis ändert, wenn die Prozentsätze in anderer Reihenfolge berücksichtigt werden. Wie viel € betrüge der Fehler, wenn man sofort 20% addieren würde?

**b)** Das Modehaus X & Y senkt die Preise für alle Mäntel um 15% und, nachdem der Absatz immer noch unbefriedigend ist, nochmals um 20%. Da sich das als zu viel erweist, setzt man die Preise wieder um 10% herauf. Lehrling Fritz Vorschnell meint, hätte man die Preise von vornherein um 25% gesenkt, wäre das Gleiche herausgekommen. Überzeugen Sie ihn, dass er nicht richtig überlegt hat. Welche einmalige Preissenkung hätte wirklich zum gleichen Resultat geführt?

**c)** Frisch geförderte Steinkohle enthält 2% Wasser. Bei der Lagerung im Freien zieht die Kohle Wasser an. Nach einer gewissen Zeit enthält sie 15% Wasser. Um wie viel nimmt die Masse von 12,5 dt Kohle bei der Lagerung zu?

**d)** Konditorei Sahnesteif mischt drei Gebäcksorten A (Preis 1,19 € je 100 g), B (1,25 € je 100 g) und C (Preis 1,49 € je 100 g) im Verhältnis 4 : 3 : 2. 250 g der Mischung verkauft man für 3,99 €. Welcher Preis wäre eigentlich gerechtfertigt und wie viel % davon beträgt die Abweichung?

**2.**  Die XYZ-Bank bietet Sparbriefe an, die einen konstanten Jahreszins von 5,75% garantieren, bei denen jedoch das Geld 5 Jahre lang fest angelegt werden muss. Dabei sind zwei Varianten möglich: **Variante A:** *Zinsauszahlung jährlich* und **Variante B:** *Auszahlung am Ende der Laufzeit* (Zinseszins).

**a)** Welchen Ertrag hat man im Verlauf von 5 Jahren, wenn man für 4000 € Sparbriefe des Typs A (des Typs B) erwirbt?

**b)** Das Bankhaus wirbt mit einer Grafik (↗ Bilder I 1 und 2). Inwiefern wird durch diese Darstellung ein nicht ganz richtiger Eindruck erweckt?
Versuchen Sie selbst eine „zutreffende Darstellung" zu entwickeln.

 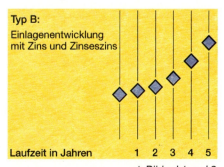

▲ Bilder I 1 und 2

**3.** **a)** Auf einem Konto bei der Bank stehen 3500,00 €. Es wurden 4,25% Zinsen p.a. vereinbart. Welchen Betrag weist das Konto nach 8 Jahren aus, wenn inzwischen weder Einzahlungen noch Auszahlungen erfolgen?
Lösen Sie die Aufgabe ohne und mit Berücksichtigung des Umstandes, dass stets nur die vollen Eurobeträge verzinst werden, und vergleichen Sie.

**b)** Welchen Stand muss ein Konto unter den Bedingungen von a) heute haben, auf dem nach 3 Jahren 10 000,00 € stehen sollen?

**c)** Wie lange dauert es unter den Bedingungen von a), bis ein Kapital von 4200,00 € auf rund 5000 € angewachsen ist?

**d)** Überprüfen Sie für $p = 3,5$ (4,5; 7; 8,5; 10; 12,5) die Zuverlässigkeit der Faustregel, nach der es rund $(70 : p)$ Jahre dauert, bis sich ein Kapital, das zu $p\%$ auf Zinseszins angelegt ist, verdoppelt hat.

**4.** Ehepaar Kramer möchte zugunsten seines 8 Jahre alt gewordenen Enkels Peter einen Ratensparvertrag abschließen. An jedem Monatsersten, beginnend am 1.3.1996, sollen 200 € auf Peters Konto überwiesen werden und der Gesamtbetrag mit Zinseszins soll für Peters Ausbildung zur Verfügung stehen, wenn er 18 Jahre alt wird. Zwei Angebote stehen zur Auswahl:

① Die Superbank bietet einen festen Basiszins von 2,5% p.a. und außerdem vom zweiten Vertragsjahr an einen Bonuszins, der von Jahr zu Jahr um 0,75% steigt, aber nur für den Sparbetrag des betreffenden Jahres gewährt wird.

② Die Sparkasse Neuenburg gewährt einen festen Basiszins von 4,5% p.a. und vom 3. Vertragsjahr an eine Prämie auf den Sparbetrag des jeweiligen Jahres, die zunächst 1%, im 4. Jahr 2%, im 5. Jahr 4%, im 6. Jahr 6% beträgt und sich dann weiter jährlich um 3 „Prozentpunkte" steigert.

Beraten Sie das Ehepaar Kramer.

**5.** Schon seit vielen Jahren bilden Albert, Bruno und Cordula eine Tippgemeinschaft. Albert und Bruno steuern wöchentlich jeweils 6 € zum Einsatz bei, Cordula 8 €. Nun haben sie endlich 140 000 € gewonnen.

**a)** Wie ist das Geld entsprechend den Einsätzen zu verteilen?

**b)** Albert legt seinen Gewinn für 5 Jahre bei der Hyperbank fest, die ihm einen jährlichen Zinssatz von 5,75% gewährt. Auf welchen Betrag ist Alberts Kapital nach diesen fünf Jahren mit Zinseszins angewachsen?

**c)** Bruno bringt seinen Gewinn zum Bankhaus Taler. Dort erhält er Zinsen, die vom 1. bis zum 5. Jahr von 5,25% bis 6,25% jährlich um die gleiche Anzahl „Prozentpunkte" steigen. Wie groß ist sein Kapital nach diesen fünf Jahren?

**d)** Cordula erwirbt Sparbriefe von der Megabank. Sie hat die Wahl zwischen „aufgezinsten" (Zinsen 6% p.a., Zinsauszahlung jährlich, also kein Zinseszins) und „abgezinsten" Sparbriefen. (Für je 100 € Auszahlungsbetrag nach 5 Jahren jetzt Einzahlung von 74,73 €.) Für welche sollte sie sich Ihres Erachtens entscheiden? Vergleichen Sie mit den Bedingungen, unter denen Albert und Bruno ihren Gewinn angelegt haben.

**6.** Herr Bleifuß fährt mit seinem Auto von Axthausen nach Bartfelde und zurück. Die Durchschnittsgeschwindigkeit bei der Hinfahrt beträgt 40 kmh⁻¹, bei der Rückfahrt 70 kmh⁻¹.
Wie groß ist seine Durchschnittsgeschwindigkeit bei Hin- und Rückfahrt? Welche Geschwindigkeit hätte er bei der Rückfahrt einhalten müssen, um auf einen Durchschnitt von 50 kmh⁻¹ (80 kmh⁻¹) für beide Touren zu kommen?

## Rund um Haus und Wohnung

▲ Bild I 3

Bild I 4 ▶

7. Das Ehepaar Blum möchte von seinem Eckgrundstück einen Teil (im Bild I 3 durch Schraffur gekennzeichnet) auf seine Tochter übertragen, um den Bau eines Eigenheimes zu ermöglichen. Außer den Seitenlängen ist von dem gesamten Grundstück der Flächeninhalt mit 630 m² bekannt.
   a) Die vorgesehene Teilungslinie vermessen Blums selbst grob mit 28 m.
      Untersuchen Sie die Verträglichkeit dieses Wertes mit den bekannten Größenangaben.
   b) Für das Gebiet gilt die Grundflächenzahl 0,4, d.h. auf jedem Grundstück dürfen höchstens 40% der Bodenfläche bebaut werden. Auf dem Teil des Grundstücks, der Blums Eigentum bleiben soll, bedecken Gebäude 135 m². Macht dieser Umstand die Teilung in der vorgesehenen Weise unmöglich? Wie viel Quadratmeter dürfen Eigenheim und andere Gebäude auf dem abzuteilenden Grundstücksteil höchstens in Anspruch nehmen?

8. Schröders Haus soll den im Bild I 4 skizzierten Grundriss haben. Dafür ist eine 2,00 m tiefe Baugrube so auszuheben, dass rundum 0,50 m Platz für die Arbeit an Kellerwänden usw. bleibt. Ferner soll das stehen bleibende Erdreich einen Böschungswinkel von höchstens 60° mit der Horizontalen bilden.
   a) Wie viel Kubikmeter Erde müssen insgesamt ausgehoben werden?
   b) Wie groß ist der Aushub, wenn man eine 30 cm dicke Schicht Mutterboden, die gesondert verwendet wird, nicht mitrechnet?
   c) Mit einem Teil des in b) berechneten Aushubs wird später der Raum um den Keller verfüllt. Mit wie viel Tonnen Erdreich ist für die Abfuhr zu rechnen, wenn eine Dichte von 1,8 g cm⁻³ angenommen wird?
   d) Welche Fläche muss mindestens für die Lagerung des zum späteren Verfüllen nötigen Erdreichs verfügbar sein, wenn man es kegelförmig aufschüttet und einen Böschungswinkel von 45° nicht überschreiten kann? Dabei ist zu beachten, dass der Aushub gelockert etwa 20% mehr Raum einnimmt als vorher in verdichteter Form.

201

**9.** Die Firma DUBBELHAUS bietet ein Fertighaus mit rechteckigem Grundriss in den Abmessungen 11,90 m × 9,50 m sowohl mit Satteldach als auch mit Walmdach an (↗ Bild I 5). Außerdem sind verschiedene Dachneigungen im Angebot: 26°, 38°, 48°.

**a)** Wie hoch wird das Haus mit Satteldach bei den verschiedenen Neigungswinkeln, wenn die Traufenhöhe über dem Erdboden („über Terrain") 3,40 m beträgt und außerdem auf jeder Längsseite 0,50 m Traufenüberstand (horizontal) zu berücksichtigen sind? (↗ Bild I 5a)

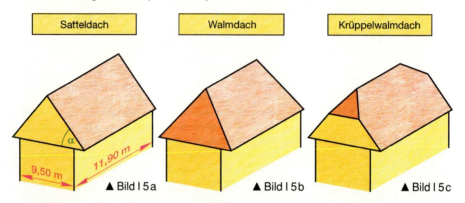

| Satteldach | Walmdach | Krüppelwalmdach |

▲ Bild I 5a     ▲ Bild I 5b     ▲ Bild I 5c

**b)** Berechnen Sie die Größe der gesamten Dachfläche sowohl für das Sattel- als auch für das Walmdach bei verschiedenen Neigungswinkeln. Berücksichtigen Sie beim Satteldach außer dem Traufenüberstand auch 0,40 m Giebelüberstand und beim Walmdach einen Überstand von 0,50 m rundum.

**c)** Zeichnen Sie in geeignetem Maßstab die Draufsicht auf das Haus mit Walmdach bei einer Dachneigung von 26°.

**d)** Berechnen Sie den sogenannten „umbauten Raum" für eine Dachneigung von 38°, wenn die Kellersohle 1,7 m unter Terrain liegt. Welcher Preis ist je Kubikmeter umbauten Raum zu zahlen, wenn das Haus (inkl. Keller) 190 000 € kosten soll?

**10.**  **a)** Im Bild I 5 c wurde ein Haus mit einem Krüppelwalmdach im Schrägbild skizziert. Das Bild I 6 zeigt ein Krüppelwalmdach in Draufsicht im Maßstab 1:400. Der First liegt 5,50 m höher als die Traufe an den Längsseiten. Welchen Inhalt hat die Gesamtfläche des Daches, wenn alle Dachflächen gleiche Neigung haben? Wie groß ist diese?

**b)** Eine trapezförmige Dachfläche soll mit Ziegeln gedeckt werden. Für die unterste von insgesamt 17 Reihen werden 55 Ziegel benötigt, für die oberste 23. Wie viele Paletten mit je 128 Ziegeln sind zu bestellen, wenn 5% Verlust durch Bruch berücksichtigt werden müssen?

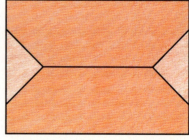

▲ Bild I 6

**11.** Das Ehepaar Reimers möchte eine Einliegerwohnung im Dachgeschoss eines Einfamilienhauses beziehen. Das Haus hat ein Krüppelwalmdach (↗ Bilder I 5c und I 6) mit einer Neigung von 48°. (Die Traufenkante befindet sich in Höhe des Fußbodens der Dachgeschosswohnung.)

Das Bild I 7 zeigt den Grundriss der Wohnung zusammen mit den Umrissen des Daches. Seiner Mietforderung legt der Eigentümer des Hauses eine Wohnfläche von 78 m² zugrunde.

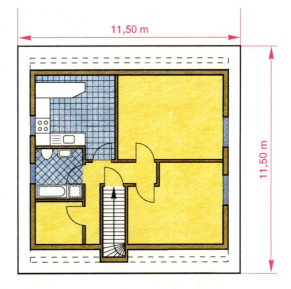

Bild I 7 ▶

Überprüfen Sie überschlagsmäßig die Berechtigung der Mietforderung unter Beachtung der folgenden Verordnung:

Die Grundfläche darf nur dort voll zur Wohnfläche gerechnet werden, wo die lichte Höhe über ihr 2,00 m oder mehr beträgt.

Bei einer lichten Höhe von 1,00 m bis 2,00 m wird die Wohnfläche zu 50% berechnet und bei einer lichten Höhe unter 1,00 m wird die Grundfläche überhaupt nicht auf die Wohnfläche angerechnet.

**12.** Familie Behr möchte Energie und langfristig Kosten sparen und lässt deshalb eine Wärmepumpe installieren. Die Gesamtkosten betragen 6 000 €.

**a)** Welche jährlichen Kosten entstehen, wenn die Wärmepumpe eine (angenommene) Lebensdauer von 12 Jahren hat und jährlich mit Instandhaltungskosten in Höhe von 1,5% des Anschaffungspreises gerechnet werden muss?

**b)** Der Einsatz der Wärmepumpe vermindert den Energieverbrauch, für den Behrs im letzten Jahr 2 300 € gezahlt haben, um 44%. Nach wie vielen Jahren wird sich die Anschaffung der Wärmepumpe bezahlt gemacht haben, wenn der Energiepreis konstant bleibt (jährlich um 2,5% steigt)?

**13.** Krauses möchten eine Eigentumswohnung erwerben und veranschlagen Gesamtkosten von 210 000 €. Folgende Finanzierung ist vorgesehen:

angespartes Eigenkapital 70 000 €, Darlehen (Bausparkasse) 50 000 €, Hypothek (Bank) 90 000 €.

**a)** Der größte Teil des Eigenkapitals wurde von Krauses gemäß einem über die Gesamtsumme von 100 000 € abgeschlossenen Bausparvertrag angespart. Das Anwachsen dieses Betrages auf 50% der Bausparsumme war notwendige Voraussetzung dafür, die restlichen 50% als Darlehen zu erhalten.

Wie lange dauerte diese Ansparphase, wenn monatlich regelmäßig 250 € gespart werden konnten und die Bausparkasse 2,5% Zinsen p.a. gewährt? (Staatliche Zuschüsse und Steuererleichterungen, wie sie unter Beachtung bestimmter Einkommensgrenzen gewährt werden, bleiben hier außer Betracht.)

203

**b)** Das Darlehen der Bausparkasse ist über die gesamte Laufzeit mit 4,5% p.a. zu verzinsen. Die Zahlung der Zinsen und die Tilgung des Darlehens geschieht durch (ggf. bis auf die letzte) konstante Monatsraten von 325 €. Weil sich dabei nur geringe Abweichungen ergeben, wird im folgenden Tilgungsplan der Einfachheit halber vorausgesetzt, dass entsprechend Raten von 4 000 € jährlich gezahlt werden.

| Jahr | Rate | Zinsen | Tilgung | Darlehen (Restschuld) |
|------|------|--------|---------|------------------------|
| 1 | 4 000 € | 2 250,– € | 1 750,– € | 48 250,– € |
| 2 | 4 000 € | 2 171,25 € | 1 828,75 € | 46 421,25 € |
| 3 | 4 000 € | 2 088,96 € | 1 911,04 € | 44 510,21 € |

Vervollständigen Sie den Tilgungsplan.
Wie lange dauert es, bis das Darlehen getilgt ist?
Stellen Sie Zinsen, Tilgung und Restschuld in Abhängigkeit von der Zeit grafisch dar.
Diskutieren Sie den Verlauf.

**c)** Stellen Sie auch für den Hypothekenkredit der Bank einen vollständigen Tilgungsplan auf gemäß folgenden Bedingungen:
  – Der Kredit ist 10 Jahre lang mit 8% zu verzinsen; danach werden bis zum Ende der Laufzeit marktübliche Zinsen berechnet, für die hier 9% angenommen werden sollen.
  – Der konstante jährliche Ratenbetrag, die Annuität, ist so festzulegen, dass im ersten Jahr 1,5% des Kredits getilgt werden.
  Fertigen Sie auch hier eine grafische Darstellung an.

**d)** Berechnen Sie die Gesamtsumme der von Krauses zu leistenden Zahlungen und berücksichtigen Sie dabei die Abschlussgebühr für den Bausparvertrag (1% der Bausparsumme) und die Darlehensgebühren (3% bei der Bausparkasse, 1% bei der Bank).

## Aus Technik, Industrie und Naturwissenschaft

**14.** Bei Schneider & Co werden Bolzen aus Rundstahl gedreht. Die Abmessungen (in mm) sind dem Achsenschnitt im Bild I 8 zu entnehmen.
  **a)** Wie viel Prozent beträgt der Abfall, der beim Abdrehen des Bolzens mindestens anfällt?
  **b)** Wie viele Bolzen kann man höchstens in einem Karton verpacken, wenn ihre Masse (netto) 25 kg nicht übersteigen soll?
  **c)** Welches Volumen muss ein solcher Karton haben, wenn gegenüber dem Volumen der Bolzen 20% für das Verpackungsmaterial im Inneren aufgeschlagen werden?
  **d)** Die Kartons sollen Quaderform mit den Kantenlängen $a$, $1,5a$ und $2,5a$ haben. Welche Oberfläche hat ein solcher Karton?

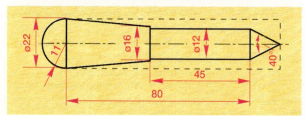

◀ Bild I 8

**15.** In einer Werksabteilung werden Stahlkugeln galvanisch vernickelt. Jede Stahlkugel mit einer Masse von 815 g soll mit einer Nickelschicht von 0,2 mm Stärke überzogen werden.

**a)** Um wie viel Gramm wird die Masse einer solchen Kugel durch den Nickelüberzug vergrößert?

**b)** Wie viel Kilogramm Nickel werden in einer Arbeitsschicht von 6,5 h Dauer verbraucht, wenn das Überziehen von 100 Kugeln 20 min beansprucht?

**16.** Zwei Rohre mit den Durchmessern $d_1$ und $d_2 = 0,5\, d_1$ sollen durch ein Zwischenstück in Form eines Kegelstumpfes verbunden werden (↗ Bild I 9).

**a)** Geben Sie Höhe, Mantelflächeninhalt, Mantellinie und Volumen des Kegelstumpfes in Abhängigkeit vom **Öffnungswinkel** $\alpha$ an der Spitze des zugehörigen Kegels an. Sprechen Sie über die betreffenden Funktionen.

**b)** Ermitteln Sie die in a) genannten Größen für $d_1 = 12$ cm und $\alpha = 40°$.

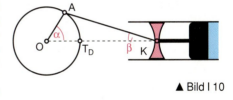

▲ Bild I 9

**c)** Die Strömungsgeschwindigkeit einer Flüssigkeit in dem dickeren Rohr sei $v$. Wie groß ist dann die Strömungsgeschwindigkeit in dem dünneren Rohr?

**17.** Das Kurbelgetriebe (↗ Bild I 10) ist ein Antriebselement, das schon vor dem Bau der ersten Dampfmaschinen im 18. Jh. genutzt wurde. Mit ihm lässt sich eine geradlinige hin- und hergehende Bewegung in eine Drehbewegung umwandeln (und umgekehrt). Bei einem solchen Getriebe habe die Kurbel $\overline{OA}$ die Länge $r = 260$ mm; die Länge der Pleuelstange $\overline{AK}$ betrage $l = 740$ mm. Die Drehzahl der Bewegung von $A$ um $O$ (mit konstanter Winkelgeschwindigkeit $\omega$) sei $n = 130$ min$^{-1}$.

▲ Bild I 10

**a)** Wie groß ist die Winkelgeschwindigkeit des Punktes $A$ (in s$^{-1}$)?

**b)** Wie groß ist der Winkel $AOK = \alpha$, wenn seit dem Beginn der Drehung ($A = T_D$, d.h. „in deckelseitiger Totpunktlage") 1 Sekunde verstrichen ist, und wie groß ist dann der Winkel $OKA = \beta$ am Kreuzkopf?

**c)** Stellen Sie für eine volle Umdrehung die Größe des Winkels $\beta$ in Abhängigkeit von der des Winkels $\alpha$ in einem Koordinatensystem dar.

**d)** Wie groß ist der Weg, den der Kolben während eines Kolbenhubes, d.h. von seiner deckelseitigen bis zur „kurbelseitigen" Totpunktlage, zurücklegt? Wie groß ist demnach die mittlere Kolbengeschwindigkeit und wie groß ist der Hubraum, falls der Kolben einen Durchmesser von 150 mm hat?

**e)** Stellen Sie für einen „Doppelhub" (Hin- und Herbewegung) den Abstand des Kolbens von seiner deckelseitigen Totpunktlage in Abhängigkeit von der Zeit in einem Koordinatensystem dar. Wie lässt sich aus dieser Darstellung erkennen, wann der Kolben die größte Geschwindigkeit hat?

**18.** Zwei Rohre mit den Durchmessern $d_1$ und $d_2$ verlaufen parallel und dienen dem gleichen Zweck. Sie sollen durch ein einziges neues Rohr ersetzt werden.
   **a)** Welchen Durchmesser muss das neue Rohr haben, damit es den gleichen Durchlass bietet wie die beiden alten Rohre zusammen?
   **b)** Welchen Durchmesser muss es haben, damit der Durchlass doppelt so groß (halb so groß) ist?
   **c)** Lösen Sie a) und b) für $d_1 = 25$ mm und $d_2 = 0{,}6 \, d_1$.

**19.** Ein Raumpunkt, der sich gleichförmig längs einer Geraden bewegt und gleichzeitig um eine zu dieser Geraden parallele Achse rotiert, beschreibt eine **Schraubenlinie**. Ein Stück einer solchen Schraubenlinie lässt sich leicht dadurch veranschaulichen, dass man ein (rechtwinkliges) Dreieck – als „schiefe Ebene" – auf einen Zylinder wickelt (↗ Bild I 11). Die Schraubenlinie kann zum Beispiel durch den Steigungswinkel $\alpha$ und den Durchmesser $d$ des Zylinders charakterisiert werden. Das Stück der

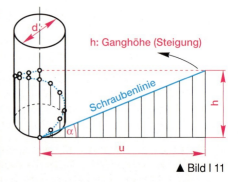

▲ Bild I 11

Schraubenlinie zwischen zwei aufeinander folgenden Schnittpunkten mit einer Mantellinie des Zylinders ist ein *Schraubengang*, das entsprechende Stück der Mantellinie (bzw. seiner Länge) ist die *Ganghöhe h*, in der Technik *Steigung* genannt und meistens mit $p$ bezeichnet.
   **a)** Welcher Zusammenhang besteht zwischen $\alpha$, $d$ und $h$?
   **b)** Wie groß ist die Ganghöhe für $\alpha = 25°$ und $d = 5$ cm? Wie viele Umdrehungen werden dann benötigt, um 70 cm an Höhe zu gewinnen?
   **c)** Wie groß ist der Steigungswinkel, wenn bei einem Durchmesser von 7,4 cm bei 10 Umdrehungen eine Höhe von 83 cm gewonnen wird?
   **d)** Eine Wendeltreppe hat einen äußeren Durchmesser von 3,00 m. Ihre Stufen sind 16 cm hoch und 80 cm breit und sie hat 15 Stufen je Windung.
   – Wie viele Stufen benötigt man, um 48 m hoch zu steigen?
   – Wie groß ist die Ganghöhe der Treppe?
   – Wie groß ist der Steigungswinkel am äußeren Rand, am inneren Rand sowie in der Mitte dieser Treppe?
   **e)** Bei einem Bohrwerk erfolgt das Einrichten bislang mittels einer Handkurbel, deren Drehung über eine Spindel mit 6 mm Steigung die Längsbewegung des Werkstücktisches bewirkt. Die Handkurbel soll nun durch einen Motor ersetzt werden; vorgesehen ist eine Geschwindigkeit des Werkstücktisches zwischen 5 und 6 m · min⁻¹.
   Welche Drehzahlen kommen für den Motor in Betracht?

**20.** Von drei Automaten zur Schraubenherstellung ist folgende Ausschussquote bekannt: Maschine A 1%, Maschine B 0,6%, Maschine C 0,4%. Jede der drei Maschinen hat gleichen Anteil an der Gesamtproduktion von Schrauben in der Fabrik.
   **a)** Mit welcher Wahrscheinlichkeit ist eine aus dieser Gesamtproduktion herausgegriffene Schraube unbrauchbar?
   **b)** Wie groß ist die Wahrscheinlichkeit, dass diese Schraube von der Maschine A (bzw. von der Maschine B, von der Maschine C) stammt?

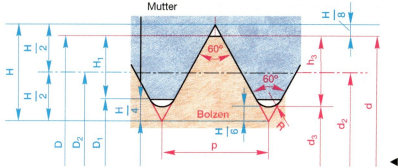

◀ Bild I 12

**21.** Wie bei einer Wendeltreppe (↗ Aufgabe 19d) sind bei einem Gewinde verschiedene Durchmesser zu unterscheiden, zu denen – da die Steigung gleich bleibt – verschiedene Steigungswinkel gehören. Das Bild I 12 zeigt einen Teil eines Achsenschnittes durch Bolzen und Mutter mit üblichen Bezeichnungen bzw. Symbolen; dabei handelt es sich um ein metrisches ISO[1]-Gewinde. Bei diesem Gewindesystem ist jedem (Außen-)Durchmesser eindeutig eine bestimmte Steigung zugeordnet. So hat beispielsweise das Gewinde M 12 (12 mm Durchmesser) die Steigung 1,75 mm; die Gewinde M 18, M 20 und M 22 weisen 2,5 mm Steigung auf.

**a)** Berechnen Sie für ein Gewinde M 12 die theoretische Gewindetiefe $H$ und daraus die Größen $d_2$, $d_3$, $h_3$ für das Außengewinde sowie $D_1$, $D_2$, $H_1$ für das Innengewinde.

**b)** Wie viele Umdrehungen sind erforderlich, um bei einem Bolzen M 20 eine Einschraubtiefe von 65 mm zu erreichen?

**c)** Wie groß ist die Kantenlänge $a$ einer Sechskantmutter, die man mit einem Maulschlüssel der Schlüsselweite $s = 13$ mm lösen kann?
Vergleichen Sie hierzu mit dem Bild I 13.

▲ Bild I 13

**22.** Ein gerader Kreiszylinder mit der Höhe $h$ und dem Durchmesser $d$ steht auf seiner Grundfläche. Auf seiner Deckfläche ist eine Halbkugel mit gleichem Durchmesser aufgesetzt.

**a)** Zeichnen Sie Grund- und Aufriss eines solchen Körpers für $d = h = 4{,}4$ cm.

**b)** Berechnen Sie Volumen und Oberflächeninhalt dieses Körpers.

**c)** Bei einem anderen derartigen Körper soll ebenfalls $d = 4{,}4$ cm, jedoch das Volumen der Halbkugel gleich dem des Zylinders sein.
Wie groß sind dann die Zylinderhöhe sowie Volumen und Oberflächeninhalt des Körpers?

**d)** Der Körper von c) sei das Modell eines Vorratsbehälters im Maßstab 1:50, der durch eine Öffnung mit 0,5 l Flüssigkeit je Minute gefüllt werden kann. Wie viel Zeit wird zur Füllung benötigt?

**e)** Welcher Druck (in $N \cdot cm^{-2}$) wird auf die Grundfläche des gänzlich gefüllten Behälters ausgeübt, wenn die Dichte der Flüssigkeit 0,85 $g \cdot cm^{-3}$ beträgt?

**f)** Was kostet das Spritzen des Behälters von außen (ohne Grundfläche), wenn mit einem Preis von 22,50 DM je $m^2$ gerechnet werden muss?

---

[1] Abkürzung für „International Organization for Standardization"

**23.** Ein Baumstamm(stück) hat die Form eines Zylinders mit einem Durchmesser von 27 cm und einer Höhe von 3,50 m.

**a)** Wie groß ist die Dichte des Holzes, wenn der Stamm schwimmend 12 cm aus dem Wasserspiegel hervorragt?

**b)** Wie viel Abfall ergibt sich mindestens, wenn man aus dem Stamm einen Balken mit quadratischem Querschnitt herstellt (absolut in kg und prozentual)?

**c)** Ein aus dem Stamm geschnittener Balken mit rechteckigem Querschnitt und maximaler Belastbarkeit muss 16 cm breit sein. Wie groß ist dann der Abfall?

**d)** Vor wie vielen Jahren hatte der Baum einen Umfang von 40 cm, wenn man annimmt, dass der Durchmesser jährlich durchschnittlich um 5 mm zugenommen hat? Auf das Wievielfache hat in dieser Zeit die Holzmenge (das Volumen) des Baumes zugenommen, wenn der jährliche Zuwachs durchschnittlich 8,5% betrug?

**e)** Lösen Sie b) und c) unter der Annahme, dass der Stamm die Form eines Kegelstumpfes mit 25 cm und 29 cm Durchmesser hat.

**24.** Das in etwa 10 bis 30 km Höhe in der Erdatmosphäre befindliche Ozon schützt Menschen, Tiere und Pflanzen vor der tödlich wirkenden UV-Strahlung der Sonne. Es liegt dort normalerweise in einer Menge vor, die bei einer Temperatur von 0 °C und Normaldruck (1000 hPa) eine 3 mm dicke Schicht ergäbe. Beim Durchgang durch eine solche konzentrierte Ozonschicht nimmt die Intensität der UV-Strahlung nach der Gleichung $I = I_0 \cdot 10^{-14,3x}$ ab; dabei ist $x$ der Weg der Strahlung in mm. Gegenwärtig gibt es Stellen der Erdoberfläche, über denen die Ozonanreicherung nur noch einer Schicht von 2 mm und vereinzelt sogar 1,5 mm Dicke entspricht („Ozonloch").

**a)** Wie dick ist eine konzentrierte Ozonschicht, die zu einer Reduktion der UV-Strahlung um 90% führt?

**b)** Welcher Anteil der Strahlung wird normalerweise absorbiert?

**c)** Wie hoch ist diese Absorption beim Ozonloch und in welchem Verhältnis stehen die beiden Intensitäten nach dem Durchlaufen der unterschiedlichen Schichten?

### Verschiedenes, auch rein Mathematisches

**25.** Zwei Kreise mit den Radien $r_1$ und $r_2$ ($r_2$ beträgt 75% von $r_1$) berühren sich von außen im Punkt $P$. Die gemeinsamen äußeren Tangenten $g$ und $h$ berühren die Kreise in den Punkten $G_1$ und $G_2$ bzw. $H_1$ und $H_2$; sie schneiden einander im Punkt $S$.

**a)** Fertigen Sie eine Skizze des Sachverhalts an. Geben Sie dann an, wie die nachfolgend genannten Größen von $r_1$ abhängen:
   – die Länge der Strecke $\overline{G_1 G_2}$ (bzw. $\overline{H_1 H_2}$),
   – die Größe des Schnittwinkels der beiden Tangenten,
   – die Längen der Kreissehnen $\overline{G_1 H_1}$ und $\overline{G_2 H_2}$,
   – die Längen der Tangentenabschnitte $\overline{SG_1}$ (bzw. $\overline{SH_1}$) und $\overline{SG_2}$ (bzw. $\overline{SH_2}$),
   – der Umfang des Vierecks $G_1 G_2 H_2 H_1$,
   – der Flächeninhalt des Vierecks $G_1 G_2 H_2 H_1$.

**b)** Beschreiben Sie die in a) gefundenen Funktionen unter den Bedingungen des geometrischen Sachverhalts.

**c)** Berechnen Sie die Größen aus a) für $r_1 = 6$ cm.

**d)\*** Durchdenken Sie a) bis c) für $r_1 + r_2 = 9$ cm mit $r_1 \geq r_2$ (statt $r_2$ 75% von $r_1$).

**26.** Einer Kugel mit dem Radius $r$ können viele Zylinder einbeschrieben werden. Das Bild I 14 zeigt drei Möglichkeiten – jeweils mit einer anderen Farbe angedeutet – im Achsenschnitt.

    **a)** Geben Sie für die einbeschriebenen Zylinder in Abhängigkeit von $\alpha$ an:
- Radius und Höhe,
- Mantel- und Oberflächeninhalt,
- Volumen.

    **b)** Welchen Definitionsbereich und welchen Wertebereich haben die Funktionen in a)?

▲ Bild I 14

    **c)** Ermitteln Sie die fünf Größen $r_{Zyl}$, $h_{Zyl}$, $A_{M, Zyl}$, $A_{O, Zyl}$, $V_{Zyl}$ aus a) für den Kugelradius $r = 9$ cm und $\alpha = 60°$.

    **d)** Ermitteln Sie die in c) genannten Größen für einen Zylinder, der einer Kugel mit dem Radius $r = 9$ cm umbeschrieben ist.

    **e)** Lösen Sie die zu a) und b) analogen Aufgaben für einbeschriebene Kegel. Wählen Sie selbst einen geeigneten Winkel.

    **f)** Verfahren Sie wie in e) für umbeschriebene Kegel.

    **g)** In welchen der einbeschriebenen Zylinder kann eine Kugel gelegt werden, die zur ersten Kugel konzentrisch liegt und Grund- und Deckfläche des Zylinders berührt? Wie verhalten sich die Oberflächeninhalte (die Volumina) der beiden Kugeln zueinander?

**27.** Schon im antiken Griechenland waren außer den regulären Polyedern auch Körper bekannt, die von zwei oder gar drei verschiedenen Arten regelmäßiger Vielecke begrenzt werden. Die Anzahl der zusammentreffenden regelmäßigen Vielecke mit bestimmter Eckenzahl ist an jeder Ecke eines solchen **archimedischen**[1] oder **halbregulären Polyeders** gleich; bei dem Körper im Bild I 15 sind es genau ein regelmäßiges, d.h. gleichseitiges Dreieck und zwei regelmäßige Achtecke.

    **a)** Der abgestumpfte Würfel im Bild I 15 entsteht aus einem Würfel der Kantenlänge $a$ durch Abschneiden einer regelmäßigen dreiseitigen Pyramide an jeder Ecke so, dass die Grundkanten der Pyramide ebenso lang sind wie die verbleibenden Reste der Würfelkanten.
Wie groß sind sein Oberflächeninhalt und sein Volumen für $a = 60$ mm?

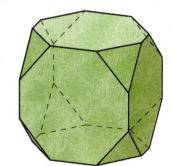

▲ Bild I 15

    **b)** Werden die abzuschneidenden Tetraeder so groß gewählt, dass von den Würfelflächen nur Quadrate übrigbleiben, erhält man ein **Kuboktaeder**. Es heißt so, weil man nicht nur vom Würfel, sondern auch vom regulären Oktaeder zu ihm gelangen kann. Erläutern Sie das und berechnen Sie Oberflächeninhalt und Volumen.

*(Die Aufgabe wird auf der Seite 210 fortgesetzt.)*

---

[1] Nach Archimedes von Syrakus, etwa 287 bis 212 v. Chr.

**c)** Bei drei archimedischen Körpern treffen an jeder Ecke die Kanten von drei verschiedenen Arten regelmäßiger Vielecke aufeinander. Dabei handelt es sich um folgende Kombinationen:

① Dreiecke / Vierecke (d.h. Quadrate) / Fünfecke,
② Vierecke / Sechsecke / Achtecke,
③ Vierecke / Sechsecke / Zehnecke.

In zwei Fällen lässt sich aus diesen Angaben leicht ermitteln, wie viele Vielecke von jeder Art an jeder Ecke aufeinander treffen. Welche sind das und warum gelingt das im dritten Fall nicht ohne weiteres?
Welcher dieser Körper heißt wohl „abgestumpftes Kubooktaeder"?

**d)** Ein Fußball für den Wettspielbetrieb ist heutzutage fast immer aus kunststoffbeschichtetem Material in Form regelmäßiger Vielecke gefertigt. Vor dem Aufpumpen ist er ein halbreguläres Polyeder, bei dem an jeder Ecke zwei Sechsecke und ein Fünfeck zusammentreffen (ein abgestumpftes Ikosaeder). Wie viele Fünfecke und wie viele Sechsecke bilden seine Oberfläche und wie groß ist diese demnach in Abhängigkeit von der Kantenlänge $a$?
Wie groß ist $a$ zu wählen, um beim Aufpumpen den vom Regelwerk vorgeschriebenen Umfang von 68 bis 71 cm zu erreichen (unter der Annahme, dass sich das Material nicht wesentlich dehnt)?

**28.** Im Jahre 1993 sind im Kreis Neuenberg 200 000 t Müll zur Deponie verbracht worden, im Jahre 1994 waren es schon 210 000 t.
**a)** Wann wird sich die Müllmenge gegenüber 1993 verdoppelt haben, wenn die prozentuale Zuwachsrate anhält?
**b)** Von 1995 an soll – vor allem durch Recycling – die Menge jährlich um 10% gesenkt werden. Wann ist die Müllmenge auf die Hälfte zurückgegangen, falls das Vorhaben gelingt?

**29.** **a)** Manja muss bei einer Bewerbung einen Fragebogentest mit 26 Fragen erledigen: Für jede richtige Antwort erhält sie 8 Punkte, für jede falsche 5 Minuspunkte. Obwohl sie keine Frage ausgelassen hat, ist das Ergebnis mit 0 Punkten schwach. Wie viele Fragen hat sie richtig beantwortet?
**b)** Klaus bearbeitet einen Test, der aus 40 „Items" nach der Multiple-choice-Methode besteht: Von 5 Antwortmöglichkeiten ist genau eine anzukreuzen. Er macht das mangels Kenntnis überall auf gut Glück.
Wie viele richtige Lösungen kann Klaus erwarten?
Mit welcher Wahrscheinlichkeit wird es gerade diese Anzahl sein?
Mit welcher Wahrscheinlichkeit hat er zwischen 6 und 10 richtige Lösungen?
**c)** Bei einem Lernerfolgstest mit ähnlichen Bedingungen (25 Aufgaben mit je 4 Auswahlantworten) soll die Mindestzahl richtig gelöster Aufgaben für „ausreichend" so festgelegt werden, dass nur mit 5%iger (1%iger) Wahrscheinlichkeit allein durch Raten ein „Ausreichend" (oder eine noch bessere Note) zu erreichen ist.

**30.** **a)** Welches von allen Parallelogrammen mit den Seitenlängen 3 cm und 7 cm hat den größten Flächeninhalt?
**b)** Aus zwei Brettern (Länge 6,00 m; Breite 0,30 m) soll eine oben offene Rinne gefertigt werden, die möglichst viel Wasser fasst. Wie groß ist der Winkel, den die Bretter miteinander bilden? Wie tief ist die Rinne? Wieviel Wasser fasst sie, wenn sie an beiden Seiten verschlossen wird?

## Knobeln, Scherz und Zauberei

**31.** Recht alt ist eine Art von Knobelaufgaben, bei denen man manchmal von **Krypt-arithmetik** spricht. Dabei sind in Rechenaufgaben mit Lösungen die Ziffern 0 bis 9 durch Buchstaben ersetzt; gleiche Buchstaben stehen anstelle gleicher Ziffern und verschiedene Buchstaben für verschiedene Ziffern.

**a)**
```
  SEND
+ MORE
──────
 MONEY
```
Wie viel Dollar möchte John noch überwiesen haben?

**b)**
```
  HUHN
+ HAHN
──────
  EIER
```
Mindestens eine Lösung findet man hier leicht. Geben Sie aber alle an.

**c)**
```
  VIER
+ EINS
──────
 FUENF
```
Gibt es auch hier mehrere Lösungen?

**d)**
```
 ZWOELF
− SECHS
───────
  SECHS
```
Natürlich geht es auch mit Subtraktionen.

**e)** Auch so kann eine Kryptarithmetik-Aufgabe aussehen:

```
 ELLE       TOUR       ELLE       TOUR       ELLE
−ROSA      −ROSA      −BERN      −BERN      −TOUR
─────      ─────      ─────      ─────      ─────
 3497       2963       4709       4175        534
```

Mit Multiplikations- und Divisionsaufgaben lässt sich auch knobeln:

**f)** LIEB · B = BEIL    **g)** EIS · EIS = WEISS    **h)** DESIGN : REH = GEMS

**32.** Drei Wanderer rasten. Zum gemeinsamen Frühstück steuert der Erste drei belegte Brote bei, der Zweite zwei. Der Dritte hat nichts Essbares anzubieten und gibt den anderen beiden 5 Euro. Wie ist dieser Betrag „gerecht" zu teilen?

**33.** Es werden 10 Briefe an 10 verschiedene Personen geschrieben und 10 Briefumschläge mit Adressen und Briefmarken versehen. Nun werden die Briefe aufs Geratewohl in die vorbereiteten Umschläge gesteckt. Wie groß ist die Wahrscheinlichkeit, dass genau 9 Briefe in den zugehörigen Umschlag gelangen?

▲ Bild I 16

**34.** Auf der Oberfläche einer Kugel werden willkürlich drei Punkte ausgewählt. Wie groß ist die Wahrscheinlichkeit, dass alle drei Punkte auf ein und derselben Halbkugel liegen? (Dabei soll der Großkreis, der die eine Halbkugel begrenzt, als zu dieser Halbkugel zugehörig betrachtet werden.)

**35.** Achtung Falle! Unter den in dieser Aufgabe gemachten Aussagen sind genau drei falsch. Finden Sie heraus, welche das sind.

**a)** $9 : \frac{2}{3} = 1{,}5$    **b)** $3\frac{1}{5} \cdot 3\frac{1}{8} = 10$    **c)** $3^5 = 125$    **d)** $2^{-3} = 0{,}125$    **e)** $\lg \sin \frac{\pi}{2} = 0$

**36.** Herr Meier, seit 15 Jahren glücklich verheiratet, erklärt etwas umständlich das Alter seiner Familienangehörigen: „Mein Alter ist eine Quadratzahl. Wenn man deren Ziffern miteinander multipliziert, erhält man das Alter meiner Frau. Die Quersumme meines Alters ist das Alter unseres Sohnes und die Quersumme des Alters meiner Frau ist das Alter unserer Tochter." Wie alt sind die vier?

**37.** Im Jahre $x^2$ war Oma $\frac{1}{4}x$ Jahre alt. Fügt man zu ihrem Alter im Jahre 1995 die Monatszahl ihres Geburtstages hinzu, erhält man das Quadrat der Tageszahl. Wie lautet Omas Geburtsdatum?

**38.\*** Hein erzählt an Bord von seiner ersten Fahrt als junger Matrose: „Das Alter des Kapitäns hing ganz komisch mit meinem zusammen: Mein Alter quadriert, mal 3 und noch 1010 dazu, dann daraus die Wurzel!" Der in Mathematik besonders beschlagene 1. Offizier meint dazu: „Junge, du flunkerst! Es gibt doch keine Quadratzahl, die bei Division durch 3 den Rest 2 lässt!" Können Sie die Meinung des 1. Offiziers näher erläutern?
Wie alt könnte der Kapitän gewesen sein, wenn sich Hein nur bei dem hinzuzufügenden Summanden um 1 geirrt hat, und wie alt war dann Hein?

**39.** Mit den vier Karten im Bild I 17 können Sie eine Zahl von 1 bis 15 „erraten", auf die sich das Publikum Ihrer „Zauberschau" vorher geeinigt hat. Dazu zeigen Sie die Karten einzeln vor und fragen jedes Mal, ob die betreffende Zahl darauf vermerkt ist. (Besonderen Eindruck macht es, wenn Sie die Karten vorher mischen und so deren beliebige Reihenfolge verdeutlichen.)

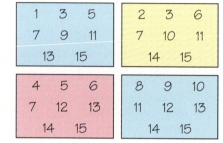

▲ Bild I 17

Wie gehen Sie dann weiter vor?
Erläutern Sie den Zusammenhang mit einem bestimmten Positionssystem. Wie viele Karten sind nötig, um zumindest Zahlen **a)** bis 50, **b)** bis 120 „erraten" zu können? Wie sind diese Karten zu beschriften?

**40.** Ein weiterer Fall Ihrer „Zauberschau" besteht im „Erraten" der siebenstelligen Zahl im Mittelteil der Seriennummer eines beliebigen Geldscheins, den jemand aus der Tasche gezogen hat. Sie lassen sich von dieser Zahl der Reihe nach die Summe der ersten und zweiten, der zweiten und dritten usw. bis zur sechsten und siebenten Ziffer und schließlich noch die Summe der siebenten und ersten Ziffer nennen und notieren diese Summen. Sofortiges Mitrechnen, hier demonstriert am (veralteten) Zehnmarkschein im Bild I 18, liefert Ihnen die erste Ziffer der siebenstelligen Zahl:

$6 - 9 + 11 - 14 + 15 - 8 + 1 = 2; \quad 2:2 = \mathbf{1}.$

Die übrigen Ziffern ergeben sich dann sofort aus den notierten Summen. Mathematisch liegt hier für 7 Variable ($a$ bis $g$) ein besonders strukturiertes Gleichungssystem vor:
$a + b = 6;$
… bis $g + a = 1.$
Erklären Sie, wie der Trick funktioniert.

▲ Bild I 18

# Ausgewählte Lösungen

Die hier aufgeführten Lösungen sollen der Selbstkontrolle der Rechnungen dienen. Es handelt sich dabei um Lösungen zu ganzen Aufgabengruppen oder aber zu einzelnen Aufgaben aus solchen Gruppen, die jeweils mit einem blauen L gekennzeichnet wurden.

## Kapitel A: Potenzen

**Seite 6:** **9.** **a)** $3^6$ **b)** $\dfrac{2^2}{7}$ **c)** $(-5)^9 \cdot 2^4$ **d)** $2^{11}$ **e)** $2^{17}$

**f)** $(-3) \cdot 3^6 = -3^7$ **g)** $2^2 = 4$ **h)** $-3^2 = -9$

**Seite 7:** **12.** **a)** $\dfrac{1}{8}$ **b)** $1$ **c)** $\dfrac{3^4}{5} = \dfrac{81}{5}$ **d)** $1$

**e)** $\dfrac{3^4}{2^4} = \left(\dfrac{3}{2}\right)^4 = \dfrac{81}{16}$ **f)** $\dfrac{3}{2^3} = \dfrac{3}{8}$ **g)** $\dfrac{25}{3}$ **h)** $2 \cdot 3^5 = 486$

**14.** **a)** $11 \cdot 10^{-3}$ **b)** $54 \cdot 10^{-5} = 2 \cdot 3^3 \cdot 10^{-5} = 2^{-4} \cdot 3^3 \cdot 5^{-5}$
**c)** $2^4 \cdot 3^6 \cdot 2^{-5} \cdot 3^{-5} = 2^{-1} \cdot 3$ **d)** $5^{-1} \cdot 3^{-4}$ **e)** $4^4 \cdot 7^{-4} = 2^8 \cdot 7^{-4}$
**f)** $2^{-3} \cdot 3^{-1}$ **g)** $2^7 \cdot 3^{-1} \cdot 7$ **h)** $3^{-6}$

**Seite 8:** **17.** **a)** $(-2)^5 = -32$ **b)** $-1$ **c)** $-0,3$ **d)** $\dfrac{1}{(-2,5)^2} = 0,16$ **e)** $4 \cdot \sqrt{2}$

**f)** $25$ **g)** $x^7$ **h)** $1$ **i)** $7b^5$ **j)** $-54$ **k)** $2 \cdot b^{-3}$
**23.** **a)** $4^3 < 3^4$ **b)** $(-2)^3 < 2^{-3}$, da $(-2)^3 < 0$ und $2^{-3} > 0$
**c)** $(-5)^4 > (-5)^5$, da $(-5)^5$ negativ **d)** $12^3 < 144^2$ $(144^2 = 12^4)$
**e)** $(2^2)^3 > 2^{2+3}$ $(2^6 > 2^5)$ **f)** $9^6 = 3^{12}$

**Seite 12:** **35.** **a)** $[1000]_3$; $[123]_4$ **b)** $[2210200]_3$; $[133323]_4$
**e)** $[102001201]_3$; $[1332001]_4$ **f)** $[21121202]_3$; $[1112303]_4$

**Seite 14:** **49.** **a)** $0,00015334$ **b)** $138,91112$ **c)** $7,8125 \cdot 10^8$
**d)** $0,2431575$ **e)** $0,0303252$ **f)** $3 \cdot 10^{-15}$
**g)** $-3,3858 \cdot 10^{10}$ **h)** $3,418152 \cdot 10^{-38}$ **i)** $(-1) \cdot 10^{-24}$

**Seite 16:** **8.** **a)** $4,7568285$ **b)** $0,2102241$ **c)** $5,1961524$ **d)** $2,1516574$
**e)** $0,7071067$ **f)** $0,0992125$ **g)** $0,5443310$ **h)** $1,5838196$
**9.\*** **a)** $x \geq 0$ **b)** $x \geq y$ **c)** $a \geq -b$ **d)** $a \geq 1$ **e)** $a \leq 1$ **f)** $b > 0$

**Seite 17:** **14.** **a)** $\sqrt{2} = 1,4142135$ **b)** $\sqrt{3} = 1,7320508$ **c)** $\sqrt{2} = 1,4142135$
**d)** $\sqrt[3]{0,25} = 0,6299605$ **e)** $\sqrt[4]{16} = 2$ **f)** $\sqrt{81} = 9$

**g)** $\sqrt[5]{4} = 1,3195079$ **h)** $\sqrt[5]{1} = 1$ **i)** $\sqrt{\dfrac{1}{10}} \cdot 10 = 1$

**21.** **a)** $\dfrac{\sqrt[3]{144}}{12}$ **f)** $\dfrac{\sqrt[4]{324}}{3}$ **g)** $\dfrac{\sqrt{5}}{3}$ **h)\*** $\dfrac{10 \cdot (8 - \sqrt{10})}{54}$ **i)\*** $3 \cdot (\sqrt{4} - \sqrt{3})$

**Seite 20:** **5.** **a)** $x = 2$ **b)** $x = 0$ **c)** $x = -3$ **d)** $x = -0,9030899$

**Seite 22:** **11.** **a)** $\lg \dfrac{3}{x}$ **b)** $2 \cdot \lg x$ **c)** $\lg a$ **d)** $\lg \dfrac{1}{2}$ **e)** $0$

**f)** $\dfrac{1}{2} \lg a - \left(\dfrac{1}{2} \lg 4 + \dfrac{1}{2} \lg a\right) + \lg 4 = \lg \sqrt{4} = \lg 2$

## Kapitel B: Potenzfunktionen

Seite 25: **2. a)**

| $x$ | $-3$ | $-2,5$ | $-2$ | $-1,5$ | $-1$ | $-0,5$ | $0$ |
|---|---|---|---|---|---|---|---|
| $f(x)$ | $-27$ | $-15,625$ | $-8$ | $-3,375$ | $-1$ | $-0,125$ | $0$ |

| $x$ | $0,5$ | $1$ | $1,5$ | $2$ | $2,5$ | $3$ |
|---|---|---|---|---|---|---|
| $f(x)$ | $0,125$ | $1$ | $3,375$ | $8$ | $15,625$ | $27$ |

| $x$ | $0,6$ | $0,7$ | $0,8$ | $0,9$ |
|---|---|---|---|---|
| $f(x)$ | $0,216 \approx 0,22$ | $0,343 \approx 0,34$ | $0,512 \approx 0,51$ | $0,729 \approx 0,73$ |

**c)** $\mathbb{R}$ **d)** $x_0 = 0$; $W(f) = \mathbb{R}$ **e)** $f(-3) = -27 = -f(3)$
**f)** monoton wachsend in $D(f)$ allgemein: $f(-x) = -f(x)$

Seite 28: **13.**

| | $f(x) = x^0$ | $f(x) = x^1$ | $f(x) = x^2$ | $f(x) = x^3$ |
|---|---|---|---|---|
| **a)** | $\{1\}$ | $[1; 2]$ | $[1; 4]$ | $[1; 8]$ |
| **b)** | $\{1\}^{(*)}$ | $[0; 1]$ | $[0; 1]$ | $[0; 1]$ |
| **c)** | $\{1\}^{(*)}$ | $[-2; -1]$ | $[1; 4]$ | $[-8; -1]$ |

(*) $x = 0$ gehört nicht zum Definitionsbereich.

**15.* a)** $-\infty < x < 0$ und $1 < x < \infty$ **b)** $0 < x < 1$ **c)** $1 < x < \infty$
**d)** $-\infty < x < 1$ **e)** $-1 < x < 0$ und $1 < x < \infty$
**f)** $-\infty < x < -1$ und $0 < x < 1$ **g)** $1 < x < \infty$ **h)** $0 < 1x < 1$
**16.* a)** wahr: Da $m < n$, existiert ein $k \in \mathbb{N}$ mit $m + k = n$.
Aus $x > 1$ folgt $x^k > 1$, also
$x^n = x^{m+k} = x^m \cdot x^k > x^m \cdot 1 = x^m$.
**b)** falsch: (ein Gegenbeispiel genügt) $x < 0$; $x^4 > x^5$
**c)** wahr: Da $m < n$, existiert ein $k \in \mathbb{N}$ mit $m + k = n$.
Wegen $0 < x < 1$ folgt $x^k < 1$, also
$x^n = x^{m+k} = x^m \cdot x_2^k < x^m \cdot 1 = x^m$.

Seite 29: **26.** $x^2$; $x^4 = (x^2)^2$ und $x^6 = (x^3)^2$ sind für alle $x \in \mathbb{R}$ größer oder gleich null.
**27. a)** $L = \{2; 3; 4\}$ **b)** $L = \{-3; -1; 2\}$

Seite 30: **31. a)** $x^3 : y^3 = 1 : 2$ bzw. $6x^2 : 6y^2 = 1 : 2$ **d)** $\sqrt[3]{2} : \sqrt[3]{3}$
$x : y = \sqrt[3]{1} : \sqrt[3]{2}$ $x : y = \sqrt{1} : \sqrt{2}$ bzw.
$x : y = 1 : \sqrt[3]{2}$ $x : y = 1 : \sqrt{2}$ $\sqrt{2} : \sqrt{3}$
**32.* a)** $f(x_1 + x_2) = m(x_1 + x_2) = m \cdot x_1 + m \cdot x_2 = f(x_1) + f(x_2)$
**b)** $f(x_1 \cdot x_2) = (x_1 \cdot x_2)^n = x_1^n \cdot x_2^n = f(x_1) \cdot f(x_2)$
**c)** Distributivgesetz der Multiplikation bez. der Addition; Potenzgesetz

Seite 31: **2. c)** $-\infty < x < 0$; $0 < x < \infty$; keine Nullstellen;
$-\infty < y < 0$; $0 < y < \infty$

**d)** $f(-3) = (-3)^{-1} = -\dfrac{1}{3} = -(3^{-1}) = -f(3)$; allg. $f(-x) = -f(x)$

**e)** monoton fallend in $(-\infty; 0)$ und in $(0; \infty)$; im gesamten Definitionsbereich monoton fallend **f)** nein **g)** nein

**h)** Es gilt $y = k \cdot \dfrac{1}{x}$ mit $k = 1$.

**Seite 37:**
**9.** **a)** $0 < x < 1$  **b)** $1 < x < \infty$  **c)** $0 \le x \le 1$  **d)** $1 \le x < \infty$
**11.** **a)** $0{,}04$  **b)** $1{,}44$  **c)** $1$  **d)** $0{,}008$  **e)** $1{,}728$
**13.** **a)** $25$  **b)** $24$  **c)** $26$  **d)** $7$  **e)** nicht lösbar

**Seite 38:**
**1.**

| $x$ | $-3$ | $-2{,}5$ | $-2$ | $-1{,}5$ | $-1$ | $-0{,}5$ | $0$ | $0{,}5$ | $1$ | ... |
|---|---|---|---|---|---|---|---|---|---|---|
| $g(x)$ | $-13{,}5$ | $-7{,}8125$ | $-4$ | $-1{,}6875$ | $-0{,}5$ | $-0{,}0625$ | $0$ | $0{,}0625$ | $0{,}5$ | ... |

| $x$ | $0{,}6$ | $0{,}7$ | $0{,}8$ | $0{,}9$ |
|---|---|---|---|---|
| $g(x)$ | $0{,}108 \approx 0{,}11$ | $0{,}1715 \approx 0{,}17$ | $0{,}256 \approx 0{,}26$ | $0{,}3645 \approx 0{,}36$ |

**c)** $\mathbb{R}$  **d)** $x_0 = 0$; $W(g) = \mathbb{R}$  **e)** $g(-3) = -13{,}5 = -g(3)$

Vergleich: $g(x) = \dfrac{1}{2} f(x)$  allgemein: $g(-x) = -g(x)$

**Seite 39:**
**3.** **a)** $f$: $a = -1$;  $g$: $a = 2$;  $h$: $a = -\dfrac{1}{2}$;  $k$: $a = 3$

**b)** Proportionalität:
$y = a \cdot x = a \cdot x^1$
umgekehrte Proportionalität:

$y = a \cdot \dfrac{1}{x} = a \cdot x^{-1}$

**7.** **a)** $6 : 1$  **b)** $6 : 1$  **c)** $6 : 1$  **d)** $36 : 1$  **e)** $216 : 1$

**Seite 41:**
**13.** Wenn die Funktion $f$ den Definitionsbereich D und den Wertebereich W hat, so hat die Umkehrfunktion $f^{-1}$ den Definitionsbereich W und den Wertebereich D. Das heißt: Beim Übergang von $f$ zu $f^{-1}$ werden Definitionsbereich und Wertebereich miteinander vertauscht.

**Seite 42:**
**16.** **d)** $f^{-1}(x) = x$  **e)** $f^{-1}(x) = x^{-1}$  **f)*** $f^{-1}(x) = -\sqrt{x}$  $(x \ge 0)$

## Kapitel C: Exponential- und Logarithmusfunktionen

**Seite 43:**
**2.** **a)**

| $t$ (in h) | $0$ | $1$ | $2$ | $3$ | $4$ | $5$ |
|---|---|---|---|---|---|---|
| $f(t)$ (in °C) | $50$ | $40$ | $32$ | $25{,}6$ | $20{,}5$ | $16{,}4$ |

**b)** $f(-1) \approx 62{,}5$; $f(-2) \approx 78$; $f(-3) \approx 98$. Das könnten die Temperaturen vor 1 h bzw. 2 h bzw. 3 h sein, falls der Kaffee mit ausreichend hoher Temperatur vor mehr als 3 Stunden eingefüllt wurde.
**c)** Durch Probieren erhält man mit $-2{,}75$ h bzw. $7$ h gute Näherungswerte. Eine genauere Rechnung führt auf $-2{,}9 \le t \le 7{,}2$ h.

**Seite 44:**
**4.** **a)**

| nach $t$ Jahren | $1$ | $2$ | $3$ | $4$ | $5$ |
|---|---|---|---|---|---|
| $K$ (in €) | $1050{,}00$ | $1102{,}50$ | $1157{,}62$ | $1215{,}50$ | $1276{,}27$ |

**b)** nach 15 Jahren

**Seite 48:**
**3.** **a)** Die Intervalle sind gleich lang; die Wachstumsfaktoren $f(t_1) : f(0)$ und $f(t_1 + t_2) : f(t_2)$ sind nahezu gleich.
**b)** $f(t_1) \cdot f(t_2) = f(0) \cdot f(t_1 + t_2)$; die Gleichung gilt für alle $t_1$, $t_2$ aus der Wertetabelle, für die auch $t_1 + t_2$ zur Wertetabelle gehört.

215

**Seite 49:**    **6.\***   **a)** $f(4) = f(2+2) = f(2) \cdot f(2) = 4 \cdot 4 = 16$;   $f(8) = f(4+4) = 256$;
$f(6) = f(4+2) = f(4) \cdot f(2) = 16 \cdot 4 = 64$;
$f(2) = f(1+1) = f(1) \cdot f(1) = 4$; also $f(1) = \sqrt{4} = 2$.
$f(0) = f(0+0) = f(0) \cdot f(0) = [f(0)]^2$.
Daraus folgt, dass $f(0)$ entweder 0 oder 1 ist. Da aber nur positive
Funktionswerte zu erwarten sind, folgt: $f(0) = 1$.
**b)** Man kann ermitteln, dass $f(x) = 2^x$ gilt.

**Seite 50:**    **10. a)** und **b)** konstante Funktionen     **d)** Definitionsbereich: $\mathbb{R}$
**c)** Für $a = 0$ entsteht eine konstante Funktion, die an der Stelle $x = 0$ nicht
definiert ist. Bei $a < 0$ kann man nicht alle Potenzen bilden; zum Beispiel für $a = -2$ nicht $-2^{0,5}$.

**Seite 51:**    **12. b)** $f(-x) = 2^{-x} = \dfrac{1}{2^x} = \left(\dfrac{1}{2}\right)^x = g(x)$

**Seite 52:**    **20.** eineindeutig: **a)** und **c)**; nicht eineindeutig: **b)** und **d)**

**Seite 53:**    **1. a)** Zugelassen sind positive Argumente.     **c)** 1 ist Nullstelle.
**d)** Die Funktionswerte werden sehr klein.     **e)** Wertebereich: $\mathbb{R}$

**Seite 54:**    **6.\***   **a)** $c = 1$     **b)** $a \approx 2,72$     **c)** $a = 10$

**Seite 55:**    **8.**   $f(x_1 \cdot x_2) = f(x_1) + f(x_2)$

**Seite 58:**    **1. a)** $x = 5$     **b)** $x = 4$     **e)** $x \approx 1,58$     **f)** $x \approx 2,81$     **k)** $x \approx -3,82$

**Seite 61:**    **2.**   **d)\*** $m\left(1 - \dfrac{p}{100}\right)^n$

**Seite 64:**    **9.\***   **b)** Man setzt in der Gleichung (∗) auf der Seite 63:

$$x_{1,2} = \frac{x}{2} \text{ und erhält: } f\left(\frac{x}{2} + \frac{x}{2}\right) = f\left(\frac{x}{2}\right) \cdot f\left(\frac{x}{2}\right) = \left[f\left(\frac{x}{2}\right)\right]^2.$$

Da das Quadrat einer Zahl immer größer oder gleich null ist und

$f\left(\dfrac{x}{2} + \dfrac{x}{2}\right) = f(x)$ ist, sind alle Funktionswerte nicht negativ. Aufgrund

des Ergebnisses in a) sind sie sogar positiv.

## Kapitel D: Trigonometrie

**Seite 68:**    **9. a)** $x \approx 2,1$ m     **b)** $x \approx 68,6$ m     **c)** $x \approx 34,6$ m
**11.** $C$ hat den größten Abstand von $Z$; $B$ hat den kleinsten Abstand.

**Seite 71:**    **7. a)** $\alpha = 30°$     **b)** $\beta \approx 45°$     **c)** $a \approx 2,0$ m     **d)** $c \approx 8,6$ m

**Seite 73:**    **15.** 11,5°     **16. a)** $\alpha \approx 54,2°$     **b)** $\alpha \approx 46,3°$

**Seite 77:**    **14. a)** 46,9°     **b)** 9,4 m     **16.** 37,5° und 52,5°

**Seite 78:**    **19.** wahr: (1) und (3)     **23.** 36,9° und 53,1°
**24.** Gegenkathete: 9,40 m; Winkel: 50,4°; 39,6°; 90,0°

**Seite 81:**    **8. a)** $\alpha = 10°$; $c = 23,0$ cm; $b = 22,7$ cm     **b)** $\beta = 49°$; $c = 50,6$ m; $a = 33,2$ m

**Seite 82:**    **14. a)** $a = 12$ cm; $c = 13,9$ cm; $\alpha \approx 59,7°$; $\beta \approx 30,3°$
**c)** $a = b = 7$ cm; $\alpha = \beta = 45°$; $c = 9,9$ cm
**d)\*** $a = 34,7$ m; $b = 46,1$ m; $c = 57,7$ m; $\beta = 53°$
**15.\* a)** Aus $a + b = 17$ cm und $a^2 + b^2 = 169$ folgt durch Lösen einer quadratischen Gleichung $a = 12$ cm; $b = 5$ cm (oder $a = 5$ cm und $b = 12$ cm);
$\alpha = 67,4°$; $\beta = 22,6°$.     **b)** keine Lösung     **17.** ca. 170 m

**Seite 84:**    **6. a)** $\beta = 35°$; $a = 4,9$ cm; $c = 4,7$ cm     **b)** $\gamma = 55°$; $a = 420$ m; $b = 482$ m
**c)** $\gamma = 77°$; $b = 998$ m; $c = 1091$ m     **d)** $\alpha = 43,7°$; $\gamma = 60,3°$; $c = 5,3$ m

Seite 88: **19. a)** $\alpha = 43,2°$  **b)** $\alpha = 37,6°$  **e)** $\alpha = 60,0°$  **f)** kein Dreieck
$\qquad\qquad\;\;\beta = 83,2°$ $\qquad\;\beta = 48,4°$ $\qquad\;\beta = 60,0°$ $\qquad\;a + b < c$
$\qquad\qquad\;\;\gamma = 53,6°$ $\qquad\;\gamma = 94,0°$ $\qquad\;\gamma = 60,0°$

Seite 89: **21. a)** $a = 10,6$ m; $\beta = 109,8°$ (Das Dreieck ist stumpfwinklig.)
$\qquad\qquad$ **b)** $\beta = 17,3°$

Seite 90: **22. a)** $b = 34,1$ cm  **b)** $b = 10,7$ cm  **c)** $\alpha = 135,7°$  **d)** n.l.

Seite 92: **3. a)** 1170 m; horizontale Entfernung: 1130 m; das ergibt 45 mm.
$\qquad\qquad$ **b)** 26,8%

Seite 93: **8. a)** 49,7%  **b)** 26,4°
$\qquad\quad$ **9.** Entfernungen auf der Karte: 4,5 cm und 3,2 cm.
$\qquad\qquad$ Steigungswinkel: 17,1° bzw. 25,7°; durchschn. Steigung: 38%

Seite 94: **13. a)** $\alpha = 35,3°$  **b)** $\alpha = 24,1°$
$\qquad\quad$ **17. a)** $\alpha = 10,1°$  **b)** $\alpha = 30,7°$  **c)** $\alpha = 9,7°$  **d)** $\alpha = 90°$
$\qquad\qquad\;\;\;\beta = 36,0°$ $\qquad\;\;\beta = 73,1°$ $\qquad\;\;\beta = 12,8°$ $\qquad\;\;\beta = 23,5°$
$\qquad\qquad\;\;\;\gamma = 133,9°$ $\qquad\gamma = 76,1°$ $\qquad\gamma = 157,5°$ $\qquad\gamma = 66,5°$

Seite 95: **19.** $\overline{AB} = 9,4$ LE; $\overline{AC} = 8,5$ LE; $\sphericalangle BAC = 36°$; $\sphericalangle ACB = 81°$
$\qquad\quad$ **20.** Unter Nutzung der Werte im „Großen Tafelwerk" für den Erdradius und
$\qquad\qquad$ die mittlere Entfernung des Mondes erhält man: $\gamma \approx 1,9°$.

Seite 96: **26. a)** $A = 137,2$ m$^2$  **b)** $A = 13\,800$ m$^2$
$\qquad\quad$ **27. a)** $\overline{BD} = 26,0$ m;  $\overline{AC} = 22,3$ m;  $\overline{CD} = 25,1$ m;  $A = 545,30$ m$^2$
$\qquad\qquad$ **b)** $\overline{BD} = 79,4$ m;  $\overline{AC} = 127,7$ m;  $\overline{CD} = 91,2$ m;  $A = 9096,55$ m$^2$

Seite 98: **30. a)** $P(141,3$ m; $34,9$ m)  **b)** $P(81,4$ m; $84,0$ m)

## Kapitel E: Winkelfunktionen

Seite 101: **6. i)** $\left(\dfrac{1}{2}\sqrt{2};\ \dfrac{1}{2}\sqrt{2}\right)$  **j)** $\left(-\dfrac{1}{2}\sqrt{2};\ \dfrac{1}{2}\sqrt{2}\right)$  **k)** $\left(-\dfrac{1}{2}\sqrt{2};\ -\dfrac{1}{2}\sqrt{2}\right)$

Seite 102: **12. a)** 0,806 rad  **b)** 5,044 rad  **c)** −0,410 rad  **d)** −14,38 rad
$\qquad\qquad$ **e)** 7,976 rad  **f)** −5,376 rad  **g)** 3,002 rad  **h)** 143°
$\qquad\qquad$ **i)** −13°  **j)** 261°  **k)** −86°  **l)** 241°
$\qquad\qquad$ **m)** −180°
$\qquad\quad$ **15. a)** $3\pi$ rad $= 1 \cdot 2\pi$ rad $+ \pi$ rad  **b)** $-7 \cdot 2\pi$ rad $+ \pi$ rad
$\qquad\qquad$ **c)** 1,3 rad $= 0 \cdot 2\pi$ rad $+ 1,3$ rad  **d)** $-1 \cdot 2\pi$ rad $+ 4,98$ rad
$\qquad\qquad$ **e)** $-9$ rad $= -2 \cdot 2\pi$ rad $+ 3,57$ rad

Seite 104: **5.*** Es gibt keinen weiteren Schnittpunkt. Im Bild L 1 wird veranschaulicht,
$\qquad\qquad$ dass $\overline{PE} < x$ gilt, und es ist
$$\sin x \leq \sqrt{\sin^2 x}$$
$$\leq \sqrt{\sin^2 x + (1 - \cos x)^2} = \overline{PE}.$$

Seite 106: **16.** Der Übergang von $x$ zu $-x$ bedeutet für den
$\qquad\qquad$ Punkt $P$ eine Spiegelung an der $x$-Achse. Die
$\qquad\qquad$ Koordinaten $(u; v)$ von $P$ gehen über in $(u; -v)$.
$\qquad\qquad$ Damit gilt $\cos x = \cos(-x)$ und $\sin x = -\sin(-x)$.

Seite 109: **6.** $v = 12,50$ m $\cdot \sin x$

$\qquad\quad$ **8. a)** $f(x) = \dfrac{1}{2} \cdot \sin x$  **b)** $f(x) = -\sin x$

$\qquad\qquad$ **c)** $f(x) = -2 \cdot \sin x$  **d)** $f(x) = 0,25 \cdot \sin x$

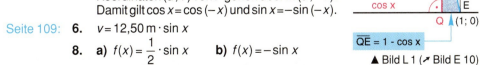

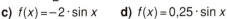

$\overline{QE} = 1 - \cos x$

▲ Bild L 1 (↗ Bild E 10)

Seite 111: **12.** $x = k \cdot \dfrac{\pi}{b}$; $k \in \mathbb{Z}$     **13. a)** $f(x) = \sin(0{,}5x)$  **b)** $f(x) = \sin(3x)$

**14.* a)** $v = \sin\left(\dfrac{2\pi}{20} x\right)$     **b)** $v = \sin\left(\dfrac{2\pi}{60} x\right)$

Seite 112: **17. a)** $f(x) = 0{,}5 \cdot \sin(0{,}5x)$     **b)** $f(x) = 1{,}5 \cdot \sin(3x)$

**18.** Der Graph der Funktion $f(x) = \sin\left(x - \dfrac{\pi}{4}\right)$ ist gegenüber dem Graphen

der Funktion $g(x) = \sin x$ um $0{,}25\,\pi$ in Richtung der $x$-Achse verschoben, sodass Nullstellen bei $x = 0{,}25\,\pi$ sowie bei $x = -0{,}75\,\pi$, $x = 1{,}25\,\pi$ und $x = 2{,}25\,\pi$ auftreten.

Seite 114: **22.*** $h = 12{,}5 \cdot \sin\left(\dfrac{2\pi}{30}\left[t - \dfrac{30}{8}\right]\right)$

Seite 116: **8.* a)** $\tan(x + \pi) = \tan(\pi + x) = \dfrac{\sin(\pi + x)}{\cos(\pi + x)} = \dfrac{-\sin x}{-\cos x} = \dfrac{\sin x}{\cos x} = \tan x$

$\left(x \neq (2k+1) \cdot \dfrac{\pi}{2}\right)$

**b)** Für $0 \leq x < \dfrac{\pi}{2}$ ist $\tan x > 0$ und monoton wachsend, da $\sin$ wächst

und $\cos$ fällt. Für $\dfrac{\pi}{2} < x \leq \pi$ ist $\tan x < 0$.

Folglich kann es keine kleinere positive Periode als $\pi$ geben.

Seite 117: **15. b)** $x_1 = 101°$; $x_2 = 281°$     **c)** $x_1 = 0{,}349$ rad; $x_2 = -2{,}793$ rad

Seite 121: **10. a)** $\sin 20° = 2 \cdot \sin 10° \cdot \cos 10° = 2 \cdot 0{,}1737 \cdot 0{,}9848 = 0{,}34211952$

Seite 124: **5. a)** keine Lösung     **b)** $x_1 = 0{,}25\,\pi$; $x_2 = -0{,}75\,\pi$     **c)** $x = 0{,}876$ rad

## Kapitel F: Körperberechnungen und -darstellungen

Seite 125: **5.**  $V = 334{,}5$ cm$^3$     Seite 126: **7.* c)** $V \approx 4610$ cm$^3$

Seite 127: **2. c)*** $A_0 \approx 86{,}4$ cm$^2$; $V \approx 35{,}4$ cm$^3$

Seite 129: **9. d)** $V \approx 22{,}2$ dm$^3$; $A_0 \approx 49{,}9$ dm$^2$     Seite 130: **12.** $V \approx 1{,}9$ dm$^3$

Seite 131: **17. a)** $V \approx 5790$ m$^3$     **b)** etwas mehr als 29 h     **c)** etwa 10,9 m$^3$

Seite 132: **25.** 100 ml Flüssigkeit stehen etwa 88 mm hoch.

**27.** Der kürzeste Weg entspricht einer Sehne auf dem ausgerollten Kegelmantel: $s \approx 73$ cm. (Der Weg längs des Randes: rund 82 cm.)

Seite 135: **9.** Rund 8 l (Taschenrechner: 8.106817)

**13. a)** $\rho = 1{,}27\,\dfrac{\text{g}}{\text{cm}^3}$     **b)** $\rho = 2{,}57\,\dfrac{\text{g}}{\text{cm}^3}$     **c)** $\rho = 8{,}83\,\dfrac{\text{g}}{\text{cm}^3}$

Seite 137: **24.* a)** $A_{0,\text{Würfel}} : A_{0,\text{Kugel}} = 1{,}24 : 1$ ($\approx 31 : 25$)

Seite 141: **9. b)** $V \approx 276$ m$^3$  **c)** Dachfläche: $A \approx 247$ m$^2$

Seite 143: **7. c)** $V \approx 18{,}4$ cm$^3$; $A_M \approx 31{,}4$ cm$^2$; $A_0 \approx 47{,}7$ cm$^2$

Seite 146: **3.** Bei $\rho = 7{,}8$ g $\cdot$ cm$^{-3}$ ergibt sich eine Masse von 7,27 kg.

Seite 149: **11. b)*** Oktaeder: $A_0 = 2a^2\sqrt{3}$     Tetraeder: $A_0 = a^2\sqrt{3}$

$$V = \dfrac{a^3}{3}\sqrt{2} \qquad\qquad V = \dfrac{a^3}{12}\sqrt{2}$$

## Kapitel G: Funktionen im Überblick

**Seite 152:** **8.** Nullstellen für **6. a)** $x=6$; **6. c)** $x_1=-2$, $x_2=2$; **6. d)** $x_1=-2$, $x_2=2$; **6. f)** $x=-1$; **6. g)** $x=k\pi$ $(k\in\mathbb{Z})$; **6. j)** $x=0$; **6. k)** $x=\pi$; **6. l)** $x_1=-1$; $x_2=1$; **6. n)** $x=0$; **6. o)** $x=0$; keine Nullstellen: **6. b), e), h), i), m)**.

**10.** Z.B.: **a)** $y=x^{-1}$ für $x>0$, **b)** $y=-x$, **c)** nicht möglich

**Seite 154:** **17.** Die neue Zuordnung ist ebenfalls eine Funktion: Ihr Graph ist das Spiegelbild des ursprünglichen Graphen an der Winkelhalbierenden des 1. und 3. Quadranten.

**Seite 155:** **22.** Fazit: Der Definitionsbereich von $f$ ist der Wertebereich von $f^{-1}$ und der Wertebereich von $f$ ist der Definitionsbereich von $f^{-1}$.

**Seite 157:** **24. b)** Die Tangensfunktion ist eine Funktion, die als Quotient von zwei Funktionen erklärt werden kann.

**c)** Der Quotient zweier Funktionen ist nur dort definiert, wo die Funktion im Nenner einen von null verschiedenen Funktionswert hat.

**Seite 159:** **4. a)** Lineare Funktionen: 1.a), 1.c), 1.h). Größtmöglicher Definitionsbereich: $\mathbb{R}$; eventuell keine Nullstelle bei Einschränkung.

**Seite 165:** **2. b)** nach $\dfrac{25}{9}$ s    **Seite 166:** **4.** $v=6907\,\dfrac{m}{s}\approx1920\,\dfrac{km}{h}$

**Seite 166:** **5. b)** 1000 DM    **c)** $Z=2000\cdot1{,}05^n-2000$ ($n$ in Jahren; $Z$ in DM)

**d)** $Z=100\,n$ ($n$ in Jahren, $Z$ in DM)    **f)*** $Z=\dfrac{K\cdot p}{100}\cdot n$

## Kapitel H: Stochastik

**Seite 169:** **1.** $A_0=\{ZZZZ\}$, $A_1=\{WZZZ, ZWZZ, ZZWZ, ZZZW\}$,
$A_2=\{WWZZ, WZWZ, WZZW, ZWWZ, ZWZW, ZZWW\}$,
$A_3=\{WWWZ, WWZW, WZWW, ZWWW\}$, $A_4=\{WWWW\}$

$$P(A_0)=\frac{1}{16}, \quad P(A_1)=\frac{4}{16}, \quad P(A_2)=\frac{6}{16}, \quad P(A_3)=\frac{4}{16}, \quad P(A_4)=\frac{1}{16}$$

**Seite 171:** **4.*** **a)** $P(A_n)=\left(\dfrac{5}{6}\right)^n$; $P(B_n)=1-\left(\dfrac{5}{6}\right)^n$

**b)** $n\ge\dfrac{\ln 0{,}01}{\ln\dfrac{5}{6}}$ $(n\ge26)$

**c)** Nein; eine kleine Unsicherheit bleibt immer.

**Seite 172:** **6.** Höchstens zwei Bauelemente in Reihe schalten. $(n=2{,}054)$

**7.** $\sqrt[10]{0{,}9}\approx0{,}99$

**Seite 174:** **1.** $\dfrac{5}{6}\cdot\dfrac{5}{6}\cdot\dfrac{1}{6}=\left(\dfrac{5}{6}\right)^2\cdot\left(\dfrac{1}{6}\right)^1$

**2.** $10\cdot0{,}8^3\cdot0{,}2^2+5\cdot0{,}8^4\cdot0{,}2+0{,}8^5$
$\approx0{,}94$ (↗ Diagramm)

**3. a)** 50% **b)** $\dfrac{1}{4}$ (oder 25%)

**Seite 177:** **8. a)** 0,5 **b)** 0,125

**10. a)** $\left(\dfrac{1}{3}\right)^4$ **b)** $1-\left(\dfrac{1}{3}\right)^4$ **c)** $1-\left(\dfrac{2}{3}\right)^4$

Bohnen   1   2   3   ...

**13. a)** $1-\left(\dfrac{5}{6}\right)^4 \approx 0{,}52$ **b)** $1-\left(\dfrac{35}{36}\right)^{6\cdot4} = 1-\left(\dfrac{35}{36}\right)^{24} \approx 0{,}49$

Seite 178: **14. a)** $1-\left(\dfrac{3}{4}\right)^4 \approx 0{,}68$ **b)** 11

Seite 179: **18. a)** $P(\text{drei Richtige}) \approx P(\text{nur Wappen bei 6 Münzen})$,
$P(\text{vier Richtige}) \approx P(\text{nur Wappen bei 10 Münzen})$

Seite 181: **22.**

| Ampeln zeigen Rot | 0 | 1 | 2 | 3 | 4 | 5 | 6 |
|---|---|---|---|---|---|---|---|
| Wahrscheinlichkeiten | 0,001 | 0,016 | 0,082 | 0,219 | 0,329 | 0,263 | 0,088 |

Seite 182: **23.** $P(\text{mindestens zwei}) \approx 0{,}77$; $P(\text{höchstens 5}) \approx 0{,}95$

Seite 183: **26. a)** 0,37 **b)*** 1,74 €

**29.** $P(\text{mindestens ein Bube}) = 1 - \dfrac{\binom{28}{2}}{\binom{32}{2}} = 1 - \dfrac{28\cdot27}{32\cdot31} \approx 0{,}24$;

$P(\text{2 Buben}) = \dfrac{4\cdot3}{32\cdot31}$

**30. a)** Wenn $A$ der Koordinatenursprung ist, dann in $(2; 5)$.
**b)** $P(B \text{ erreicht in 7 Schritten}) = P(4 \text{ rechts}; 3 \text{ oben})$

$$= \binom{7}{3} 0{,}3^4 \cdot 0{,}7^3 \approx 0{,}23$$

Seite 186: **35.** Einsatz: $\dfrac{5}{6}$ €. Mit Wahrscheinlichkeit 0,6 ist der Gewinn bei diesem

Spiel größer als der Erwartungswert.
**38.*** Sei $B_k$ die (zufällige) Anzahl der Kugeln, die im $k$-ten Behälter landen. Sei

$p_k = \binom{5}{k} 0{,}5^k$. Dann ist $E(B_k) = 100 \cdot p_k$ und folglich

$E(B_0) + E(B_1) + \ldots + E(B_5) = 100$.

Seite 189: **42. a)** $[3{,}4; 6{,}6]$; $[1{,}8; 8{,}2]$; $[0{,}3; 9{,}7]$
**b)** $P(4 \leq X \leq 6) \approx 0{,}656$; $P(2 \leq X \leq 8) \approx 0{,}979$; $P(1 \leq X \leq 9) \approx 0{,}998$

Seite 191: **46.** $E(X) = 514$; $\sigma(X) \approx 15{,}8$. Die beobachtete Anzahl ist größer als $E(X) + 2\sigma(X)$, aber kleiner als $E(X) + 3\sigma(X)$.
**47.** Die beobachtete Anzahl ist außerhalb $E(X) \pm 3\sigma(X)$; sie ist also recht ungewöhnlich.
**48.** 9 Sträuße geben eine Sicherheit von rund 95%, 11 Sträuße eine Sicherheit von rund 99%.

Seite 198: **10.** $\bar{x} = \dfrac{1270}{7100} \cdot 10{,}3 + \dfrac{906}{7100} \cdot 12{,}5 + \dfrac{2283}{7100} \cdot 9{,}1 + \dfrac{1382}{7100} \cdot 10{,}3 + \dfrac{1259}{7100} \cdot 10{,}2$

$\approx 10{,}2$

# R Register

Im folgenden Register finden Sie alphabetisch geordnet Stichwörter mit Seitenangaben, die Ihnen das Aufsuchen von Begriffen, Informationen und mathematischen Sätzen erleichtern. Wenn ein Stichwort auf mehreren Seiten von Bedeutung ist, werden mehrere Seitenziffern angegeben. Dabei gibt die fett gedruckte Ziffer die Seite an, auf der der jeweilige Begriff erklärt wird bzw. auf der die betreffende Information von besonderer Bedeutung ist.

**Darstellung zur näherungsweisen Ermittlung der Werte $y = \sin x$ und $y = \cos x$ im Intervall $[0°; 360°]$. Der Radius ist mit 1 anzusetzen.**

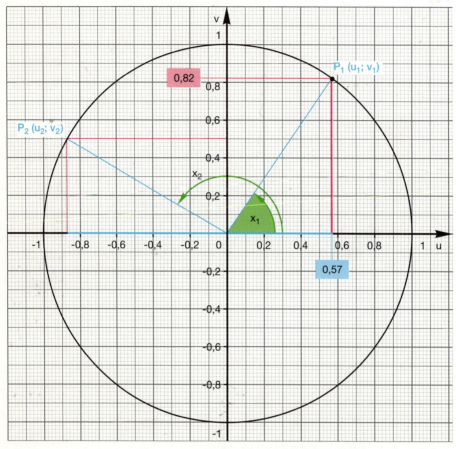

Beispiele:    $\sin 55° \approx 0,82$;    $\cos 55° \approx 0,57$
$\sin 150° \approx 0,5$ ;    $\cos 150° \approx -0,87$

**Bildnachweis**    Bildarchiv Volk und Wissen (Berlin): A 1, A 2, A 5, C 10, G 13, H 5;    Bildart Photos (Berlin): C 7, G 12 (Volker Döring);    Cordon Art (Baarn, Holland): F 46;    Deutsche Forschungs- anstalt für Luft- und Raumfahrt e.V. (Berlin): B 1;    Fischer, Klaus (Berlin): C 12, F 3, 4. Umschlags. (2); Karpf, Herbert (Oelsnitz): D 30;    Kimel, Karin (Berlin): F 32;    Kutschke, Carla (Berlin): C 1, C 2; Helga Lade Fotoagentur GmbH Berlin: Titelfoto (Peter Mathis);    Lange, Harald (Leipzig): G 14; Martin, Karlheinz (Berlin): C 17, D 10, D 19, E 1, 4. Umschlags. (1);    Stoye, Werner (Berlin): D 4; Teuerkauf, Horst (Gotha): C 6